冶金工业出版社

普通高等教育"十四五"规划教材

智能采矿地球物理学

主　编　董陇军

副主编　孙道元　王宏伟　刘希灵

扫码获得数字资源

U0341701

北　京

冶金工业出版社

2024

内 容 提 要

本书以智能采矿地球物理技术为核心，系统介绍了智能采矿中地球物理学相关的基本概念、基本原理、基本方法，强调内容的科学性、系统性和前沿性，并注重理论联系实际。全书共分为 9 章，包括矿山岩体物理力学参数、矿山声发射、微震、地震波反演成像、电磁辐射、重力、红外辐射、地电等智能采矿地球物理学研究等内容。

本书可作为高等学校采矿工程与安全工程专业的本科生和研究生教材，也可供有关科技工作者及安全生产监督管理人员参考。

图书在版编目 (CIP) 数据

智能采矿地球物理学/董陇军主编 . —北京：冶金工业出版社，2024. 8
普通高等教育 "十四五" 规划教材
ISBN 978-7-5024-9834-4

Ⅰ. ①智… Ⅱ. ①董… Ⅲ. ①智能技术—应用—矿山开采—地球物理学—高等学校—教材 Ⅳ. ①TD8-39

中国国家版本馆 CIP 数据核字 (2024) 第 073598 号

智能采矿地球物理学

出版发行	冶金工业出版社	电　　话	(010)64027926
地　　址	北京市东城区嵩祝院北巷 39 号	邮　　编	100009
网　　址	www. mip1953. com	电子信箱	service@ mip1953. com

责任编辑　郭冬艳　美术编辑　吕欣童　版式设计　郑小利
责任校对　梁江凤　责任印制　窦　唯
北京建宏印刷有限公司印刷
2024 年 8 月第 1 版，2024 年 8 月第 1 次印刷
787mm×1092mm　1/16；14.5 印张；352 千字；221 页
定价 46.00 元

投稿电话　(010)64027932　投稿信箱　tougao@cnmip. com. cn
营销中心电话　(010)64044283
冶金工业出版社天猫旗舰店　yjgycbs. tmall. com
(本书如有印装质量问题，本社营销中心负责退换)

前　言

　　智能采矿地球物理学是地球物理学和采矿科学领域的新兴交叉分支学科，致力于通过综合应用这两个领域先进的知识和技术，监测岩体的动态变化和揭露已有的信息，解决矿山开采和资源勘探的问题，推动矿业行业的智能化、安全性和可持续发展。本书旨在探索这一新兴学科，引领读者深入理解采矿过程中地球物理学技术的核心要素与运用原理。本书将逐一解读地球物理学在智能采矿工程中的基础理论、核心概念以及基本方法。

　　当前已有的"采矿地球物理学"教材多从煤矿开采出发，采用地球物理学方法对煤矿开采中震动冲击诱发的冲击地压和矿震进行监测，并针对性提出了一些煤矿冲击地压防控措施，促进了采矿学科的发展。随着智能化技术的飞速发展以及传统采矿学科面临的新机遇、新挑战，智能化、透明化矿山建设尤为迫切，为了更好地开展智能化开采相关专业在非煤矿山开采方面的教学，编者在总结多年教学经验的基础上编写了本书。本书从非煤矿山开采出发，结合地球物理学方法，对非煤矿山开采，尤其是深部金属矿开采过程中岩爆、顶板垮塌等动力失稳灾害发生过程中的声学、电磁辐射、重力场、红外辐射和地电参数的变化进行介绍，教授学生如何综合利用采矿地球物理学方法进行探矿和预测潜在岩体动力失稳灾害。

　　全书共分9章，第1章介绍了智能采矿地球物理学的基本内容，第2章介绍了矿山岩体物理力学参数，第3~9章分别介绍了岩石声发射监测、矿山微震监测、地震波反演成像、电磁辐射、矿山重力法、矿山红外辐射法、矿山地电法等智能采矿地球物理学研究的内容。

　　本书由董陇军任主编，孙道元、王宏伟、刘希灵任副主编，全书由董陇军统稿。具体编写分工为：第1章与第4章由董陇军、孙道元、刘希灵编写，第2章由董陇军、王宏伟与朱朋科编写，第3章由董陇军、杨龙斌编写，第5章由董陇军、裴重伟编写，第6章与第9章由董陇军、王璐、李学伟、萨宝编写，

第7章由董陇军、刘惠康、李胜蓝编写，第8章由董陇军、姬胜宇、王宏伟编写。

本书在编写过程中，参考或引用了国内外相关文献、资料，在此谨向这些文献、资料的作者表示诚挚谢意。

由于编者水平有限，书中难免有不妥之处，敬请广大读者批评指正。

编　者
2024 年 1 月于中南大学

目　录

1　智能采矿地球物理学概述 ……………………………………………………… 1

　1.1　地球物理学 …………………………………………………………………… 1

　　1.1.1　地震波 …………………………………………………………………… 1

　　1.1.2　重力场 …………………………………………………………………… 2

　　1.1.3　地磁场 …………………………………………………………………… 3

　　1.1.4　温度场 …………………………………………………………………… 3

　　1.1.5　地电场 …………………………………………………………………… 4

　1.2　智能采矿地球物理学 ………………………………………………………… 4

　　1.2.1　智能矿山简介 …………………………………………………………… 5

　　1.2.2　智能采矿地球物理学的特点 …………………………………………… 6

　　1.2.3　智能采矿地球物理学的基本任务 ……………………………………… 6

　　1.2.4　智能采矿地球物理学方法的应用前景 ………………………………… 7

　习题与思考题 ……………………………………………………………………… 8

2　矿山岩体物理力学参数 ………………………………………………………… 9

　2.1　岩石物理参数 ………………………………………………………………… 9

　　2.1.1　岩石的质量指标 ………………………………………………………… 9

　　2.1.2　岩石的孔隙性指标 ……………………………………………………… 10

　　2.1.3　岩石的水理性质指标 …………………………………………………… 10

　2.2　岩石的力学特性 ……………………………………………………………… 11

　　2.2.1　岩石单轴抗压强度 ……………………………………………………… 11

　　2.2.2　岩石抗拉强度 …………………………………………………………… 15

　　2.2.3　岩石抗剪强度 …………………………………………………………… 16

　　2.2.4　岩石三轴抗压强度 ……………………………………………………… 16

　2.3　岩体应力 ……………………………………………………………………… 17

　　2.3.1　岩体自重应力 …………………………………………………………… 18

　　2.3.2　岩体构造应力 …………………………………………………………… 19

　　2.3.3　岩体初始应力 …………………………………………………………… 20

　2.4　弹性地震波 …………………………………………………………………… 22

　　2.4.1　基本概念 ………………………………………………………………… 22

2.4.2　弹性地震波的产生与传播 ……………………………………………… 24

2.4.3　弹性地震波的传播特性 ………………………………………………… 24

2.4.4　P 波与地球内部介质的相互作用 ……………………………………… 25

2.4.5　S 波与地球内部介质的相互作用 ……………………………………… 27

2.4.6　弹性地震波在采矿地球物理学中的应用 ……………………………… 28

2.5　矿山岩体动力学特性 …………………………………………………………… 29

2.5.1　固体中应力波的类型 ……………………………………………………… 29

2.5.2　弹性波在固体中的传播 …………………………………………………… 30

2.5.3　用弹性波求出岩体的泊松比 …………………………………………… 32

2.6　本章小结 …………………………………………………………………………… 32

习题与思考题 ……………………………………………………………………………… 33

参考文献 …………………………………………………………………………………… 33

3　岩石声发射监测 ……………………………………………………………………… 34

3.1　岩石声发射监测技术基础 ……………………………………………………… 35

3.1.1　岩石声发射监测设备 ……………………………………………………… 35

3.1.2　监测网络布置 ……………………………………………………………… 40

3.1.3　监测数据分析 ……………………………………………………………… 40

3.1.4　岩石声发射信号传播特性 ………………………………………………… 41

3.1.5　岩石声发射信号衰减规律 ………………………………………………… 42

3.2　声发射信号提取 ………………………………………………………………… 43

3.2.1　声发射事件筛选 …………………………………………………………… 43

3.2.2　声发射事件波形切割 ……………………………………………………… 44

3.2.3　声发射信号到时拾取 ……………………………………………………… 46

3.3　声发射震源定位 ………………………………………………………………… 48

3.3.1　未知波速系统三维迭代定位法 ………………………………………… 48

3.3.2　解析解和迭代协同定位法 ………………………………………………… 50

3.3.3　三维含孔洞结构无需预先测波速定位法 ……………………………… 52

3.4　声发射与岩石破裂之间的关系 ………………………………………………… 57

3.4.1　峰前破裂过程中的声源类型分布特征与演化机制 …………………… 57

3.4.2　峰后裂纹扩展的声源演化机制 ………………………………………… 62

3.5　本章小结 …………………………………………………………………………… 63

习题与思考题 ……………………………………………………………………………… 64

参考文献 …………………………………………………………………………………… 64

4　矿山环境地声及微震智能感知与定位 ………………………………………… 65

4.1　地声与微震智能感知的原理 …………………………………………………… 65

4.2　地声与微震智能感知 ……………………………………………… 66

4.2.1　地声与微震智能感知设备 ……………………………… 67

4.2.2　地声与微震智能感知台网布置优化 …………………… 69

4.2.3　地声与微震智能感知信号分析 ………………………… 72

4.3　地声与微震智能感知定位 …………………………………………… 84

4.3.1　某铜矿震源定位结果分析 ……………………………… 84

4.3.2　某磷矿震源定位结果分析 ……………………………… 86

4.4　地声与微震智能感知震源机制反演 ………………………………… 92

4.4.1　P 波初动的判别方法 …………………………………… 92

4.4.2　矩张量的判别方法 ……………………………………… 94

4.5　本章小结 ……………………………………………………………… 95

习题与思考题 ……………………………………………………………… 95

参考文献 …………………………………………………………………… 95

5　岩体多源声学的地质环境智能透明成像 …………………………………… 97

5.1　岩体多源声学成像简介 ……………………………………………… 97

5.2　岩体多源声学成像原理 ……………………………………………… 98

5.2.1　地震波成像方法分类 …………………………………… 98

5.2.2　走时层析成像原理 ……………………………………… 99

5.3　影响地震波走时层析成像精度的因素 ……………………………… 104

5.3.1　到时误差 ………………………………………………… 105

5.3.2　传感器分布 ……………………………………………… 109

5.3.3　震源分布 ………………………………………………… 113

5.3.4　正演算法 ………………………………………………… 115

5.4　岩体多源声学走时层析成像优化方法 ……………………………… 117

5.4.1　反投影法 ………………………………………………… 118

5.4.2　梯度法 …………………………………………………… 118

5.4.3　牛顿法 …………………………………………………… 119

5.5　岩体多源声学成像方法在智能采矿中的应用 ……………………… 119

5.5.1　地下矿山中的应用 ……………………………………… 119

5.5.2　矿山边坡中的应用 ……………………………………… 124

5.5.3　充填体顶板监测中的应用 ……………………………… 126

5.6　本章小结 ……………………………………………………………… 135

习题与思考题 ……………………………………………………………… 135

参考文献 …………………………………………………………………… 135

6　电磁辐射技术在智能采矿中的应用 ………………………………………… 137

　6.1　岩石电磁辐射现象的产生 ……………………………………………… 137

　　6.1.1　岩石电磁辐射现象简介 ……………………………………… 137

　　6.1.2　岩石电磁辐射的特征规律 …………………………………… 138

　6.2　岩石电磁辐射产生机理 ………………………………………………… 139

　　6.2.1　岩石微观结构变化与电磁响应 ……………………………… 139

　　6.2.2　裂纹扩展过程的电磁效应 …………………………………… 140

　　6.2.3　岩石电磁辐射的理论模型综述 ……………………………… 141

　　6.2.4　影响岩石电磁辐射特性的因素 ……………………………… 142

　　6.2.5　岩石电磁辐射检测技术 ……………………………………… 144

　6.3　电磁辐射能量计算 ……………………………………………………… 146

　　6.3.1　电磁辐射的基本原理 ………………………………………… 146

　　6.3.2　辐射能量的物理含义 ………………………………………… 148

　　6.3.3　电磁辐射能量的计算方法 …………………………………… 148

　　6.3.4　温度与辐射能量的关系 ……………………………………… 149

　6.4　岩石破裂突变与电磁辐射的对应关系 ………………………………… 150

　　6.4.1　岩石破裂与电磁辐射的基本理论 …………………………… 150

　　6.4.2　岩石破裂机制 ………………………………………………… 150

　　6.4.3　岩石破裂与电磁辐射 ………………………………………… 151

　　6.4.4　案例研究 ……………………………………………………… 151

　6.5　电磁辐射技术在智能采矿中的应用 …………………………………… 153

　　6.5.1　电磁辐射在智能采矿中的应用 ……………………………… 153

　　6.5.2　冲击煤岩电磁辐射规律 ……………………………………… 154

　　6.5.3　井下综合监测系统布置应用 ………………………………… 154

　　6.5.4　电磁辐射信号在金属矿岩中的传播 ………………………… 155

　6.6　本章小结 ………………………………………………………………… 155

　习题与思考题 ………………………………………………………………… 156

　参考文献 ……………………………………………………………………… 156

7　重力法在智能采矿中的应用 …………………………………………… 158

　7.1　重力的产生 ……………………………………………………………… 158

　　7.1.1　重力与重力加速度 …………………………………………… 158

　　7.1.2　重力位及正常重力公式 ……………………………………… 159

　7.2　重力异常 ………………………………………………………………… 163

　　7.2.1　重力异常概念 ………………………………………………… 163

　　7.2.2　重力异常原因 ………………………………………………… 164

7.2.3　重力异常理论计算 ……………………………………………………… 164

7.3　矿山重力测量 ……………………………………………………………… 165

7.3.1　重力测量仪器 …………………………………………………………… 165

7.3.2　重力测量野外工作方法 ………………………………………………… 167

7.3.3　野外观测资料的整理与重力异常的计算 ……………………………… 169

7.3.4　矿山重力递减法 ………………………………………………………… 173

7.4　重力法在智能矿山的应用 ………………………………………………… 174

7.4.1　重力法原理和探矿与空区探测 ………………………………………… 174

7.4.2　案例研究与实践结果 …………………………………………………… 175

7.4.3　面临的挑战与发展方向 ………………………………………………… 179

7.5　本章小结 …………………………………………………………………… 180

习题与思考题 ……………………………………………………………………… 180

参考文献 …………………………………………………………………………… 180

8　光与光纤技术在智能采矿中的应用 …………………………………………… 182

8.1　概述 ………………………………………………………………………… 182

8.1.1　光的反射 ………………………………………………………………… 182

8.1.2　光的折射 ………………………………………………………………… 183

8.1.3　光的干涉 ………………………………………………………………… 183

8.1.4　光的衍射 ………………………………………………………………… 184

8.1.5　激光 ……………………………………………………………………… 185

8.2　光纤光栅感知技术 ………………………………………………………… 185

8.2.1　光纤光栅感知原理 ……………………………………………………… 185

8.2.2　光纤光栅传感基本特征 ………………………………………………… 186

8.2.3　光纤光栅感知传递模型 ………………………………………………… 187

8.2.4　光纤技术在采矿中的应用 ……………………………………………… 187

8.3　三维激光扫描技术 ………………………………………………………… 190

8.3.1　三维激光扫描技术原理 ………………………………………………… 190

8.3.2　三维激光扫描技术优势和特点 ………………………………………… 191

8.4　三维激光扫描技术在智能采矿中的应用 ………………………………… 193

8.4.1　三维激光扫描技术在智能采矿中的应用简介 ………………………… 193

8.4.2　三维激光扫描技术在巷道变形监测中的应用 ………………………… 196

8.5　本章小结 …………………………………………………………………… 199

习题与思考题 ……………………………………………………………………… 200

参考文献 …………………………………………………………………………… 200

9　地电法在智能采矿中的应用 ·· 201

9.1　地电测量的物理基础 ·· 201

9.1.1　测量仪器 ·· 202

9.1.2　数据的采集 ·· 202

9.1.3　数据反演 ·· 203

9.2　地电测量方法 ·· 205

9.2.1　电阻法 ·· 205

9.2.2　电阻率法 ·· 206

9.3　地电测量参数 ·· 209

9.3.1　内在参数 ·· 209

9.3.2　外在参数（状态变量） ··· 210

9.4　地电参数变化与岩体结构变化之间的关系 ································· 212

9.4.1　岩石结构对地电参数的影响 ··· 212

9.4.2　地电参数的变化与矿山活动的关系 ····································· 214

9.5　地电测量方法在智能采矿中的应用 ·· 215

9.5.1　地电测量在矿床探测中的应用 ·· 216

9.5.2　地电测量在矿山安全监测中的应用 ····································· 216

9.5.3　地电测量在矿山环境监测中的应用 ····································· 217

9.5.4　应用案例 ·· 217

9.6　本章小结 ·· 220

习题与思考题 ·· 220

参考文献 ·· 220

1 智能采矿地球物理学概述

1.1 地球物理学

地球物理学是地球科学的主要学科之一，是通过定量的物理方法研究地球内部结构的一门综合性学科，也是物理学、地质学、数学、天文学、化学等诸多学科的交叉学科，其研究范围包括地球的地壳、地幔、地核等。根据研究分支方向的区别，地球物理学可分为固体地球物理学、地球动力学、地震学、大地测量学、勘探地球物理学、地热学、地磁学、水文地理学、地核构造学等。广义的地球物理学包括固体地球物理学、大气物理学、海洋物理学、空间物理学等分支学科；狭义的地球物理学则专指固体地球物理学。

自 19 世纪中叶，随着工业革命的发展，人类对地球的探索和研究需求不断增加。地球物理学作为一门新兴学科，开始逐渐形成。早期的地球物理学主要依赖于简单的观测和实验，但由于观测手段和技术水平的限制，人们对地球的认知仍然存在很多空白。20 世纪以来，随着科学技术的不断进步，地球物理学的研究得到了迅速发展。尤其是进入 21 世纪以来，随着大数据、人工智能等新技术的应用，地球物理学的研究进入了一个全新的阶段。现代地球物理学已经不仅仅局限于传统的观测和实验，而是成为结合数学、物理、计算机科学等多学科的综合性研究学科。

地球物理学的研究不仅对人类地球认知有重要贡献，同时也在人类的生活有着广泛应用。例如，通过地震学的研究，可以预测地震的发生，从而为地震灾害防治提供科学依据，尽可能减少灾害造成的损失；通过地磁学的研究，可以了解地球的磁场变化，不仅能够在海陆空等不同层面提供定位导航服务，也能够为地质勘探提供有益信息；通过地热学的研究，可以利用地热能进行发电，提供清洁能源，为能源供应提供新的解决方案。

总的来说，地球物理学是一门揭示地球秘密、理解地球自然现象、预测自然灾害、为资源开发提供科学依据的重要学科。随着科技的发展，地球物理学的研究领域也在不断扩大和深化，为人类对地球的理解和利用提供了更多的可能性。

1.1.1 地震波

地震波是由地震震源向四处传播的振动，指从震源产生向四周辐射的弹性波。地震波可分为体波和面波，其中体波根据其振动方式又可分为纵波（P 波）和横波（S 波）。纵波是推进波，它使地面发生上下振动，破坏性较弱，影响范围较广。横波是剪切波，它使地面发生水平方向的振动，破坏性较强，传播速度较慢，介质质点的位移方向与横波的传播方向垂直。面波是由纵波和横波在地表相遇后形成的混合波，它沿着地表传播，影响范围较广，但振幅和能量逐渐减弱。地震发生时，震源区的介质发生急速的破裂和运动，这种扰动构成一个波源。由于地球介质的连续性，这种波动就向地球内部及表层各处传播开去，形成了连续介质中的弹性波。地震波的传播速度与地震的震级、震源深度、震中距以及地球内部物质的结构和性质等因素有关。

地震波在传播过程中会受到地球内部物质性质的变化以及地表地形地貌等因素的影响，导致波的振幅、频率和相位发生变化。这些变化可以通过地震记录仪进行观测和研究，从而推断出地震的性质以及地球内部物质的结构和性质等信息。地震学的主要内容之一就是研究地震波所携带的信息。

地震波的观测和研究不仅对地球科学和物理学等领域有重要意义，也具有很高的实用价值。它可以被用于探测地球内部的物质分布和性质，研究地球的地质构造和历史演化，也可以被用于工程地质勘测和施工中的地震勘探等。同时，地震波也被广泛应用于地震预警和地震工程等领域，通过对地震波的观测和分析，可以分析计算地震的震源机制、震级和震中位置等信息，为地震预警和防灾减灾提供重要的科学依据。

1.1.2　重力场

重力场是由质量体产生的引力所形成的一种物理场。根据广义相对论的观点，重力场是由质量和能量的分布所引起的时空弯曲效应。在重力场中，物体受到的引力的方向指示了重力场的方向，而引力的大小则表示了物体受到的引力的强度。重力场的强度取决于质量体的质量和距离，质量越大、距离越近，重力场就越强。重力场的力线是从质量体的正面出发，沿着引力方向伸展，形成一系列曲线。质量体的形状和分布会影响力线的分布，如地球的重力场力线是从地心向外辐射状的。重力场对物体的影响不仅仅是使物体向下运动，还会影响物体的形状和运动轨迹。在地球表面，重力场使物体受到的压力不均匀分布，造成物体变形。此外，重力场还可以使物体产生运动，例如行星绕着恒星运动，卫星绕着行星运动等。

在实践中，重力场的研究也带来了许多实际应用。例如，通过测量地球重力场的变化，可以用于计算地球的质量分布和地球内部的物理性质，进而获取地下资源的分布情况，揭示地球内部结构的特征，甚至帮助预测地震等自然灾害，这对于地质学、地球物理学和地球工程学等领域都有重要意义。此外，重力场的研究还被广泛应用于航空航天领域，例如卫星导航、空间探测和深空探测等，重力场的变化会影响到定位精度和导航的准确性。

此外，重力场对地球生态系统也有着重要的影响。植物的生长、动物的迁徙、海洋环流等都受到重力场的影响。通过研究重力场的变化，可以更好地理解这些生态系统的运行机制，为环境保护和生态修复提供帮助。因此，重力场是一种重要的物理场，它不仅影响着我们周围的世界，也影响着对宇宙的理解。对重力场的研究不仅可以带来对自然现象的深入理解，也可以带来许多实际应用的价值。总的来说，重力场的研究涉及自然科学、工程应用、社会生活等各个领域，对我们理解世界、探索宇宙、保护环境以及保障人类健康都有着重要的意义。随着科技的不断发展，对重力场的认识和理解也将不断深入，未来期待重力场的研究能带来更多的发现和应用。

1.1.3　地磁场

地磁场是地球周围空间分布的磁场，它包括基本磁场和变化磁场两个部分。基本磁场是地磁场的主要部分，占地球磁场的99%以上，起源于固体地球内部，是一种内源磁场，比较稳定。变化磁场包括地磁场的各种短期变化，主要起源于固体地球外部，相对比较微弱。地磁场的磁南极大致指向地理北极附近，磁北极大致指向地理南极附近，磁轴与地球自转轴的夹角约为11°。磁力线分布特点是赤道附近磁场的方向是水平的，两极附近则与地表垂直。赤道处磁场最弱，两极最强。地磁场使大部分太阳风偏转，保护地球免受太阳风和宇宙射线的带电粒子的影响。

在科学方面，地磁场的研究有助于深入了解地球内部的物理性质和动力学过程。地磁场是由地球内部的电流和运动产生的，这些电流和运动对于地球的稳定性和地球气候的形成都有重要影响。此外，地磁场的变化也反映了地球历史中的许多重要事件，如地球的演化、地壳的形成和地球磁场的变化等。这些信息有助于更好地理解地球的历史和未来。

在地磁应用方面，地磁场的研究也具有广泛的应用价值。例如，地磁场的极性记录在火成岩中，因此可以检测到磁场的反转，为磁性地层学研究提供了基础。同时，地磁场还使地壳磁化，地磁异常可以用于寻找金属矿床，这是地质勘探中常用的一种方法。此外，地磁场在地球物理学、气象学、空间物理学等领域也有广泛的应用。例如，地磁场可以用于预测太阳风对地球的影响，这对于电力系统和通信系统的正常运行非常重要。

地磁场的研究是一个充满挑战和机遇的领域。通过深入研究和应用地磁场的知识，可以更好地理解地球的历史和未来，同时也可以为人类社会的可持续发展提供重要的支持和帮助。

1.1.4　温度场

地球物理学中的地球温度场是指地球内部热能通过导热率不同的岩石在地壳上的表现。在地表层之下，地温随埋藏深度而有规律地增加，即每增加一定深度就增加一定温度。一般将深度每增加100 m所升高的温度称为地温梯度，以℃/100 m表示。地温梯度一般在3.5 ℃/100 m左右。地球温度场的分布和变化受到多种因素的影响，包括地球内部热源的热量传递、地壳岩石的导热性、地下水流动等。这些因素相互作用，共同决定了地球温度场的分布和变化。地球温度场是地球物理学研究的重要领域之一，它对于了解地球内部构造、地壳运动、地球磁场变化以及地球的演化历史等方面都具有重要的意义。

通过对地球温度场的测量和研究，可以更好地了解地球内部的构造和演化历史，预测地壳运动和地震等自然灾害的发生，为人类的生产生活提供重要的科学依据。在地球物理学中，地球温度场的测量通常采用地温测量法，即通过测量地表温度随时间和空间的变化来推断地球内部热量的分布和变化。地温测量法包括直接测量法和间接测量法两种。直接测量法是通过钻探、挖掘等方式直接测量地下温度，而间接测量法则通过测量地下岩石的物理性质、地下水流量等参数来推断地下温度。

除了地温测量法，地球物理学中还有其他一些研究地球温度场的方法，比如重力测量法、地震波研究法、热流测量法等。重力测量法是通过测量地球重力加速度的变化来推断地球内部的质量分布和温度变化。地震波研究法则是通过研究地震波在地球内部的传播规律来推断地球内部的结构和温度变化。热流测量法则是在地壳表面设置热流探头，直接测量地壳表面的热流密度，从而推断地壳内部的温度分布和热流变化。

此外，地球温度场的研究还可以为能源开发、环境保护等领域的实践提供重要的科学支持。例如，通过了解地下热流的分布和变化，可以评估地下地热资源的开发和利用价值；同时，地球温度场的研究还可以帮助我们更好地了解地球的气候变化。地球温度场的变化会影响大气环流和气候变化，通过对地球温度场的测量和研究，可以预测气候变化趋势，为环境保护、气候变化应对等方面的研究提供重要的科学支持。

地球温度场的研究是地球物理学研究的重要领域之一，具有非常重要的科学和实践价值。未来，需要不断深入研究和探索，以更好地了解地球内部的构造和演化历史，为人类的生产生活提供更加准确、可靠的科学依据。

1.1.5　地电场

地电场是地球物理学中的重要概念，它涉及地球内部的电场分布和变化。地电场主要由大地电场和自然电场所组成。大地电场是由地球外部的电流体系，如闪电、大气层中的电流、太阳风等在地球内部所产生的感应电场。这种电场具有相对稳定的特征，其强度和方向变化规律与地球内部地质构造、地球的磁场和外部电流体系的变化密切相关。自然电场是地壳中物理、化学作用引起的电场。常见的自然电场有接触扩散电场、电化学电场和过滤电场等。这些电场的形成与岩石的成分、矿物导电性、地下水活动等因素有关。自然电场的特征是频率较低，但有较大的变化波动，形成电磁感应。

地电场是地球物理学中重要的研究内容之一，对于了解地球内部结构和矿产资源勘探具有重要的意义。通过测量和研究地电场的分布和变化规律，可以推断出地下岩层的岩性、含矿情况、石油和天然气储藏情况、地下水状况等信息，为矿产资源的勘探和开发提供重要的依据。除了在矿产资源勘探中的应用，地电场在许多其他领域也有着广泛的应用。地电场是地震勘探、电磁测深等地球物理方法的基础，地电场的变化与地质灾害的发生有关，通过对地电场的实时监测和分析，可以及时发现地质灾害的迹象，为灾害预警和防治提供支持。地电场的变化与环境因素有关，如气候变化、环境污染等。通过监测地电场的变化，可以了解环境状况，为环境保护和治理提供依据。

总之，地电场的研究和应用对于地球科学的发展和人类社会的进步具有重要的意义。随着科技的不断发展，地电场的研究和应用将更加深入和广泛，通过不断深入地电场的研究和应用，可以更好地了解地球的内部结构和资源分布，为人类探索地球和利用资源提供更多的帮助和支持，也为人类社会的可持续发展提供更加坚实的支持和保障。

1.2　智能采矿地球物理学

智能采矿地球物理学是地球物理学和采矿科学的新兴交叉分支学科，它综合应用这两个领域先进的知识和技术，监测岩体的动态变化和揭露岩体物理信息，解决矿山开采和资源勘探的问题，推动矿业行业的智能化、安全性和可持续发展。在智能采矿地球物理学中，利用先进的物理技术和智能化技术，选取合适的地球物理方法对岩体进行探测和分析，如重力场、电磁场、地震波场等，通过对这些物理场的测量和分析，可以获取岩体的内部结构、物理性质、力学行为等方面的信息。在智能采矿地球物理学中，智能化技术得到了广泛应用，因此智能采矿地球物理学的应用范围也越发广阔，例如：

（1）资源评估和开采优化设计：通过地球物理勘探和数值模拟等方法，可以对矿床进行详细的资源评估，确定矿体的分布、规模和品位等信息。同时，可以利用这些信息优化开采设计，提高矿山的生产效率和经济效益。

（2）灾害预警和防治：智能采矿地球物理学可以通过监测岩体中的物理场变化，及时发现潜在的灾害隐患，如岩爆、滑坡等。通过对这些灾害的预警和防治，可以保障矿山生产的安全。

（3）环境保护和生态修复：在矿山开采过程中，会对环境造成一定的影响。智能采矿地球物理学可以通过对岩体物理性质的研究，优化开采方法和工艺，减少对环境的影响。同时，可以利用地球物理技术对矿区进行生态修复，恢复矿区的生态环境。

（4）智能化矿山建设：随着智能化技术的不断发展，智能采矿地球物理学在智能化矿山建设中发挥着越来越重要的作用。例如，可以利用机器人技术进行岩体监测和采样，利用大数据技术对矿山生产数据进行处理和分析，提高生产效率和安全性。

总之，智能采矿地球物理学是一门具有广泛应用前景的学科，它为矿床开采提供了更加安全、高效、经济、环保的方法和手段。随着科技的不断发展，相信智能采矿地球物理学将会在未来的矿山生产中发挥更加重要的作用。

1.2.1 智能矿山简介

传统的矿业开发方式存在粗放、生产效率低、能源利用效率不高、矿产资源利用水平低等一系列难题，因此需要加快转型升级的步伐。为解决这些问题，矿业行业应该借助现代化智能化技术，推动资源开发方式发生深刻变革，实现集约、高效、可持续的发展。在这个过程中，智能矿山建设成为实现矿业高质量发展不可或缺的途径。智能是指对被控信息对象具有实际情智感知的能力、高效的执行协调能力以及独立学习、判断并组织优化分析的综合能力。智能化信息应至少满足三个能力要求：首先具有实时智能感知信息和实时主动收集外部有用信息资源的能力；其次具有分析、判断、自我学习过程和决策活动信息资源的综合能力；最后具有分析能力和基于实际自主学习判断过程与自主决策实践能力。

智能矿山利用先进技术和数据分析手段，将传感器、物联网、人工智能和大数据分析等创新技术融入矿山的经营与管理中，其主要目标是提升矿山的生产效率、安全性和可持续性。通过在矿区布设各类传感器和设备，实现大规模数据采集，随后运用人工智能和大数据分析技术对这些数据进行实时监测、深度分析和预测，以优化生产流程、强化安全管理，并最终减少资源浪费。智能矿山有助于矿业公司更全面地理解和操控矿山运营中的各种要素，从而以更为高效、可持续和安全的方式进行采矿活动。智能自动化采矿主要是指通过在矿山自动监控开采监测系统中增加自主学习系统和自主开采决策等功能，使现有采矿机械设备能够实时感知、采集和监测地下矿山环境参数动态变化和矿山围岩状况并据此自动调整采矿控制参数、实现智能采矿感知。智能采矿决策和智能采矿控制是现代矿山智能自动化开采的关键要素，智能自动采矿的突出特点是采矿设备具有自我学习管理和自我决策调整的强大能力，具有自我意识、自我分析、自我过程控制管理和缺陷自我纠正等多种功能，实现自动适应。自我意识是基于条件信息数据的实时收集，自我分析是指对实时收集检测的信息进行连续实时地分析，自我过程控制是一项基于自我分析的实时自主校正决策和控制方案，自我校正控制是一个连续过程。一个完全基于矿井自动化设备的矿井智能系统，运用了现代智能概念，实现了实时信息采集、网络传输、标准化集成、可视化表示、自动运行和智能化开采信息的智能服务。

1.2.2　智能采矿地球物理学的特点

智能采矿地球物理学是地球物理学的一个分支，其特点是结合地球物理方法与人工智能技术解决采矿现场的实际问题，特别是与井下开采和地质问题有关的采矿作业的安全性和矿井生产的连续性问题。与传统的打钻孔、掘巷道探测方法相比，智能采矿地球物理学方法具有观测、测量成本低，获得的信息量大，数据处理效率高，非破坏性测量等特点。总体而言，智能采矿地球物理学具有以下特点：

（1）多学科交叉：智能采矿地球物理学涉及地球物理学、地质学、物理学、数学、人工智能等多个学科领域，需要综合运用多种理论和技术手段，解决复杂的采矿问题。

（2）数据处理和分析难度大：智能采矿地球物理方法获得的数据量通常很大，需要采用高效的计算机技术和数字信号处理方法进行数据处理和分析，以提取有用的信息和特征。

（3）高精度和高效率要求：采矿作业对精度和效率都有很高的要求，智能采矿地球物理学方法需要具备高精度和高效率的特性，以满足采矿生产安全的实际需求。

（4）安全性要求高：采矿作业涉及人员的生命安全和生产安全，智能采矿地球物理方法需要具备安全性和可靠性，以确保采矿生产的顺利进行。

（5）经济性和可行性要求高：采矿作业需要考虑到经济性和可行性，智能采矿地球物理方法需要具备成本低、效率高、可操作性强等优点，以实现采矿生产的可持续发展。

智能采矿地球物理学是一门具有重要实际意义和应用前景的学科，其研究和发展需要多学科交叉和综合运用多种理论和技术手段，以满足采矿生产的不断发展和变化的需求。智能采矿地球物理方法在解决采矿现场实际问题时所体现出的多样性和有效性以及先进性和优越性，显示了其在解决采矿问题方面的巨大潜力。利用智能采矿地球物理学方法解决采矿现场实际问题，具有广泛的应用前景和重要的实际意义。随着科学技术的不断发展和进步，智能采矿地球物理学的研究和应用将会更加深入和完善。

1.2.3　智能采矿地球物理学的基本任务

智能采矿地球物理学的基本任务是综合利用地球物理学方法与人工智能技术的优势解决采矿作业的安全性问题，并尽可能保证矿山生产的连续性。它主要解决关于开采引起的地质动力失稳灾害问题以及开采区域周围岩层物理力学参数相关问题。

智能采矿地球物理学的研究和应用，不仅有助于解决采矿作业中的安全问题，还可以提高矿井生产的效率，其研究的基本任务包括以下几个方面：

（1）矿山地质构造研究：利用地震波、电磁波、重力等地球物理方法，对矿山的地质构造进行探测和分析，以确定矿体的位置、形态和分布规律，为采矿作业提供基础数据。

（2）矿山水文地质研究：通过地球物理方法，对地下水文地质条件进行探测和分析，以确定地下水的分布、运动和富集规律，为采矿作业提供防水和排水方案。

（3）矿产资源勘查：利用地球物理方法可以探测地下隐伏的矿产资源，确定其位置、形态和分布规律，为矿产资源的开发和利用提供基础数据。

（4）矿山灾害预测与防治：利用地球物理方法对矿山的地质灾害进行预测和防治。通过地球物理方法对矿山周围的岩层稳定性进行评估，以确定可能发生的地质灾害类型和危险程度，及时预测和预警可能发生的地质灾害并采取相应的防治措施。

（5）采矿过程优化：利用地球物理方法对采矿过程进行优化和控制。例如，通过重力、电磁等地球物理方法，对采矿过程中的矿石和废石进行区分和识别，以提高采矿效率和控制采矿成本。

（6）环境保护与治理：利用地球物理方法可以对矿山环境进行监测和评估，发现环境问题，提出治理方案，实现矿山环境的恢复和治理。

因此，智能采矿地球物理学在采矿作业中发挥着越来越重要的作用，其研究和应用对于提高采矿作业的安全性和效率、促进矿产资源的可持续利用、推动地球物理学在其他领域的应用以及培养高素质的地球物理学人才都具有重要意义。

1.2.4 智能采矿地球物理学方法的应用前景

智能采矿地球物理学方法的应用前景非常广阔，除了前文提到的在矿山的基础应用中提高采矿效率、降低采矿成本、促进矿业可持续发展等，其应用前景还体现在以下几个方面：

（1）探索新的矿产资源：随着地球资源的不断消耗，寻找新的矿产资源变得越来越重要。采矿地球物理学方法可以通过对地球物理信号的精确分析和解释，帮助地质学家和采矿工程师发现新的矿产资源，推动矿业行业的持续发展。

（2）智能化采矿：随着人工智能和机器学习技术的不断发展，智能化采矿已经成为可能。采矿地球物理学方法可以与这些技术相结合，通过数据分析和模型预测，实现智能化采矿，提高采矿效率和安全性。

（3）跨学科合作：采矿地球物理学方法不仅仅在采矿行业中应用，还可以与其他学科进行合作，例如地质学、环境科学、工程学等。这种跨学科的合作可以促进不同领域之间的交流和融合，推动相关领域的发展。

（4）拓展应用领域：除了传统的金属矿产开采外，采矿地球物理学方法还可以应用于非金属矿产、可再生能源（如地热能、太阳能）等领域。这些领域的发展也对采矿地球物理学方法提出了新的需求和应用前景。

（5）推动绿色矿业发展：随着全球对环境保护意识的提高，绿色矿业成为未来矿业发展的重要方向。采矿地球物理学方法可以通过对矿体和地下环境的精确探测和分析，帮助采矿工程师制定更加环保的采矿计划，减少对环境的影响，推动绿色矿业的发展。

（6）促进矿业人才培养：采矿地球物理学方法需要专业的技术人员进行操作和分析。

因此，这一领域的发展也将促进矿业人才的培养和成长。通过教育和培训，培养更多的专业人才，为矿业行业的发展提供强有力的人才保障。

（7）拓展国际合作：全球范围内的矿产资源分布广泛，各国之间的矿业合作也日益加强。智能采矿地球物理学方法可以通过国际合作，促进各国之间的技术交流和资源共享，推动全球矿业的发展和繁荣。

（8）创新技术应用：随着科技的不断进步，采矿地球物理学方法也将不断创新和发展。未来，这一领域将不断涌现出新的技术和方法，为矿业行业的发展提供更多的可能性。

因此，智能采矿地球物理学方法在推动矿业行业发展、促进环境保护、培养专业人才、拓展国际合作和创新技术应用等方面都具有广阔的应用前景。相信在未来的发展中，这一领域将继续发挥重要作用，为全球矿业行业的可持续发展做出更大的贡献。

习题与思考题

扫码获得
数字资源

1-1　根据研究分支方向的区别，可以将地球物理学分为哪些分支？

1-2　广义地球物理学包括哪些内容？

1-3　狭义地球物理学指什么？

1-4　什么是地震波？请简述地震波的特征。

1-5　重力场的强度由什么因素决定？

1-6　磁力线的分布有什么特点？

1-7　地温与埋深有什么关系？

1-8　什么是智能采矿地球物理学，其目标与宗旨是什么？

1-9　智能采矿地球物理学有什么特点？

1-10　智能采矿地球物理学的基本任务是什么？

2 矿山岩体物理力学参数

矿业工程中，岩体物理力学参数的准确测试与评估对于采矿活动的可持续和安全性至关重要。岩体物理力学参数主要包括岩石的质量指标、孔隙性指标、水理性质指标和力学特性等，这些参数直接影响岩体的稳定性和工程结构的设计。本章将详细介绍这些岩体物理力学参数。

2.1 岩石物理参数

2.1.1 岩石的质量指标

岩石的质量指标主要有岩石密度 ρ、岩石容重 γ、岩石比重 G_s。

岩石的密度等于岩石试件的质量与试件的体积比，即单位体积的岩石所含有的质量。岩石一般由固相（由矿物、岩屑等组成）、液相（由岩石孔隙中的液体组成）和气相（由孔隙中未被液体充满的剩余体积中的气体组成）所组成。显然，这三种物质在岩石中所含的比例不同，矿物岩屑的成分不同，都将会使密度发生变化。

2.1.1.1 岩石的密度

（1）天然密度 ρ。天然密度是指岩石在自然条件下单位体积的质量，即

$$\rho = \frac{m}{V} \tag{2-1}$$

式中，ρ 为天然密度，g/cm^3；m 为岩石试件的质量，g；V 为岩石试件的总体积，cm^3。

（2）饱和密度 ρ_{sat}。饱和密度是指单位体积岩石中的孔隙都被水充满时的总质量，即

$$\rho_{sat} = \frac{m_s + V_v \rho_w}{V} \tag{2-2}$$

式中，ρ_{sat} 为饱和密度，g/cm^3；m_s 为岩石中固件的质量，g；V_v 为孔隙的体积，cm^3；ρ_w 为水的密度，g/cm^3。

（3）干密度 ρ_d。干密度是指单位体积岩石中固体的质量，即

$$\rho_d = \frac{m_s}{V} \tag{2-3}$$

式中，ρ_d 为干密度，g/cm^3；m_s 为岩石中固件的质量，g；V 为岩石试件的总体积，cm^3。

以上是三种不同条件下最常用的密度参数。密度测定通常用称重法，先测量标准试件的尺寸，然后放在感量精度为 0.01 g 的天平上称重，最后计算密度参数。饱和密度可采用 48 h 浸水法或抽真空法使岩石试件饱和。而干密度的测试方法是先把试件放入 108 ℃烘箱中，将岩石烘至恒重（一般约为 24 h），再进行称重。

密度参数是工程中应用最广泛的参数之一，尤其在计算岩体的自重应力中使用较多。

而计算岩体的自重应力时，往往将密度换算成重力密度（简称容重或重度）使用。两者的区别在于后者与重力加速度有关，一般用 γ 表示，单位为 kN/m^3。

2.1.1.2　岩石的容重

岩石单位体积（包括岩石孔隙体积）的重量称为岩石的容重。岩石的容重有三种，分别是干容重、湿容重和饱和容重，但是与土的容重不相同的是这三者在数值上的差别很小。

岩石的容重可以用式（2-4）表示：

$$\gamma = \frac{W}{V} \tag{2-4}$$

式中，γ 为岩石的容重，kN/m^3；W 为岩石的重量，kN；V 为包括孔隙在内的岩石的总体积，m^3。

2.1.1.3　岩石比重

岩石的比重就是绝对干燥时岩石的重量除以与岩石同体积的 4 ℃的水的重量，即

$$G_s = \frac{W_s}{V_s \gamma_w} \tag{2-5}$$

式中，G_s 为岩石的比重；W_s 为绝对干燥时岩石的重量，kN；V_s 为岩石的实体体积（不包括孔隙体积），m^3；γ_w 为水的容重，kN/m^3。

2.1.2　岩石的孔隙性指标

岩石的孔隙性指标是反映岩石中孔隙发育程度的指标，主要包括孔隙率和孔隙比。下面分别介绍其基本定义。

（1）岩石的孔隙率。岩石中孔隙体积与岩石总体积的百分比称为孔隙率。岩石的孔隙率与土的孔隙率类似，可用下式表示：

$$n = \frac{V_v}{V} \times 100\% \tag{2-6}$$

式中，n 为孔隙率；V_v 为试样的孔隙体积；V 为试样的体积。

（2）岩石的孔隙比。孔隙比 e 是指岩石中孔隙的体积 V_v 与固体的体积 V_s 之比，其计算公式为：

$$e = \frac{V_v}{V_s} \tag{2-7}$$

同孔隙率一样，孔隙比越大，孔隙和细微裂隙也就越多，岩石的力学性质就越差，反之越好。

2.1.3　岩石的水理性质指标

岩石的水理性质指标主要包括岩石的含水率和吸水率两个指标。

（1）岩石的含水率。岩石的含水率 ω 是指天然状态下岩石孔隙中含水的质量 m_w 与固体质量 m_s 之比的百分比，即

$$\omega = \frac{m_w}{m_s} \times 100\% \tag{2-8}$$

（2）岩石的吸水率。岩石的吸水率 ω_a 是指干燥岩石试样在一个大气压和室温条件下吸入水的质量 m_{w1} 与试件固体质量 m_s 之比的百分率，即

$$\omega_a = \frac{m_{w1}}{m_s} \times 100\% \tag{2-9}$$

2.2 岩石的力学特性

岩石的力学性质是指岩石在受力后所表现出来的力学特性，主要包括岩石的变形特性和岩石的强度特性。岩石力学试验是岩石力学分析的基础，是研究岩石力学特性的重要手段，常规岩石力学试验包括岩石强度和变形特性的测试。

2.2.1 岩石单轴抗压强度

2.2.1.1 岩石单轴压缩应力-应变曲线特征

从实际工程中知道，工程岩体在破坏后仍具有承载能力，故破坏后岩石仍具有它的变形与强度特征。因此，必须了解岩石破坏后应力-应变关系。为了获得岩石在单向压缩条件下应力-应变关系，可采用圆柱形或方柱形试件（其规格 $h = 2d$），在材料试验机上，采用一次连续加载，并借助应变测量仪可测得不同应力条件下，试件轴向及横向应变值。将所测得数据绘于 σ-ε 坐标图上，便得出如图 2-1 所示的应力-应变曲线。

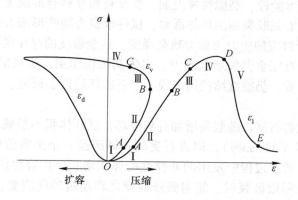

图 2-1 岩石的典型应力-应变全过程曲线

图 2-1 中 ε_d、ε_1 两条曲线分别表示试件横向及轴向应力-应变关系。同时根据弹性理论线应变和与体应变相等，可得出在单向压缩条件下线应变与体应变关系为：

$$\varepsilon_v = 2\varepsilon_x + \varepsilon_z = \varepsilon_1 - 2\varepsilon_d \tag{2-10}$$

按上述关系可绘出岩石单向压缩时试件体积应力-应变曲线。从图 2-1 所示应力-应变曲线可看出，试件受载后直到破坏经历以下五个阶段：

（1）微裂隙压密阶段（OA）。此阶段反映出岩石试件受载初期，内部已存在裂隙及孔隙受压闭合，岩石被逐渐压密，形成早期的非线性变形。应力-应变曲线上凹，表明裂隙、孔隙压密速度开始较快，随后逐渐减慢。在此阶段试件横向膨胀较小，试件体积随载荷增大而减小，伴有少量声发射出现。本阶段变形对裂隙化岩石来说较为明显，但对坚硬少裂

隙的岩石来说则不明显，甚至不显现。

（2）弹性变形阶段（AB）。在此阶段应力-应变曲线保持线性关系，服从胡克定律。试件中原有裂隙继续被压密，体积变形表现继续被压缩。这一阶段的上界应力称为弹性极限（B 点应力）。坚硬岩石（花岗岩）在 OA 和 AB 这两个阶段内所施加载荷相当于峰值载荷 0~50%。

（3）裂隙发生和扩展阶段（BC）。从图 2-1 可以看出，在此阶段轴向 ε_1 曲线仍保持近于直线；过 B 点后，随载荷增加，曲线 ε_v 偏离直线。此时声发射频度明显增大，反映有新的裂隙（微破裂）产生。但这些裂隙呈稳定状态发展，受施加应力控制。由于微破裂的出现，试件体积压缩速率减缓，即试件相对于单位应力的体积压缩量减小。岩石变形表现为塑性变形，这一阶段的上界应力称为屈服极限（C 点应力）。此阶段施加载荷为峰值载荷 50%~75%。

（4）裂隙不稳定发展直到破裂阶段（CD）。从图 2-1 中 ε_v 曲线看出，C 点切线斜率为无穷大，是 ε_v 曲线拐点。过 C 点后，随施加载荷增加试件横向应变值明显增大，试件体积增大。这说明试件内斜交或平行加载方向的裂隙扩展迅速，裂隙进入不稳定发展阶段，其发展不受所施加应力控制。裂隙扩展交接形成滑动面，导致岩石试件完全破坏。试件承载能力达到最大，这一阶段的上界应力称为峰值强度或单轴抗压强度。此阶段所施加载荷为峰值载荷 75%~100%。

（5）破裂后阶段（DE）。岩石试件通过峰值应力后，其内部结构遭到破坏，但试件基本保持整体形状。到本阶段，裂隙快速发展，交叉且相互联合形成宏观断裂面。此后，岩石变形主要表现为沿宏观断裂面的块体滑移，试件承载力随变形增大迅速下降，但并不降到零，相应于 E 点所对应的应力值称为残余强度。残余强度的存在说明破裂后的岩石只是局部破坏，岩石还没有完全丧失承载能力，丧失其结构作用，这在矿山中经常可以看到，尽管巷道两帮破坏严重，仍能继续使用。说明岩石破坏后性态研究，对采矿工程具有重要意义。

上述可见，受载岩石试件随载荷增加直到破坏，试件体积不是减小而是增加。这种体积增大现象称为扩容（dilatancy），即岩石受载破坏历经一个扩容阶段。所谓扩容，是指岩石在外力作用下，形变过程中发生的非弹性的体积增长。扩容往往是岩石破坏的前兆。在扩容阶段，试件在邻近破裂时，侧向膨胀应变之和超过轴向应变，即 $|\varepsilon_x + \varepsilon_y| > \varepsilon_z$。扩容是由于岩石试件内张开细微裂隙的形成和扩张所致，这种裂隙的长轴与最大主应力的方向是平行的。应当指出：以上讨论的岩石变形全过程曲线是一条典型化的曲线，它反映了岩石变形的一般规律。但自然界中的岩石，因其矿物组成及结构构造各不相同，所表现出的应力-应变关系也不相同。值得注意的是，上述各阶段在宏观层面上未必能明显体现，甚至不一定存在。

综上所述，根据岩石的应力-应变全图可以判断在一定应力状态下它的破坏特征。

2.2.1.2　单轴抗压强度

岩石在荷载作用下抵抗破坏的极限能力称为岩石的强度。岩石的强度是指不含节理裂隙的完整岩块的强度，它取决于很多因素，如岩石结构、风化程度、含水率、温度等，都影响岩石的强度。在通过试验确定各种岩石的强度指标时，对于同一种岩石，强度指标会随试件尺寸、试件形状、加载速率、端面条件、温度和湿度等因素变化。为了保证岩石强度试验所得的岩石强度指标的可比性，国际岩石力学学会和我国规范都对岩石强度试验所用试件的形状、尺寸、加载速率、端面条件、温度和湿度等制定了标准，对不符合标准的试件和试验条件所得的强度指标应根据标准和规范规定作相应修正。

岩石的单轴抗压强度是指岩石试件在无侧限条件下，受轴向压力作用破坏时岩石试件单位横截面上所承受的最大压应力，它是岩体工程分类的重要指标。

单轴抗压强度 R_c 等于达到破坏时最大轴向压力 P_c 除以试件的横截面积 A，即

$$R_c = \frac{P_c}{A} \tag{2-11}$$

2.2.1.3 岩石变形指标

岩石的变形特性是岩石的重要力学性质，一般可通过岩石变形试验研究岩石的变形特性。材料的变形特征与应力状态、作用时间等因素有关，因而在不同的应力状态下，同一材料可表现为不同的变形特征。

岩石在载荷作用下，首先发生的物理现象是变形。随着载荷的不断增加，或在恒定载荷作用下，随时间其变形将逐渐增大，最终导致岩石破坏。根据构成岩石的矿物成分和矿物颗粒的结合方式（结构）以及受力条件的不同，按照应力-应变-时间的关系，岩石的变形可分为弹性变形、塑性变形和黏性（流动）变形 3 种。

（1）弹性（elasticity）：在一定的应力范围内，物体受外力作用产生全部变形，而去除外力（卸荷）后能够立即恢复其原有的形状和尺寸大小的性质，称为弹性。产生的变形称为弹性变形，并把具有弹性性质的物体称为弹性介质。

（2）塑性（plasticity）：物体受力后产生变形，在外力去除（卸荷）后不能完全恢复原状的性质，称为塑性。不能恢复的那部分变形称为塑性变形，或称永久变形、残余变形。在外力作用下只发生塑性变形，或在一定的应力范围内只发生塑性变形的物体，称为塑性介质。

（3）黏性（viscosity）：物体受力后变形不能在瞬时完成，且应变速率随应力增加而增加的性质，称为黏性。应变速率随应力变化的变形称为流动变形。

根据岩石材料的应力-应变曲线所表现出的破坏特征，可将岩石划分为脆性材料和延性材料。这种区分不是指岩石材料属性。脆性和延性形态的差别，首先是宏观上的差别，它取决于岩石是否能经受显著的永久应变而不发生宏观破裂；同时脆性和延性还取决于环境条件，如压力、温度和应变率。它们不是一成不变的，同一块岩石在某些条件下可能呈现脆性，而在另外的条件下可能呈现延性。

（1）脆性（brittle）：物体受力后，变形很小时就发生破裂的性质，称为脆性。

（2）延性（ductile）：物体能承受较大塑性变形而不丧失其承载力的性质，称为延性。

A 弹性模量

弹性模量（modulus of elasticity）：在单向压缩条件下，弹性变形范围为轴向应力与试件轴向应变之比，称为弹性模量。

当岩石在单向压缩条件下，其轴向应力-应变曲线呈直线时，其弹性模量 E（MPa）为

$$E = \frac{\sigma_i}{\varepsilon_i} \tag{2-12}$$

式中，σ_i、ε_i 分别为应力-应变曲线上的轴向应力和轴向应变，如图 2-2 所示。

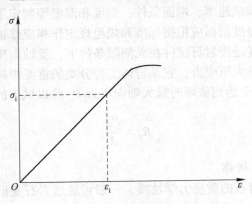

图 2-2　线性轴向应力-应变图

因为大多数岩石在单向应力作用下，应力-应变之间不保持线性关系，因此岩石弹性模量不是常数。当其轴向应力-应变曲线为非线性关系时，其弹性模量有 3 种：初始弹性模量 E_i、割线弹性模量 E_s、切线弹性模量 E_t。

（1）初始弹性模量 E_i 用应力-应变曲线坐标原点切线斜率表示，即

$$E_i = \frac{\mathrm{d}\sigma}{\mathrm{d}\varepsilon} \tag{2-13}$$

（2）割线弹性模量 E_s 用应力-应变曲线原点与某一特定应力点之间的弦的斜率表示。一般规定特定应力为极限强度 σ_c 的 50%，即

$$E_s = \frac{\sigma_{50}}{\varepsilon_{50}} \tag{2-14}$$

（3）切线弹性模量 E_t 用应力-应变曲线直线段的切线斜率表示：

$$E_t = \frac{\sigma_{t2} - \sigma_{t1}}{\varepsilon_{t2} - \varepsilon_{t1}} \tag{2-15}$$

B　岩石变形模量 E_0

当岩石受力后既有弹性变形又有塑性变形时，用岩石的变形模量来表征其总变形。岩石变形模量（modulus of deformation）是指岩石在单轴压缩条件下，轴向应力与轴向总应变（为弹性应变 ε_e 和塑性应变 ε_p 之和）之比：

$$E_0 = \frac{\sigma}{\varepsilon} = \frac{\sigma}{\varepsilon_e + \varepsilon_p} \tag{2-16}$$

C　泊松比 μ

在单向载荷作用下，除发生轴向变形之外，还发生横向变形。横向应变（$\varepsilon_x = \varepsilon_y$）与轴向应变（$\varepsilon_z$）之比称为泊松比 μ（poisson's ratio），可用式（2-18）确定。

$$\mu = \frac{\varepsilon_x}{\varepsilon_z} \tag{2-17}$$

$$\mu = \frac{\varepsilon_{x2} - \varepsilon_{x1}}{\varepsilon_{z2} - \varepsilon_{z1}} \tag{2-18}$$

式中，ε_{x1}、ε_{x2} 分别为轴向应力-应变曲线上直线段始点、终点应力值为 σ_1、σ_2 的横向应变值；ε_{z1}、ε_{z2} 分别为应力值 σ_1、σ_2 的轴向应变值。

在岩石的弹性工作范围内，μ 一般为常数，但超过弹性范围后，则 μ 随应力的增大而增大，直到 $\mu = 0.5$ 为止。在实际工作中，常采用岩石单轴抗压强度 50% 处的 ε_x 与 ε_z 来计算岩石的泊松比。

$$\mu = \frac{\varepsilon_{x50}}{\varepsilon_{z50}} \tag{2-19}$$

岩石的弹性模量和泊松比受岩石矿物组成、结构构造、风化程度、孔隙性、含水率、微结构面及其与荷载方向的关系等多种因素的影响，变化较大。

试验研究表明，岩石的弹性模量与泊松比常具有各向异性。当垂直于层理、片理等微结构面方向加荷时，弹性模量最小，而平行微结构面加荷时，其弹性模量最大。两者的比值，沉积岩一般为 1.08 ~ 2.05，变质岩为 2.0 左右。

D 其他变形参数

除以上最基本的参数外，还有一些从不同角度反映岩石变形性质的参数。如剪切模量（G）、体积模量（K_v）等。根据弹性力学，这些参数与弹性模量（E）及泊松比（μ）之间有如下公式所示的关系。

$$G = \frac{E}{2(1 + \mu)} \tag{2-20}$$

$$K_v = \frac{3}{3(1 - 2\mu)} \tag{2-21}$$

2.2.2 岩石抗拉强度

岩石的抗拉强度是指岩石试件在单轴拉力作用下抵抗破坏的极限能力，通常用 σ_t 表示。岩石的抗拉强度 σ_t 值等于达到破坏时的最大轴向拉伸荷载 P_t 与试件横截面积 A 之比，即

$$\sigma_t = \frac{P_t}{A} \tag{2-22}$$

抗拉强度试验分为直接抗拉试验和间接抗拉试验，间接抗拉试验一般多采用巴西圆盘劈裂试验。

（1）岩石的直接抗拉试验。岩石的抗拉强度就是岩石试件在单轴拉力作用下抵抗破坏的极限能力。直接抗拉试验是将制好的岩石试样两端固定在拉力机上，对试样施加轴向拉力直至破坏。试验时施加的拉力作用方向必须与岩石试件轴向重合，夹具应保证安全、可靠，且具有防止偏心荷载造成试验失败的能力。岩石直接抗拉试验的缺点是试样制备困难，且不易与拉力机固定，在试件固定处附近常常存在应力集中现象，同时难免在试件两端面有弯曲力矩，造成对岩石直接进行抗拉强度的试验比较困难。因此在实际中常采用间接拉伸试验测定岩石抗拉强度。

（2）岩石的间接抗拉试验。1943 年，巴西学者 F. L. L. B. Carmeiro 和日本学者 T. Akazawa 独立提出了用于间接测试混凝土抗拉强度的试验方法（巴西圆盘劈裂试验法）。典型的劈裂试验根据加载装置的不同，主要有四种形式：平面加载板加载、线荷载加载、

带垫板的平面加载板加载和弧形加载板加载。

《工程岩体试验方法标准》（GB/T 50266—2013）中建议巴西圆盘劈裂试验方法采用线荷载加载方式。标准要求通过垫条对圆柱体试件施加径向线荷载直至破坏（垫条可采用直径为 4 mm 左右的钢丝或胶木棍，其长度大于试件厚度，硬度与岩石试件硬度相匹配），从而间接求取岩石抗拉强度。

劈裂法（也称巴西试验法）的优点是简单易行，只要有普通压力机就可进行试验，不需特殊设备，因此该方法获得了广泛应用。该方法的缺点是这样确定的岩石抗拉强度与直接拉伸试验所得的强度有一定的差别。

2.2.3　岩石抗剪强度

岩石在剪切荷载作用下达到破坏所承受的最大切应力称为岩石的抗剪强度。它体现了岩石抵抗剪切破坏的极限能力，是岩石力学中重要指标之一，常以内聚力 c 和内摩擦角 φ 这两个抗剪参数表示。确定岩石抗剪强度的方法可分为室内试验和现场试验两大类。室内试验常采用直接剪切试验、楔形剪切试验和三轴压缩试验来测定岩石的抗剪强度指标。现场试验主要以直接剪切试验为主，也可做三轴强度试验。

进行岩石直剪试验时，先在试样上施加垂直荷载 P，然后在水平方向逐级施加水平剪切力 T，直至试件破坏。剪切面上的正应力 σ 和剪应力 τ 按下列公式计算：

$$\sigma = \frac{P}{A} \tag{2-23}$$

$$\tau = \frac{T}{A} \tag{2-24}$$

2.2.4　岩石三轴抗压强度

工程岩体一般处于三向应力状态下，因此，研究岩石在三轴压缩条件下的变形与破坏规律对实际工程更具有指导意义。三轴压缩条件下的变形特征主要通过三轴试验进行研究。

根据试验时的应力状态，三轴试验可分为两类：常规三轴试验和真三轴试验。常规三轴试验的应力状态为 $\sigma_1 > \sigma_2 = \sigma_3 > 0$，即岩石试件受轴压和围压作用，又称为普通三轴试验或假三轴试验，试验主要研究围压（$\sigma_2 = \sigma_3$）对岩石变形、强度或破坏的影响。真三轴试验的应力状态为 $\sigma_1 > \sigma_2 > \sigma_3 > 0$，即岩石试件在三个彼此正交方向上受到不相等的压力，又称为不等压三轴试验。

目前普遍使用的是常规三轴试验。试验时，将加工好的圆柱形岩石试件装入隔水胶囊内，置于三轴压力试验机的压力室中。通过油泵向压力室送入高压油，对试件施加预定的均匀围压 $\sigma_2 = \sigma_3$，并保持恒定，然后按一定速率逐级施加轴向压力，直至试件破坏。在试验过程中分别记录下相应各级 σ_1 作用下的轴向应变 ε_1 和横向应变 ε_3。每一组岩石试件应取 5 个以上。对每个试件分别在不同围压 σ_3 作用下，测定（$\sigma_1 - \sigma_3$）与 ε_1 关系。

2.2.4.1　常规三轴压缩条件下的岩石力学特征

常规三轴压缩条件下岩石的变形特征通常用（$\sigma_1 - \sigma_3$）~ ε_1 曲线图来表示。在不同围压下，岩石的变形特征不同。在常规三轴压缩条件下，首先，破坏前岩石的应变随围压增大而增加；另外，随围压增大，岩石的塑性也不断增大，且由脆性逐渐转化为延性。大理岩在围压为零或较低的情况下，岩石呈脆性状态；当围压增大至 50 MPa 时，岩石显示出由脆性向延性转化的过渡状态；围压增加到 68.5 MPa 时，呈现出延性流动状态；围压增至 165 MPa 时，试件承载力（σ_1-σ_3）则随围压稳定增长，出现所谓应变硬化现象。这说明围压是影响岩石力学属性的主要因素之一，通常把岩石由脆性转化为延性的临界围压称为转化围压。试验表明，不同岩石转化围压不同。一般来说，岩石越坚硬，转化压力越大，反之亦然。

岩石在常规三轴压缩条件下的强度可以用应力圆表示，定义岩石在三轴压缩下的极限应力 σ_1 为三轴抗压强度，它随围压增大而升高，不是一个定数。

2.2.4.2 真三轴压缩条件下的岩石力学特征

由于解决岩石工程问题需要，20 世纪 60 年代末期研制出了真三轴压力试验机。随后进行了大量室内试验，取得了不少研究成果。日本学者茂木清夫较早开始岩石真三轴压缩试验研究，研究了中间主应力 σ_2 和最小主应力 σ_3 对岩石变形特征的影响。

σ_3 为一固定值时，岩石强度（σ_1-σ_3）随着中间主应力 σ_2 增加而增大，且 σ_2 值比 σ_3 较大时，岩石往往呈现出脆性状态。σ_2 逐渐下降时，则岩石由脆性逐渐过渡到延性状态。当 $\sigma_2 = \sigma_3$，相当于围压情况时，则岩石呈现出延性流动状态。换句话说，一般岩石的力学性质受到中间主应力影响，当中间主应力 σ_2 增大时，岩石脆性加强延性减弱。

若保持中间主应力 σ_2 为一常数，研究 σ_3 变化对应力-应变的影响，随着最小主应力 σ_3 的加大，大理岩由脆性逐渐过渡到延性，但其屈服应力仍保持不变。

对完整岩石来说中间主应力 σ_2 对应变特性产生影响基本相同，而对裂隙较为发育的岩石来说，则随裂隙产状不同，其变形特征有很大差异。

在不同的 σ_3 条件下，改变 σ_2，测得在真三轴条件下，在 σ_3 不变的情况下，随着 σ_2 的增大，破坏时的极限应力 σ_1 有所增大，但增大的幅度不大。然而，在 σ_2 不变的情况下，增大 σ_3，破坏时的极限应力 σ_1 的增大幅度较大，看来 σ_3 的变化对极限应力的影响比 σ_2 的变化影响大。国内 330 工程局的试验结果表明，当 σ_3 的值一定时，在一定范围内增大 σ_2，可以使极限应力 σ_1 增大，但当 σ_2 超过一定范围时，σ_1 随 σ_2 的增加而迅速减小。这个区间的大小可能与岩石本身的性质有关。

2.3 岩体应力

应力指单位面积上所受力的大小，在岩体工程中，是由岩体表面的运动才能直接观察到力与应力。例如，地面上的滑坡、地下硐室周边的挤压变形、地下采矿中的岩爆现象等。

岩体应力产生的最直接的效应就是地震。地震是由地壳内沿断层裂缝面的黏滑型剪切位移而引起的。这种黏滑型的剪切位移具有连续积累的特征和突变特征。

岩爆与地震相似，但主要是由人类的采矿或地下硐室工程活动引起岩体应力的释放而引起的。岩爆发生时岩体突出伴随发生，在采矿工程中常有岩爆或瓦斯突出造成严重灾难，岩爆可以像地震一样进行监测。

在岩体工程开挖之前的岩体中或者在岩体工程影响区之外的岩体中存在的三维应力，叫岩体初始应力，又称原岩应力。岩体初始应力由岩体自重应力、岩体构造应力、水压力和温度应力组成。其中，水压力和温度应力都是次要的，只在特定的情况下才需考虑。因此，岩体初始应力主要应考虑自重应力和地质构造应力。

2.3.1 岩体自重应力

岩体自重应力是由岩体自重产生的三维应力场。因此，可以在垂直坐标轴沿深度方向的空间直角坐标系统中讨论岩体自重应力。

如图 2-3 所示，如果考虑地壳中距地表深度为 z 处某点岩体中的自重应力，可围绕该点取一边长为 1 的微小单元体来分析。该单元体各面上的正应力为 σ_x、σ_y 和 σ_z。

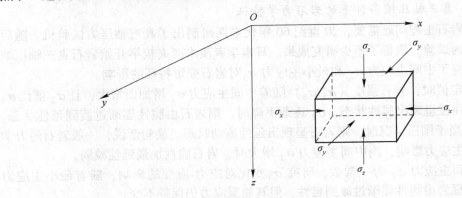

图 2-3 各向同性岩体自重应力计算

岩体具有非均质性、各向异性和不连续性的特征，岩体自重应力通常是不能进行准确计算的。一般假定计算点附近岩体为均质、各向同性的连续体进行估算。在这种情况下，铅垂方向自重应力分量 σ_z 为单元体以上至地表的岩柱的重量，即

$$\sigma_z = \gamma \cdot z \tag{2-25}$$

式中，γ 为岩体平均容重；z 为计算点处距地表深度；σ_z 为铅垂应力分量。

这里忽略了单元体自重，因为单元体很小，相对于以上岩柱重量来说可以忽略不计。

式（2-25）可改写为：

$$\sigma_z = \rho g h \tag{2-26}$$

式中，ρ 为岩体平均密度；g 为重力加速度；h 为深度；σ_z 为铅垂应力分量。

水平应力分量 σ_x 可根据广义胡克定律进行分析。在垂直应力 σ_z 作用下，如果水平方向没有约束，则单元体将在 x 方向和 y 方向产生横向应变 ε_x 和 ε_y。但是，实际上由于周围岩体阻挡，单元体不可能产生横向应变，因而有：

$$\varepsilon_x = \frac{\sigma_x}{E} - \mu \frac{\sigma_y}{E} - \mu \frac{\sigma_z}{E} = 0 \tag{2-27}$$

$$\varepsilon_y = \frac{\sigma_y}{E} - \mu \frac{\sigma_x}{E} - \mu \frac{\sigma_z}{E} = 0 \tag{2-28}$$

对于各向同性岩体而言，在 x、y 方向的应力是相同的，代入式（2-20），整理后得：

$$\sigma_x = \sigma_y = \frac{\mu}{1 - \mu}\sigma_z = \lambda \cdot \sigma_z \qquad (2-29)$$

式中，λ 为侧应力系数，表示水平应力与垂直应力的比值。

$$\lambda = \frac{\mu}{1 - \mu} \qquad (2-30)$$

如果在研究深度范围内有 n 层不同的岩层，垂直应力分量可用下式计算：

$$\sigma_z = \sum_{i=1}^{n} \rho_i g h_i \qquad (2-31)$$

式中，ρ_i 为第 i 层岩体密度；h_i 为第 i 层岩体厚度；n 为计算点以上的岩层数。

岩石泊松比的最大变化范围是 $0 \sim 0.5$。在地壳浅处，可以认为岩体处于弹性状态，泊松比 $\mu = 0.20 \sim 0.30$，在深部，由于高的垂直应力和侧应力作用，可使岩体转入塑性状态，或者由于蠕变，泊松比可增大至 0.5，λ 增大至 1，从而形成 $\sigma_x = \sigma_y = \sigma_z$ 的各向等压的应力状态，又称静水压力状态。

上述分析建立在岩体为均质、连续各向同性体的假定之上。实际的岩体，除厚层沉积岩和火成岩在节理裂隙不发育的情况才可以近似地当作均质各向同性的连续体看待外，一般均含有各种不同成因的结构面，存在非均质性和不连续性。

由上述分析可知，岩体自重应力具有如下特点：

（1）水平应力 σ_x、σ_y 一般小于垂直应力 σ_z；

（2）σ_x、σ_y 和 σ_z 均为压应力；

（3）σ_z 只与岩体容重或密度和深度有关，σ_x、σ_y 还同时与岩体弹性常数 E、μ 有关；

（4）岩体中存在的结构面影响岩体自重应力分布。

2.3.2 岩体构造应力

岩体构造应力是在地壳造山运动和造陆运动中积累或剩余的一种分布力。在地球发展史上，经历过多次构造运动，在每次构造运动的剧烈运动时期，导致岩层发生褶皱和形成山脉及各种断层和节理、劈理等破坏，称为造山运动；在构造运动缓和时期，地层发生缓慢的升降，称为造陆运动。在构造运动开始至造山运动时期，构造应力逐步积累，而在造陆运动时期，构造应力逐步释放，但不可能完全释放，存在剩余的应力场。因而构造应力是一种动态变化的应力场。但在人类活动时期，除构造活动区外，这个应力场可以看作是相对不变的应力场。因此，从地球活动的历史来看，可以定义构造应力场是在地壳造山运动和造陆运动中积累和剩余的一种应力场，而相对于人类活动时期来说，除构造活动区外，它是构造剩余应力场。

构造应力场按构造运动的活动性划分，可以分为古构造应力场和现今仍在活动的构造应力场。古构造应力场指构造活动已基本停止，存在于岩体中的只是构造剩余应力场。不同时期形成的岩层中的古构造应力场有所不同。现今仍在活动的构造应力场，指构造运动仍在反复发生的地区的应力场，如地震区、活火山区的构造应力场。

由于构造运动的规模有大有小，大的构造运动可影响到全球。在大的构造运动时期，由于各地区的岩体软硬程度和边界条件不同，其构造应力场的分布特征也有所不同。对于局部的地块，相对于整个地区来说，其构造应力也有变化。因此，构造应力场按其规模可分为全球性构造应力场、区域性构造应力场和局部构造应力场。在一次构造运动中这种不同规模的构造应力场具有逐级控制的关系。

地质力学理论认为，地球自转速度的变化产生两种推动地壳运动的力。

2.3.2.1　经向水平离心力

地球是一个绕地轴自转的椭球体，赤道半径为 $a = 6378.4$ km，两极处半径为 $b = 6356.9$ km，扁率为 $(a-b)/a = 1/297$。

可见，地球是一个扁率不大的旋转椭球体，地球上任一点的地心纬度 φ' 和地理纬度 φ 差别不大，在分析问题时，可用 φ' 代替 φ。

地球自转应该遵循角动量守恒定律，即

$$\omega \cdot I = C \tag{2-32}$$

式中，ω 为地球自转角速度；I 为地球的转动惯量；C 为常数。

当 I 发生变化时，ω 必然发生变化，即当 I 变小时，ω 变大，I 变大时，ω 变小。

设地球上某点 A 的旋转半径为 r，该点质量为 M，则离心力 F 为 $F = M \cdot \omega^2 r$。

当角速度为从 ω 增至 $\omega + \Delta\omega$ 时，离心力的增量为：

$$\Delta F = M[(\omega + \Delta\omega)^2 - \omega^2] \cdot r = M(2\omega + \Delta\omega)\omega \cdot R \cdot \cos\Phi \tag{2-33}$$

沿径向水平分量为：

$$\Delta f_1 = M(2\omega + \Delta\omega)\Delta\omega \cdot R\sin\Phi\cos\Phi = M\left(\omega + \frac{\Delta\omega}{2}\right)\Delta\omega R\sin 2\Phi \tag{2-34}$$

2.3.2.2　纬向水平惯性力

地球自转速度变快或变慢，都将产生沿纬度方向的惯性力：

$$\Delta f_s = M\frac{\mathrm{d}\omega}{\mathrm{d}t}r = -M\frac{\mathrm{d}\omega}{\mathrm{d}t}R\cos\Phi \tag{2-35}$$

由式（2-35）可见，纬向水平惯性力 Δf_s 在赤道附近最大，在两极最小。当地球自转速度加快时，纬向水平惯性力指向西，反之则指向东。因此，纬向惯性将推动地球表层物质向东或向西运动。

地球自转速度的变化是由转动惯量 I 的变化引起的，对于质点 A 来说：

$$I = M \cdot r^2 \tag{2-36}$$

可见，I 与质点的质量 M 和 r 有关。

2.3.3　岩体初始应力

由前述可知，岩体初始应力主要由自重应力和构造应力组成，自重应力可以进行估算，而构造应力只能根据构造形迹和构造体系进行分析，不能计算。所以要了解岩体初始应力，必须进行实测。

应力解除法既可用于测定岩体初始应力，也可用于测定坑洞围岩应力。

2.3.3.1　基本原理

应力解除法的基本原理如图 2-4 所示。岩体中某点的岩石（图中单元体）处于三向压缩状态，假定其处于线弹性变形状态，如果用某种方法使其脱离母岩，则其所受的应力得以解除，必然发生弹性恢复，用仪器测得恢复应变，则为：

$$\varepsilon_x = \frac{\Delta x}{x}, \quad \varepsilon_y = \frac{\Delta y}{y}, \quad \varepsilon_z = \frac{\Delta z}{z} \tag{2-37}$$

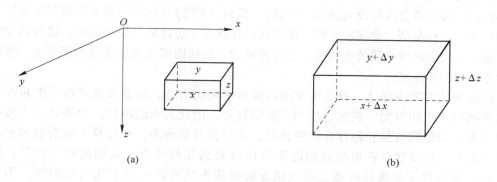

图 2-4　应力解除法的原理

（a）解除前；（b）解除后

根据弹性恢复应变，利用弹性力学公式则可计算岩体初始应力。这个过程可以归结为：破坏联系，解除应力；弹性恢复，测出变形；根据变形，转求应力。

2.3.3.2　应力解除方法

孔底应力解除法测定岩体应力的步骤如图 2-5 所示。

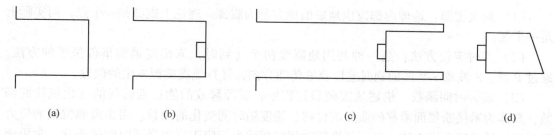

图 2-5　孔底应力解除法步骤

（a）步骤一；（b）步骤二；（c）步骤三；（d）步骤四

（1）打大孔至测点，孔底磨平；

（2）在孔底中央 1/3 范围内粘贴电阻应变花探头；

（3）延伸大钻孔，解除应力，解除深度大于大孔直径。也可连续测量，待解除应变稳定后即停止钻进。

（4）取出岩心，在室内测定岩石弹性参数，用以计算钻孔断面内的应力分量。

孔底应力解除法的优点是解除岩心短，适用于岩体完整性差的条件。缺点是：（1）无理论计算公式，只能用经验公式计算原岩应力；（2）必须进行三孔测定，才能确定岩体三维应力状态。

孔底应力解除法在浅孔的情况下测得的是坑洞围岩应力，当钻孔深度超过坑洞围岩应力集中区（一般取距坑洞中心 3 倍坑洞半径）时，测得的应力即为原岩应力。

2.4　弹性地震波

地震波（seismic wave）是由地震震源向四处传播的振动，指从震源产生向四周辐射的弹性波。按传播方式可分为纵波（P波）、横波（S波）（纵波和横波均属于体波）和面波（L波）三种类型。地震发生时，震源区的介质发生急速的破裂和运动，这种扰动构成一个波源。由于地球介质的连续性，这种波动就向地球内部及表层各处传播开去，形成了连续介质中的弹性波。

地震学的主要内容之一就是研究地震波所带来的信息。地震波是指地震能量在地球内部传播时产生的波动。它的性质和声波很接近，因此又称地声波。但普通的声波在流体中传播，而地震波是在地球介质中传播，所以要复杂得多，在计算上地震波和光波有些相似之处。波动光学在短波的情况下可以过渡到几何光学，从而简化了计算；同样地，在一定条件下地震波的概念可以用地震射线来代替而形成了几何地震学。不过光波只是横波，地震波却纵、横两部分都有，所以在具体的计算中，地震波要复杂得多。

如果在地球内部某一点发生地震，则振动以波的形式向四面传播，到达各个观测点。人们可以通过在距震源不同距离各观测点的记录来研究震源及地球内部的结构。显然，介质不同，波的类型不同，波在岩石中传播的规律也不一样。

2.4.1　基本概念

（1）地震震源：地球内部发生地震的地方称为震源。理论上震源是一个点，而实际上是一个区。

（2）到时定位方法：是一种利用地震波初至（到时）来确定地震事件位置的方法。通过P波、S波或S-P波的到时差以及波传播方向，计算地震震源发生的位置。

（3）震源时间函数：描述地震破裂过程中，震源释放的能量随时间的变化规律的函数，具体为紧接断层面滑移的质点的位移、速度随时间变化的函数。因为震源位置的应力降与质点运动速度成正比，因而速度随时间的变化也相应于应力降随时间的变化。常用函数有：

1）阶梯时间函数。假定地震发生前，断层两边质点静止不动，一旦地震发生，断层两边质点立即以固定速度相对运动，过一段时间后质点停止运动。

2）斜坡时间函数。假定地震发生前，断层两边质点静止不动，一旦发生地震，断层两边质点以某种速度运动，断层面上位移由零开始以某种规律逐渐增加，一段时间后位移达最大值，质点停止运动。

3）布隆时间函数。布隆时间函数是一种具有明确物理意义的时间函数模型，认为震源断层面两侧质点运动速度由两方面因素决定：一是应力降时，该应力驱使质点运动；二是断层面周围未滑移部分对质点运动有制约作用（边界效应）。假使断层的滑移不受边界效应的影响，且断层滑移是一种瞬时源，则此时质点运动仅靠应力降的驱使。

（4）上升时间：是指地震波达到最大振幅所需的时间。在类裂缝模型中，上升时间大致等于整个破裂过程的持续时间，直到破裂停止传播的信息传递到给定点。

（5）点源：当震源尺寸相对于震源到观测点的距离足够小时，可以近似地把震源看作点源。

（6）单力偶震源：在震源处同时受到大小相等、方向相反的一对力偶作用，称为单力偶震源或Ⅰ型震源。该模型为动力模型，求动力模型的运动参数时，除求解节面的走向、倾向和倾角外，还要求解力偶的方向参数。

（7）双力偶震源：在震源处受到相互正交的两对力偶作用，称双力偶震源或Ⅱ型震源。该模型为静力模型，求解静力模型的运动参数时，除了求解断层面的产状和力偶的取向外，还要求解最大主应力轴P、最小主应力轴T和中等主应力轴N的方向参数。

（8）拐角频率：是指地震远场位移幅值谱的高频与低频渐近线交点处的频率，可反映地震波不同频率能量的分布以及震源尺度的大小。

（9）震源谱：即震源频谱，震源处辐射的地震波是一种非周期脉冲振动，可以将它认为是由许多不同频率、不同振幅、不同相位的简谐振动合成，这些简谐振动的振幅和相位相对于其频率的变化规律称为震源谱。震源频谱特性比较全面地反映了震源区的物理性质，它是一个频率域的量。大多数地震的震源频谱可用地震矩和拐角频率两个参数表示。

（10）地震矩：描述地震事件释放能量大小的物理量，与断层面上的错动和周围岩石的刚度有关。地震矩 M_0 的一个理论模型为 $M_0 = \mu DA$，其中，μ 为地震断层的剪切模量，A 为发生滑移的断层面积，D 为地震破裂的平均滑移位移。

（11）矩震级：基于地震矩定义的地震大小的标度，用于替代早期的里氏震级和体波震级，以提供更准确和一致的全球地震大小比较。常用 M_W 表示，其关系为 $M_W = 2/3 \lg M_0 - 10.7$，式中 M_0 为地震矩。计算出的矩震级 M_W，是一个无单位的数值，它与传统的里氏震级在数值上保持较好的一致性，通常在大震和远场也能保持良好的精度。

（12）静应力降：是指地震事件前后震源内平均剪切应力的变化。这个变化的量是空间上可变的，因此整体静应力降是对空间可变应力降的一种变形加权平均。对于错位震源，静应力降与震源的几何形状和特征尺寸相关。

（13）动应力降：是指断层上任一点在滑动前的初始应力与滑动过程中该点的滑动摩擦应力之差，其取决于震源的不同部分和时间变化。在震源的给定点，动应力降与滑动速度成比例。

（14）断层面解：用观测到的 P 波初动的应力波特征求解断层面的产状、位置及所受的力的系统。主要结果包括断层面的走向、倾向、倾角和力轴（张力轴和压力轴）的方位角和离源角等。通常以弹性回跳理论为基础，从点源模型出发，利用作图法或解析法即可得到断层面解。作图法是以平面作图代替球面作图。常用的有 Wulff net 作图法和 Schmidt net 作图法。一个地震的断层面解，描述了该地震的释放应力场，基于多个断层面解得到的统计结果可作为该地区的应力场。

（15）地震能量：地震发生时岩体中释放出的弹性波能量，是地震能中的一部分。可根据地表或其附近的地面震动来计算。据 Gutenberg 和 Richter 估算，球对称的正弦波动群的辐射，通过球面的地震能量 E 和面波震级 M 的关系式为：$\lg E = 4.8 + 1.5M$，式中 E 的单位为 J。

（16）幂律：表示地震事件的级数震级和此级数发生的次数频率呈现幂函数反比关系，

是一种描述地震事件分布特征的方式。一个值与另外一个值的幂函数成反比，这就是幂律。

（17）b 值：反映地震事件中不同震级与频度之间关系的量，常被用作指示岩石破裂、岩体失稳和地震危险性的指标。b 值是 Gutenberg 和 Richter 提出的震级-频度关系公式中一个很重要的参数，即 $\lg N = a - bM_S$，式中，M_S 为地震震级，N 为震级不小于 M_S 的累积地震数，a 和 b 为常数。

（18）峰值地面特性：指地震波到达地表时，地面运动的最大振幅和特征。包括峰值地面加速度（Peak Ground Acceleration，PGA）、峰值地面速度（Peak Ground Velocity，PGV）和峰值地面位移（Peak Ground Displacement，PGD）。PGA、PGV 和 PGD 分别指地震过程中地表处加速度、速度、位移的最大瞬时值，是评价地震动强弱的重要物理参数。

2.4.2　弹性地震波的产生与传播

地震波的产生和传播是地震学研究的核心内容之一。地震波是在地震发生时由于地震震源的活动而产生的机械波。它们在地球内部传播并通过不同的介质，传递能量和信息。

地震波的产生是由地震震源上的能量释放引起的。地震震源通常是由于地下的岩石断裂和滑动造成的。当岩石断层破裂时，积累的能量迅速释放，产生地震波。地震波的能量可以通过地震原发波、次级波和面波来传播。

地震波的传播是通过地球内部的不同介质进行的。地球有多个层次，包括地壳、地幔和地核。地震波的传播速度取决于这些不同介质的密度、弹性模量和物理特性。根据传播路径的不同，地震波可以分为三种主要的类型：纵波（P 波）、横波（S 波）和面波（L 波）。

纵波（P 波）是最快到达地震仪的波动类型。它们是一种压缩性波动，以粒子沿波传播方向振动的方式传播。P 波可以在固体、液体和气体介质中传播，其传播速度会因介质的性质不同而有所变化。相比之下，横波（S 波）是一种横向振动波动，只能在固体介质中传播。S 波相对较慢，但比 P 波更具破坏性。

面波是地震波中的另一种类型，它们沿地球表面传播。面波包括两种形式：瑞利波（Rayleigh waves）和勒夫波（Love waves）。瑞利波表现为椭圆形的波动，类似于水波在水面上的扩散。勒夫波则是具有沿地球表面振动的类似蛇行的特点。

不同类型的地震波具有不同的传播特性和作用。纵波和横波会在传播过程中发生反射和折射，这是由于介质的密度和弹性变化而引起的。面波对地震破坏的影响最显著，因为它们会引起地表上的振动和摩擦。

地震波的产生和传播对于理解地震的原因、预测地震危险性以及研究地球内部结构至关重要。地震波通过地震仪器的记录和分析，提供了关于地震震源、地震波传播路径、地下介质的信息，以及定位和计量地震强度的方法。对地震波的深入研究也有助于了解地球的内部构造和演化，以及相关的地质过程。

2.4.3　弹性地震波的传播特性

2.4.3.1　传播速度

弹性地震波的传播速度是根据介质的密度、弹性模量和物理特性来确定的。根据传播波动的方向和振动方式的不同，可以分为纵波（P波）和横波（S波）。

P波速度：纵波是一种拉伸和压缩介质的波动，以粒子沿波传播方向振动的方式传播。P波是地震波中最快到达地震仪的波动类型，传播速度在固体、液体和气体介质中都有所不同。在地壳中，P波速度为 $5\sim8$ km/s，在地幔中为 $8\sim13$ km/s，在地核中为 $13\sim14.5$ km/s。

S波速度：横波是一种横向振动介质的波动，只能在固体介质中传播。相比之下，S波传播速度相对较慢，但比P波更具破坏性。在地壳中，S波速度为 $3\sim5$ km/s，在地幔中为 $4.5\sim7.5$ km/s。

2.4.3.2 传播路径

弹性地震波在传播过程中会经历反射、折射和散射等现象。这些现象是由于地球内部介质的非均匀性导致的。

（1）反射：当地震波穿过介质的界面时，部分能量会发生反向传播。反射是地震波路径中最常见的现象之一。反射会改变地震波传播路径并使其朝不同的方向传播。

（2）折射：地震波在传播过程中会因介质的密度和弹性变化而发生折射。折射会使地震波转向，改变其传播方向。折射还会影响地震波的传播速度。

（3）散射：当地震波遇到介质中的不均匀性或杂质时，会发生散射现象。散射使地震波沿不同的方向传播，并改变其振幅和频率。散射能够传播较长距离的地震波能量。

2.4.3.3 传播衰减

地震波在传播过程中会发生能量损失和振幅衰减，这主要是由于介质的吸收，能量的扩散和耗散。

（1）能量损失：地震波在传播过程中会经历能量损失，部分能量会被介质吸收。这是由于地下岩石的阻尼、摩擦和能量转换等原因导致的。能量损失会导致地震波的振幅和强度减小。

（2）振幅衰减：地震波在传播过程中的振幅会逐渐减小。振幅衰减是由地震波能量的扩散和耗散而引起的。随着地震波传播距离的增加，振幅衰减会越来越快。

2.4.3.4 地震波的周期和频率

地震波的周期和频率是描述地震波形状和振动频率的重要参数。

（1）周期：地震波的周期是指两个相邻波峰或波谷之间的时间间隔。不同类型的地震波具有不同的周期。纵波的周期通常较短，一般在几十到几百毫秒之间。横波的周期相对较长，一般在几百到几千毫秒之间。

（2）频率：地震波的频率是指每秒内传播的波峰或波谷的数量。频率与周期成反比关系。频率越高，波动变化越快。而高频地震波通常在传播过程中存在较多的能量损耗，传播距离较短。

总结来说，弹性地震波的传播特性主要包括传播速度、传播路径和传播衰减。传播速度由介质的特性决定，纵波速度比横波速度快。地震波在传播过程中会发生反射、折射和散射。传播衰减会导致能量损失和振幅衰减。地震波的周期和频率描述了地震波形状和振动频率的特征。

2.4.4 P波与地球内部介质的相互作用

地震波是地震的重要表现形式，其中包括纵波（P波）和横波（S波）。本节将重点探讨 P 波与地球内部介质的相互作用。首先介绍 P 波的传播特性，然后探讨地球内部介质对 P 波传播的影响，包括速度变化、衰减和折射等因素。接着，将讨论 P 波在不同介质中的传播特征，如液体、固体和气体等。最后，将介绍 P 波速度与介质物性关系的研究进展。

2.4.4.1　P 波的传播特性

P 波是由介质中物质粒子沿波传播方向的振动引起的纵向压缩-膨胀波。P 波是地震波中速度最快的一种波动类型。P 波在地球内部的传播是以介质分子间弹性的形式进行的，它具有以下特点：

（1）P 波可以在固体、液体和气体介质中传播，但在液体和气体中速度相对较慢。

（2）P 波的传播速度为 5~8 km/s，但在地核中能达到 13~14.5 km/s 的较高速度。

（3）P 波是一种具有压缩性质的波动，它会使地下岩石的颗粒沿波的传播方向发生振动，也就是所谓的纵向振动。

2.4.4.2　地球内部介质对 P 波的影响

地球内部介质对 P 波的传播产生重要影响，主要表现为速度变化、衰减和折射等。

（1）速度变化：地球内部介质的密度、弹性模量、压力和温度等因素都会导致 P 波速度的变化。通常来说，P 波传播速度随着深度的增加而增加。在地壳中，速度为 5~8 km/s；在地幔中，速度为 8~13 km/s；在地核中，速度可达到 13~14.5 km/s。P 波不同介质的速度差异是由于介质的物性差异导致的，例如固体介质中分子之间的吸引力更强，因此 P 波速度较快。

（2）衰减：在地球内部介质中传播的 P 波会因为介质的阻尼和摩擦而衰减能量。地震波中的能量在传播过程中逐渐减小，这是由于 P 波传播过程中产生的热量和弹性变形引起的。能量的损失会导致波幅的减小，传播距离的延迟和振幅的衰落。

（3）折射：当地震波从一种介质传播到另一种介质时，由于速度的变化，波会发生折射。折射会导致波的传播方向发生变化。举例来说，当 P 波从地壳进入地幔时，由于在地壳和地幔的速度差异，波会发生折射并改变传播方向。

2.4.4.3　P 波在液体、固体和气体介质中的传播特征

P 波在不同介质中的传播特征存在差异。

（1）在固体中，P 波是在固体颗粒间的弹性变形下传播的，因此传播速度相对较快。此外，由于固体的结构较为稳定，因此 P 波的速度在固体中较为恒定。

（2）在液体中，P 波必须通过液体分子的弹性变形传播，因此相对于固体，P 波的传播速度较慢。液体透明度较大，分子间距离较大，导致 P 波的传播速度受到限制。

（3）在气体中，P 波的传播速度相对更慢。气体中分子的弹性变形程度较小，而且分子间距离较大，因此 P 波传播速度较固体和液体更低。

2.4.4.4　P 波速度和介质物性关系的研究

研究 P 波速度和介质物性之间的关系对于了解地球内部结构和物质特性具有重要意义。通过观测和分析地震事件产生的 P 波传播速度，可以探索地球内部的构造和物质组成。

（1）黏滞性和弹性模量：地球内部岩石的黏滞性和弹性模量是影响 P 波传播速度的

关键因素。黏滞性较低的岩石具有更快的传播速度，而弹性模量较高的岩石也会导致更快的传播速度。

（2）密度：介质的密度对 P 波的传播速度有明显影响。一般来说，密度越大，P 波传播速度越快。因此，通过对地表地震事件产生的 P 波的速度进行测量，可以推断地下岩石的密度分布情况。

（3）孔隙度和饱和度：介质中的孔隙度和饱和度也会影响 P 波传播速度。岩石中的孔隙度越大，饱和度越低，P 波速度越低。这是因为在有气体或流体存在的情况下，介质中的孔隙会妨碍 P 波的传播。

2.4.5　S 波与地球内部介质的相互作用

地震波是地震的重要表现形式，其中包括纵波（P 波）和横波（S 波）。本节将重点探讨 S 波与地球内部介质的相互作用。首先介绍 S 波的传播特性，然后探讨地球内部介质对 S 波传播的影响，包括速度变化、衰减和折射等因素。接着，将讨论 S 波只能传播到固体介质中的原因。最后，将介绍 S 波的振动方向变化现象。

2.4.5.1　S 波的传播特性

S 波是由介质中物质粒子垂直于波传播方向的振动引起的横向波，也被称为剪切波。S 波是地震波中速度居中的波动类型。S 波具有以下特点：

（1）S 波只能在固体介质中传播，无法传播到液体和气体中。

（2）S 波相对于 P 波传播速度较慢，一般为 P 波速度的 0.6~0.7 倍。

（3）S 波的传播方向与振动方向垂直，称为横向振动。

2.4.5.2　地球内部介质对 S 波的影响

地球内部介质对 S 波的传播产生重要影响，主要表现为速度变化、衰减和折射等。

（1）速度变化：地球内部介质的密度、弹性模量、压力和温度等因素同样也会导致 S 波速度的变化。在地壳和地幔中，S 波的速度为 3~4 km/s；在地核中，速度为 2~3 km/s。与 P 波相比，S 波在不同介质中的速度变化较小。

（2）衰减：在地球内部介质中传播的 S 波同样会衰减能量。由于介质的阻尼和摩擦，S 波能量会逐渐减小。能量的损失会导致波幅的减小，传播距离的延迟和振幅的衰落。

（3）折射：与 P 波类似，当 S 波从一种介质传播到另一种介质时，由于速度的变化，波会发生折射。折射会导致波的传播方向发生变化。

2.4.5.3　S 波只能传播到固体介质中的原因

S 波只能传播到固体介质中的原因主要有以下几点：

（1）S 波的传播方式是通过介质颗粒的横向振动来实现的。在液体和气体介质中，由于分子间距离较大和结构不稳定，无法实现颗粒的横向振动。

（2）在液体中，由于分子间的黏滞性比较大，会阻碍 S 波的传播。

（3）在气体中，由于分子间弹性变形较小，无法产生足够的弹性力来传播 S 波。

2.4.5.4　S 波的振动方向变化现象

S 波在地球内部的传播过程中会出现振动方向的变化现象。由于介质性质的不均一性，S 波的传播速度会发生变化，导致波的传播路径弯曲。当 S 波穿过固液相界面时，由于速度差异较大，会发生折射现象，波的传播方向也会改变。这种振动方向变化现象是地震学中重要的观测现象，也为研究地球内部结构提供了线索。

2.4.6 弹性地震波在采矿地球物理学中的应用

弹性地震波是地球物理学中研究地球结构和物性参数的重要手段之一。本节将介绍弹性地震波在采矿地球物理学中的主要应用。首先介绍地震勘探的应用，包括地下结构探测和矿藏分布预测。然后介绍地震监测的应用，主要是对地下开采活动引起的地震活动进行监测。接着介绍地震波速度研究的应用，包括地层物性参数推测和矿产资源评估。最后，讨论弹性地震波技术的优势和挑战。

2.4.6.1 地震勘探：地下结构探测、矿藏分布预测等

地震勘探是利用地震波研究地下结构的技术。通过分析地震波在不同地层中的传播和反射，可以了解地下结构的内部性质和特征。在采矿地球物理学中，地震勘探主要应用于以下方面：

（1）地下结构探测：地震波可以穿过地下，探测地下结构的分布和性质。通过分析地震波的传播时间和反射信号，可以获得地下结构的深度、厚度和形态等信息。这对于确定矿区的地质构造、岩层分布和断裂带位置等具有重要意义。

（2）矿藏分布预测：地震波在地下不同介质中的传播速度和反射特征与岩石的物理性质密切相关。通过分析地震数据，可以预测矿藏的分布和性质。例如，金属矿床一般对地震波具有高反射特征，而石油和天然气藏一般存在于地震波传播速度较低区域。

2.4.6.2 地震监测：地下开采活动引起的地震活动监测

地震监测是利用地震波研究地球活动性的技术。在采矿地球物理学中，地震监测主要应用于地下开采活动引起的地震活动的监测和分析。

地下开采活动，如矿井开挖、岩石爆破等，会引起地震活动，导致地震波的产生和传播。通过监测地震活动的参数，如地震震级、震源位置和地震活动的时间和空间分布等，可以了解开采活动对地下地震活动的影响程度。这对于评估地震灾害风险、开采活动的安全性和环保性具有重要意义。

2.4.6.3 地震波速度研究：地层物性参数推测、矿产资源评估等

地震波速度是地层物性参数的重要指标之一。在采矿地球物理学中，地震波速度研究主要应用于以下方面：

（1）地层物性参数推测：地震波传播速度与地层的物理性质相关。通过分析地震数据中的波速度信息，可以推测地下岩层的密度、弹性模量和泊松比等物理参数。这对于理解地下岩石的性质、构造和岩性分布等具有重要意义。

（2）矿产资源评估：地震波速度可以反映地下矿体的分布和性质。通过测量和分析地震数据中的波速度，可以评估矿体的规模、形态和赋存条件等。这对于矿产资源的勘探、开发和评估具有重要意义。

2.4.6.4 弹性地震波技术的优势和挑战

弹性地震波技术在采矿地球物理学中具有一系列优势和挑战。

（1）优势方面：

1）弹性地震波可以传播到较深的地下，能够提供更全面和准确的地下结构信息。

2）弹性地震波可以反映地下岩石的物理性质和介质的变化，对矿产资源评估和开采规划具有重要意义。

3）弹性地震波技术成熟，数据处理和解释方法丰富，能够提供可靠的参数推测和资源评估结果。

（2）挑战方面：

1）弹性地震波技术在采矿地球物理学中应用时需要大量的仪器设备和技术支持，成本较高。

2）地震波在地下的传播过程受到地球介质的复杂性和不均匀性的影响，解释和解决这些影响因素是一个挑战。

3）弹性地震波技术需要准确地采集和处理数据，对人员的专业能力要求较高。

总结起来，本节介绍了弹性地震波在采矿地球物理学中的应用。地震勘探方面，弹性地震波用于地下结构探测和矿藏分布预测。地震监测方面，弹性地震波用于监测地下开采活动引起的地震活动。地震波速度研究方面，弹性地震波用于地层物性参数推测和矿产资源评估。弹性地震波技术在采矿地球物理学中具有许多优势，但也面临着一些挑战。

2.5 矿山岩体动力学特性

矿山岩体动力学是研究地下开采过程中岩体动力响应的学科。矿山岩体动力学方程是描述和预测岩体动力响应的重要工具。通过建立和求解矿山岩体动力学方程，可以评估矿山岩体的稳定性、预测岩体破坏的发生和传播、以及评估岩体动力响应对工程结构的影响。

2.5.1 固体中应力波的类型

所谓波，是指某种扰动或某种运动参数或状态参数（例如应力、变形、振动、温度、电磁场强度等）的变化在介质中的传播。应力波就是应力在固体介质中的传播。

由于固体介质变形性质的不同，在固体中传播的应力波有下列几类：

（1）弹性波。为应力-应变关系服从胡克定律的介质中传播的波。

（2）黏弹性波。在非线性弹性体中传播的波，这种波，除弹性变形产生的弹性应力外，还产生有摩擦应力或黏滞应力。

（3）塑性波。应力超过弹性极限的波。在能够传播塑性波的介质中，应力在未超过弹性极限前仍然是弹性的。当应力超过弹性极限后，出现屈服应力，其传播速度比弹性应力传播速度小得多。

（4）冲击波。如果固体介质的变形性质能使大扰动的传播速度远比小扰动的传播速度大，在介质中就会形成波头陡峭的、以超声速传播的冲击波。

岩石在受到扰动时（例如爆炸时）在岩体中主要传播的是弹性波。即使在静载荷作用下表现为弹塑性的岩石，因在爆破载荷作用下，塑性减小屈服极限提高，脆性增加，变形性质也接近于线弹性体。塑性波和冲击波只能在振源处才能观察到，而且不是在所有岩石中都能产生这样的波。冲击波产生有不可逆的能量损失，故传播到一定距离，例如爆炸在从中心算起 12~15 倍装药半径处，就蜕变为弹性波。

弹性波的形式决定于质点的运动规律，质点作谐振动形成正弦波。根据振动频率的不同，正弦波又区分为次声波（20 Hz/s 以下），声波（20~2×10⁴ Hz/s），超声波（2×10⁴ Hz/s 以上），在 10¹⁰ Hz/s 以上的称为特超声波。

按波面形状，应力波又区分为平面波、柱面波和球面波。波面上介质的质点具有相同的速度、加速度、位移、应力和变形。最前方的波面称为波前、波头和波阵面。

2.5.2 弹性波在固体中的传播

众所周知，在弹性力学里，运动方程（研究的问题是运动学，故用运动方程。若为静力学，则用静力方程）、几何方程和物理方程经过综合后，可以得出拉梅运动方程，当不计体力时，该方程可表示为：

$$(\lambda + G_d) \frac{\partial \theta}{\partial x} + G \nabla^2 u = \rho \frac{\partial^2 u}{\partial t^2}$$

$$(\lambda + G_d) \frac{\partial \theta}{\partial y} + G \nabla^2 v = \rho \frac{\partial^2 v}{\partial t^2}$$

$$(\lambda + G_d) \frac{\partial \theta}{\partial z} + G \nabla^2 w = \rho \frac{\partial^2 w}{\partial t^2} \tag{2-38}$$

式中，λ 为拉梅常数，其值为 $\dfrac{\mu_d E_d}{(1 + \mu_d)(1 - 2\mu_d)}$；$G_d$ 为动剪切模量，其值为 $\dfrac{E_d}{2(1 + \mu_d)}$；$\theta$ 为体积应变，其值为 $\varepsilon_x + \varepsilon_y + \varepsilon_z = \dfrac{\partial u}{\partial x} + \dfrac{\partial v}{\partial y} + \dfrac{\partial w}{\partial z}$；$\nabla^2$ 为拉普拉斯算子；x、y、z 为三坐标轴；u、v、w 分别为在 x、y、z 方向上的位移；E_d 为介质的动弹性模量；μ_d 为介质的动泊松比；ρ 为介质的密度；t 为时间。

将以上三式各自对 x、y、z 求偏导，并相加，得

$$\rho \frac{\partial^2 \theta}{\partial t^2} = (\lambda + 2G_d) \nabla^2 \theta \tag{2-39}$$

此式即为体积应变 θ 的波动方程。θ 为弹性体膨胀、收缩状态的物理量。现在分析膨胀时的波动方程。

假定在岩体中取一点作为波的振源，则弹性体膨胀 θ 随时间 t 的变化规律为正弦函数，即

$$\theta = \theta_0 \sin\omega t \tag{2-40}$$

式中，θ_0 为初振幅；ω 为角频率。

因为振动是由振源向四周传播，假定岩体是各向同性，且只考虑单方向传播（例如 x 方向），故距振源为 x 点的膨胀为：

$$\theta = \theta_0 \sin\omega\left(t - \frac{x}{c}\right) \tag{2-41}$$

式中，c 为波动在岩体中传播速度。

由此得

$$\frac{\partial^2 \theta}{\partial t^2} = \omega^2 \theta_0 \sin\omega\left(t - \frac{x}{c}\right) = -\omega^2 \theta$$

$$\frac{\partial^2 \theta}{\partial x^2} = -\omega^2 \frac{1}{c^2}\theta_0 \sin\omega\left(t - \frac{x}{c}\right) = -\frac{\omega^2}{c^2}\theta \qquad (2\text{-}42)$$

由于只考虑 x 方向的传播。故 $\dfrac{\partial^2 \theta}{\partial x^2}$ 即为 $\nabla^2 \theta$。

化简后，得

$$C = V_p = \left(\frac{\lambda + 2G_d}{\rho}\right)^{\frac{1}{2}} \qquad (2\text{-}43)$$

式 (2-43) 即为纵波在各向同性的岩体中传播的速度。

若消去 θ，然后将得到的两式相减，得

$$\rho\left[\frac{\partial^2}{\partial t^2}\left(\frac{\partial w}{\partial y} - \frac{\partial v}{\partial z}\right)\right] = G\,\nabla^2\left(\frac{\partial w}{\partial y} - \frac{\partial v}{\partial z}\right)$$

$$\rho\,\frac{\partial^2 w_x}{\partial t^2} = G\,\nabla^2 w_x \qquad (2\text{-}44)$$

式 (2-42) 简化后，可得

$$V_s = \left(\frac{G_d}{\rho}\right)^{\frac{1}{2}} \qquad (2\text{-}45)$$

式 (2-45) 为横波在各向同性岩体中传播的速度。

若将 $\lambda = \dfrac{\mu_d E_d}{(1 + \mu_d)(1 - 2\mu_d)}$，$G = \dfrac{E_d}{2(1 + \mu_d)}$ 之值代入式 (2-39) 和式 (2-41)，可用 E_d、μ_d、ρ 表示纵波和横波速度，即

$$V_p = \left[\frac{E_d(1 - \mu_d)}{\rho(1 + \mu_d)(1 - 2\mu_d)}\right]^{\frac{1}{2}} \qquad (2\text{-}46)$$

$$V_s = \left[\frac{E_d}{2\rho(1 + \mu_d)}\right]^{\frac{1}{2}} \qquad (2\text{-}47)$$

若已知 ρ、V_p、V_s，则可根据上两式推出动弹性模量 E_d 和动泊松比 μ_d，即

$$E_d = \rho V_s^2(3V_p^2 - 4V_s^2)/(V_p^2 - V_s^2) \qquad (2\text{-}48)$$

$$\mu_d = \frac{1}{2}(V_p^2 - 2V_s^2)/(V_p^2 - V_s^2) \qquad (2\text{-}49)$$

若 V_s 分辨不清，则可用 ρ、V_p 及 μ（一般可用静泊松比代替）求 E_d，则

$$E_d = \rho V_p^2(1 + \mu)(1 - 2\mu)/(1 - \mu) \qquad (2\text{-}50)$$

可得

$$V_p/V_s = \left[\frac{2(1 - \mu)}{1 - 2\mu}\right]^{\frac{1}{2}} \qquad (2\text{-}51)$$

若 $\mu = 0.25$ 时，$V_p/V_s = 1.73$。经过各方面试验的结果，V_p/V_s 值变化为 $1.6 \sim 1.7$。

2.5.3　用弹性波求出岩体的泊松比

岩石的泊松比 μ 可以通过在加压过程中，测量纵向应变 ε_1 和横向应变 ε_2 之比而得

$$\mu = \left| \frac{\varepsilon_2}{\varepsilon_1} \right| \qquad (2\text{-}52)$$

但用上述方法求取十分困难。通过弹性波测试，测得岩体中的纵波波速 V_p 和横波波速 V_s，则可按公式（2-53）求得岩体泊松比。

$$\mu = \frac{V_p^2 - 2V_s^2}{2(V_p^2 - V_s^2)} \qquad (2\text{-}53)$$

用弹性波求出的岩体的泊松比，见表 2-1。

表 2-1　岩体的泊松比

岩体种类	泊松比	岩体种类	泊松比
黏土页岩	0.286	大理岩	0.180~0.350
砂岩	0.240~0.280	花岗岩	0.190~0.280
石灰岩	0.220~0.330	玄武石	0.25~0.30

2.6　本章小结

本章系统地介绍了岩石的物理力学参数、应力与应变关系，以及弹性地震波等内容，深入剖析了岩石在地质环境中的行为特性。同时，通过矿山岩体动力学方程的探讨，将理论知识与实际工程应用相结合，为岩石工程领域的专业人士提供了宝贵的参考与指导。

首先，系统地介绍了岩石的物理力学参数，包括岩石的密度、孔隙率、弹性模量等重要参数，并探讨了这些参数对岩石力学性质的影响。对岩石的物理性质有着清晰的了解，是理解岩石力学行为的基础。

其次，深入探讨了岩石的力学特性，包括岩石的单轴压缩力学性质、抗拉强度、抗剪强度和三轴压缩力学性质。通过对岩石力学特性的研究，有助于工程师们更好地预测岩体在不同应力状态下的行为特性，为工程设计与施工提供可靠的依据。

在对岩体应力的探讨中，本章还详细讨论了弹性地震波在岩石中的传播机制，深入分析了地震波对岩石的影响及其在地质工程中的重要性。这些内容对于理解地震事件对岩体的影响以及地震引发的地质灾害具有重要意义。

最后，重点研究了矿山岩体动力学方程，将理论知识与实际工程结合，系统地分析了岩体在开采过程中的动态响应及变形规律。这一部分内容为矿山工程领域的从业者提供了重要的参考资料，有助于优化矿山设计与施工方案，提高工程安全性与效率。

习题与思考题

2-1　岩石的质量指标有哪些，分别如何计算？

2-2　岩石的孔隙性指标有哪些，分别如何计算？

2-3　岩石的水理性质指标有哪些，分别如何计算？

2-4　岩石的典型应力-应变曲线可以分为哪几个阶段，每个阶段有什么特征？

2-5　岩石的变形可以分为哪几种，如何进行区分？

2-6　常规三轴试验和真三轴试验有哪些区别？

2-7　岩体自重应力有哪些特点？

2-8　地震波按照传播路径的不同可以分为哪几种？

2-9　弹性地震波技术在采矿地球物理学中具有哪些优势？

2-10　在固体中传播的应力波可以分为哪几类？

参 考 文 献

［1］谢和平，陈忠辉. 岩石力学［M］. 北京：科学出版社，2005.

［2］王文星. 岩体力学［M］. 长沙：中南大学出版社，2004.

［3］窦林名，何学秋. 采矿地球物理学［M］. 北京：中国科学文化出版社，2002.

［4］凌贤长，蔡德所. 岩体力学［M］. 哈尔滨：哈尔滨工业大学出版社，2002.

［5］刘佑荣，唐辉明. 岩体力学［M］. 北京：化学工业出版社，2009.

［6］陈海波，兰永伟，徐涛. 岩体力学［M］. 徐州：中国矿业大学出版社，2012.

［7］李夕兵，古德生. 岩石冲击动力学［M］. 长沙：中南工业大学出版社，1994.

［8］李夕兵. 岩石动力学基础与应用［M］. 北京：科学出版社，2014.

［9］Jaeger J G, Cook N G W, Zimmerman R W. Fundamental of rock mechanics［M］. Hoboken, New Jersey, USA：Wiley-Blackwell, 2009.

［10］Gary Mavko, Tapan Mukerji, Jack Dvorkin. The rock physics handbook［M］. Cambridge, UK：Cambridge University Press, 2009.

［11］董陇军，李夕兵. 岩石试验抗压、抗拉区间强度及代表值可信度研究［J］. 岩土工程学报，2010, 32（12）：1969-1974.

［12］董陇军，张义涵，孙道元，等. 花岗岩破裂的声发射阶段特征及裂纹不稳定扩展状态识别［J］. 岩石力学与工程学报，2022, 41（1）：120-131.

［13］Mogi K. Effect of the intermediate principal stress on rock failure［J］. Journal of Geophysical Research, 1967, 72（20）：5117-5131.

［14］Mogi K. Experimental rock mechanics［M］. London：Taylor and Francis Group, 2007：88-99.

［15］中华人民共和国住房和城乡建设部. 工程岩体试验方法标准：GB/T 50266—2013［S］. 北京：中国计划出版社，2013.

［16］Mendecki A J. Mine seismology：Glossary of selected terms［C］. The 8th Rockburst and Seismicity in Mines Symposium. Russia, 2013.

3   岩石声发射监测

随着浅部资源和能源在长期的开采过程中已经逐渐趋于枯竭，资源开采正在逐步向深部转移。然而，深部与浅部开采中围岩体力学特性具有很大差异，其中最典型的特征为深部岩体受高地应力和高地温的影响极大。在高地应力的条件下，开采作业过程中的强动力扰动极易诱发岩爆和大范围垮塌等地质灾害，造成大量人员伤亡和经济损失。在高地温环境的影响下，硬岩脆性破坏逐渐增强，高地应力条件下的岩爆发生时间提前，岩爆等级不断增大，岩爆烈度不断增加。近些年，发生在中国山东郓城、美国爱达荷州北部、南非约翰内斯堡等地的岩爆事故，直接造成了重大的损失和影响。

随着技术水平的提高和研究的深入，声学监测技术的优越性逐渐得到了人们的认识，当前，使用声发射技术监测各种材料破裂已经广泛应用，如利用声发射检测压力容器、桥梁、混凝土结构的声发射分布判断其结构完整性，利用不同材料声发射信号的波速、频率等特征参数差异检测各种材料的缺陷，利用微震监测对矿山和隧道等开挖过程中的潜在失稳灾害进行预警等都已经是无损检测的重要内容。

通过研究自然灾害及诱发工程地质灾害的发生过程和机理，可以发现当岩石材料受到外界拉、压、剪、扭等外界应力扰动时，首先会在表面产生微小形变，随着外界应力的增大，应力向岩石内部传导，由于岩石组成结构的不均匀性，在岩石内部各个部分的不均匀变形中，会剪切或拉伸相邻区域，某些薄弱结构自身变形过大超过阈值则会使岩体内部产生微小裂纹。随着外界应力的进一步增大，不均匀变形和裂纹会衍生扩展，进一步导致岩石内部的开裂区域积小成大逐渐形成宏观裂纹。这些微破裂在岩石内薄弱结构展开并最终导致岩石破坏的过程通常会伴随着弹性波或应力波的激发，将这种以应变能释放的形式产生的应力波称为岩石声波，将产生这种应力波的现象称为声发射，微破裂产生的位置称为岩石声源或声发射震源。撞击、坍塌和树木折断等发出的声音应该是早期人类所听到最早的声发射信号，大多数的材料声发射信号强度很弱，需要借助灵敏的电子仪器才能检测出来。

下面主要从频率和振幅两个方面阐释岩石声发射现象的主要特点：

（1）岩石的声波频率为在声波监测中波形持续时间内计数总数的比率。通过声学设备的电脉冲激发出的声脉冲信号是复频脉冲波，通过频谱分析方法对声学信号频率的组成分析了解岩石介质的传声特性、声源的机理和结构。根据记录声波波形的快速傅里叶变换（FFT）实时确定基于波形的特征，如峰值频率（PF）和频率质心或中心频率（CF）。

岩石介质对声波具有选频吸收作用，不同频率的声波在岩石中吸收衰减的作用不同，岩石岩性不同，对波的吸收及散射就不同，其规律主要表现为低频声波能量变化小，而高频声波受影响强烈。含各种频率成分的声波在岩石传播过程中，高频率的声波首先发生衰减（被吸收、散射）。因此，在岩石中，声波越往深部传播，包含的高频分量越少，使得主频率也逐渐下降。主频率下降程度除与在岩石中传播距离有关外，主要取决于岩石本身的性质（成分、强度）和内部是否存在孔隙和裂隙等。因此，可以利用测量声波通过岩石后频率的变化判断岩石内部孔隙、裂隙以及其矿物成分等情况。

（2）岩石的声波振幅又称声波信号幅度，是指岩石声学信号波形的峰值电压（正或负）。声波振幅及其分布是可以更多地反映岩石声源信息的一种处理方法。声波振幅通常指首波，即第一个波前半周的幅值，声波的振幅与换能器处被测岩石声压成正比，所以声波振幅值可以反映岩石接收到的声波的强弱。在声源发射出的声波强度一定的情况下，振幅值的大小反映了声波在岩石中衰减的情况，随着传播距离的增加，声波由于岩石内部的孔隙或裂隙会发生反射或绕射作用，传感器接收到的最终振幅也将显著减少，振幅也是判断岩体孔隙与裂隙的重要指标。

3.1 岩石声发射监测技术基础

3.1.1 岩石声发射监测设备

岩体结构失稳往往是由于岩石材料在外部荷载作用下次生裂纹扩展贯通并产生大变形的结果，在整个过程中与岩体变形和破裂机制直接相关的点源称为声发射源。声发射（acoustic emission，AE）作为岩石材料中点源能量快速释放而产生的一种瞬态弹性波的现象，本质上是一种应力波发射。岩石声学信号的产生与岩性、岩石应力-应变特征以及岩石物理化学环境紧密相关，信号波形当中储存了极为丰富的缺陷演化信息。岩石声学检测技术是指利用声学监测设备采集材料在外部环境作用和内部结构变化下损伤产生的声学信号，开展岩石声学测试信号特征参数和波形的数据发掘，实现岩体及岩石内部缺陷发展和结构变化动态无损检测的一种技术。

岩石声学监测设备一般包括了传感器、放大器、信号采集处理系统和记录系统等四部分。内部破裂源产生的声学信号通过岩体介质传播至表面，被分布在监测物体外表面的传感器阵列接收，弹性波触发声学传感器表面压电陶瓷并引起振动，基于压电陶瓷对不同频率的灵敏度响应关系，将质子瞬态位移转换成对应的电信号，每种传感器具有其特定灵敏度曲线。电信号通过前置放大器经过放大处理，以德国 Vallen 公司的 AEP-5 型前置放大器为例，放大倍数为 34 dB，即将电信号放大 50 倍。随后信号采集系统会进一步处理记录声学信号的原始波形数据和特征参数数据。最终开展声学数据处理分析工作以获取声发射源的有关特性。岩石声学检测的基本原理如图 3-1 所示。

3.1.1.1 岩石声学检测传感器

岩石声学传感器检测到声学信号，然后将其转换为电压信号。一般来说，这种转换是使用压电陶瓷进行的。其主要分为共振模型和宽带模型，一般都为接触式传感器，弹性波在岩体内部传播，并由声学传感器监测，它的作用是把传送到岩石表面的弹性波变换成电信号，然后电信号被放大和滤波。目前大多使用压电传感器，即将接收的振动波转换成电压信号，一般将 10^{-9} m 的波动振幅变换为约 10^{-4} m 的电压信号。当弹性波通过岩石检测面到达压电陶瓷时，弹性波在压电陶瓷（即传输元件）内反复反射。在反射过程中，具有共振频率的弹性波被强调，并保持在传输元件内。相比之下，其他组件在传输元件内迅速衰减。因此，声学传感器利用传输元件提供的谐振来实现高灵敏度。

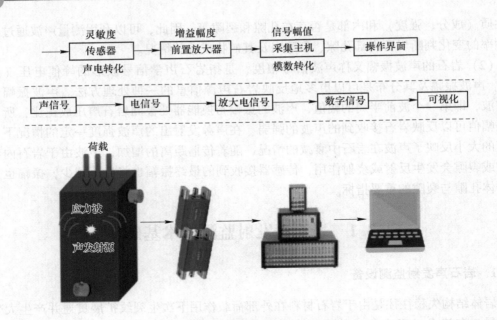

图 3-1 岩石声学检测的基本原理

对于不同岩性的岩体，其发出的声学信号的频率相差很大，甚至同种岩石由于研究的尺度和范围不同，所需要监测的声学信号频率也不同。一般的室内岩石力学实验应选择响应频率范围为 $10^4 \sim 10^6$ kHz 的传感器较为合适。

图 3-2 中给出了传感器检测原理示意图。从声源到传感器至少需要经过岩体介质和耦合介质、换能器、测量电路等一系列中间过程，因此，由声学传感器所获得的输出信号至少是声源、岩体介质、耦合介质和压电传感器（机械能转化为电荷）响应等因素的综合结果，在声学监测过程中须考虑传感器的耦合特性与安装以及构件的声学特性，传感器膜片与构件表面之间应具有良好的声耦合，以获得最佳的动态响应特性。由于低阻抗，一般要在传感器与被测对象结合处填充耦合剂以保证良好的声运输。通常使用黏合剂或胶黏耦合

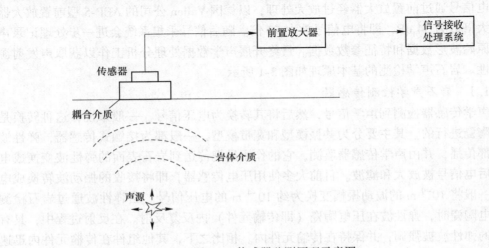

图 3-2 传感器监测原理示意图

材料和耦合剂，如真空润滑脂、水溶性二醇、溶剂溶性树脂和专有超声波耦合剂等。安装传感器的一个基本要求是传感器表面和构件表面之间有足够的声学耦合，以确保接触表面光滑清洁，从而实现良好的附着力。耦合剂层应该很薄，但足以填充由表面粗糙度引起的间隙，并消除空气间隙，以确保良好的声学传输。

由于 AE 传感器可以检测非常微弱的信号，其传输元件通常安装在金属外壳内，以屏蔽信号免受外部噪声的影响。AE 传感器的尺寸各不相同；例如，有直径和高度为 3 mm 的微型传感器，有直径为 20 mm、高度为 20~25 mm 的普通类型传感器，还有直径为 30 mm、高度为 50 mm、频率为 30~60 kHz 的岩土工程传感器。如图 3-3 所示，目前作者课题组自主研发的传感器主要有 3 mm×4 mm 300 kHz、4 mm×1 mm 480 kHz、8 mm×3 mm 250 kHz、9 mm×3 mm 210 kHz、10 mm×1 mm 200 kHz 和 12 mm×1 mm 164 kHz 的无源压电 AE 传感器。极低的频率响应使其特别适合监测现场岩体、岩石以及混凝土结构的完整性测试。

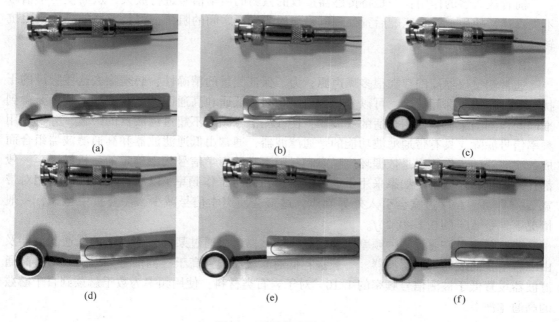

图 3-3　不同传感器类型

（a）3 mm×4 mm 300 kHz；（b）4 mm×1 mm 480 kHz；（c）8 mm×3 mm 250 kHz；
（d）9 mm×3 mm 210 kHz；（e）10 mm×1 mm 200 kHz；（f）12 mm×1 mm 164 kHz

3.1.1.2　岩石声学检测前置放大电路

A　前置放大器

前置放大器放大来自传感器的输出信号，并将电缆驱动至主放大器。前置放大器是必要的，因为声学传感器输出信号的振幅很小，且信号源的阻抗很高，因此来自声学传感器的信号不适合驱动长电缆，并易受噪声影响。在选择前置放大器时，需要考虑诸如输入/输出类型、增益（放大率）、频率特性、输入/输出阻抗、电源、形状/尺寸/质量和环境影响等问题，这取决于预期的目的。声学传感器的输出信号通常处于 10 μV 至几毫伏的低电平。前置放大器首先放大信号以便于后续处理。前置放大器增益的最佳值取决于声发射测量的目的。

传统的声学传感器将其传输元件产生的信号直接输出到前置放大器，而另一种类型的声学传感器可在其外壳内安装前置放大器。在后一种情况下，声学传感器将声学信号放大20~40 dB（10~100 倍），以传输强信号。换句话说，信号在声学传感器内经过阻抗变换电路和放大变换电路后传输。因此，声学信号具有抗噪性，因为它们不受外部噪声的影响。此外，由于预计信号衰减很小，因此即使在 AE 传感器与前置放大器和/或测量仪器之间的长距离内，该系统也可用。当使用带有内置前置放大器的声学传感器时，也可以使用普通同轴电缆作为信号电缆。为了给带有集成前置放大器的声学传感器供电，通常使用信号输出电缆。与前置放大器集成的 AE 传感器具有不同的规格，例如电源电压为 15~24 V，阻抗为 50~75 Ω。因此，有必要使用适当的测量仪器，以确保电源符合声学传感器的规格。

前置放大器的作用：一是将传感器接收的微弱的声学信号进行放大，从而使声学信号不失真地被使用；二是匹配后置处理电路与检测岩石之间的阻抗，将传感器的高输出阻抗转换为低阻抗输出。

B   滤波器

通常测量仪器周围存在很多噪声源，为了保证测量的精确性，必须除去这些噪声的干扰。滤波器按照选频特性，可以分为带通、带阻、低通和高通四种。在实际工程中要得到准确的检测结果，须使用合适的滤波器，使被测信号频率不超过滤波器的带宽，并将无用频率信号滤除。具有带通滤波功能的带通滤波器，通常由低通滤波器和高通滤波器组合而成。滤波器的工作频率是依据环境噪声和材料本身的声学信号频率确定的。机械噪声一般都在几十千赫兹以下，如果采用带通滤波器，在确定工作频率 f 以后，只要再确定相对带宽 $\Delta f/f$ 即可。$\Delta f/f$ 过宽会引入外界噪声，过窄会使声学信号减少，需要折中考虑，一般情况下，令 $\Delta f = (\pm 0.1 \sim 0.2)f$。

滤波器有只许通过某种频率以上的高通滤波器、只通过某种频率以下的低通滤波器及由二者组合而成的带通滤波器。一般推荐低通滤波器设置高于被测信号频率的 3 倍，高通滤波器设置低于被测信号频率的 1/10。对于岩石类材料，使用频率为数千赫兹到百千赫兹的高通滤波器。

C   主放大器

声学测量系统机箱中的主放大器接收来自前置放大器的信号，进一步放大信号，选择并通过滤波器传递必要频带内的信号，并切断不必要频带内的信号。主放大器通常具有波形输出（高频）信号和连接到外围设备的检测信号的输出端子。放大器的增益通常为 10~40 dB。对于滤波器，通常使用切断低频和高频频带的带通滤波器。频率的设置取决于声发射测量的目的，并考虑到声发射传感器的频率特性。对于用于声学测量的岩石或混凝土材料，滤波器通常设置通过频率为 10~100 kHz 的信号。除频率外，滤波器的特性还包括衰减斜率、相位特性和瞬态特性，但此处仅指出，具有陡峭衰减斜率（陡峭截止特性）的滤波器往往会损害相位和瞬态特性。高频和检测信号的外部输出应具有足够低的阻抗。检测到的信号通常通过从几赫兹到 10 Hz 的低通滤波器输出。一般来说，最新的数字测量系统直接将前置放大器输入的信号数字化，而无需主放大器。

3.1.1.3 岩石声学信号处理器

声学测量系统中传感器接收信号并由放大器增强信号后输入到声学信号处理器，通过A/D转换器和数字信号处理器（DSP）的组合，或通过声学参数提取电路，以数字形式从信号中提取各种声学参数，并传输到计算机。计算机用适当的软件分析数据，并输出和显示结果。声学数据存储在计算机中，以备将来分析。

提取由A/D转换器和DSP的数字处理或单个信号处理电路完成。对于突发声学信号，当声学信号超过设定的电压阈值时，会识别声学命中。每个声学参数提取一次，并传输到计算机。每个数据都包含到达时间（时间戳），多通道AE测量系统根据通道之间的到达时间差在一个、两个或三个维度上定位声发射源。

3.1.1.4 输出/显示设备（用于检测的计算机）

声学信号处理器输出的声学参数通过计算机接口传输至计算机进行测量。计算机使用声学测量软件对数据进行各种分析，并输出/显示结果。在大多数情况下，软件能够实时执行所有或部分功能。图3-4是声学测量系统的屏幕截图。由于声发射测量系统所需的功能和性能差异很大，因此有必要选择适合其用途的声发射测量系统。如果处理速度不够，系统可能会丢失重要的声学信号，甚至在声发射事件率非常高的情况下出现停机故障。许多声学测量系统的专用软件可以在通用操作系统上执行，如Microsoft Windows，其用户界面类似于通用应用软件中使用的用户界面。

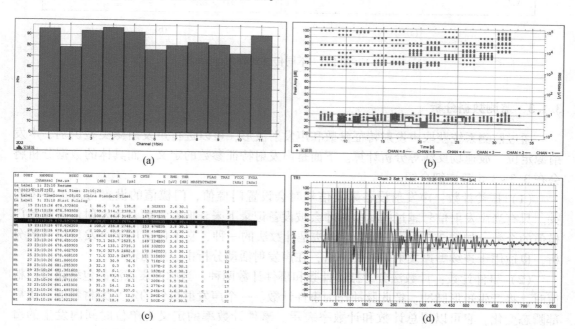

图 3-4 声学检测系统

（a）通道触发计数；（b）通道触发信号幅值；（c）声发射参数列表；（d）声发射波形

扫码看彩图

大多数现代计算机被认为能够操作声发射测量系统。但是，在长期连续声发射测量的情况下，应考虑相关计算机的可靠性，准备适当数据的备份方法。在某些情况下，有必要实现硬盘驱动器的冗余，并采取措施防止使用不间断电源的声学测量系统失去电源。

3.1.2 监测网络布置

监测网络布置应结合实际监测尺寸以及使用的定位算法，具体体现在传感器数量和形状。对于监测区域大的情况，采用的传感器数量需要相应增加，对于监测范围是立体的情况，监测网络也需要是立体分布，并且满足尽可能地包络监测区域。有些定位算法对传感器阵列有要求，例如基于三角测量的定位算法就需要三角形传感器阵列〔见图3-5（a）〕，基于蜂窝的定位算法就需要传感器排列成蜂窝〔见图3-5（b）〕等。

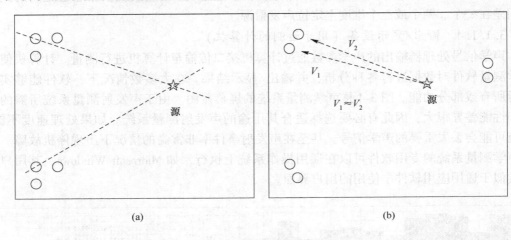

图 3-5　不同传感器阵列

3.1.3 监测数据分析

通过监测系统获取声发射特征参数和声发射波形，可以进行声发射源类型识别、声发射源定位、波速场反演等分析计算。下面是声发射特征参数的定义，而具体的数据分析将会在 3.3~3.5 节详细介绍。

（1）振铃计数：声发射设备采集信号时会设置门槛值，门槛值的设置与采集环境有关。只有当声发射信号越过门槛值时才会被设备记录下来。振铃计数是声发射信号超越门槛值的个数，如图 3-6 所示。振铃计数法是计数法的一种，它不仅适用于突发型信号的分析，也适用于连续型声发射信号的分析，在声发射活动分析中应用比较广泛。

（2）事件计数：计数法分为振铃计数和事件计数两种。当脉冲衰减波的包络超过门槛值时，将产生矩形脉冲。把此脉冲作为事件计数。一个声发射事件的定义为材料的一次局部瞬态变化，它可以用总计数和计数率表示。事件计数率的定义为单位时间内发生的事件。事件计数可以对声发射源的活动性强弱以及定位的集中度大小给予评价。

（3）幅度：声发射信号衰减波形中的最大振幅值称为幅度。它反映了事件的大小，与门槛值大小无关，幅度的大小决定了事件是否可以被检测到，可以用来鉴别声发射源类型，评价源强度以及衰减快慢程度。

（4）能量计数：能量计数是波形包络线线下的面积，它反映了声发射事件的相对能量和强度。能量计数可以对声发射事件的活动性进行评价，相当于振铃计数的功能。同时，

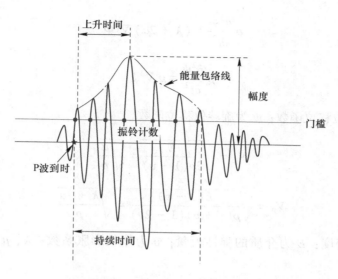

图 3-6 突发型声发射简化波形

能量计数可以用来鉴别波源类型。

（5）上升时间：如图 3-6 所示，上升时间的定义是声发射信号第一次越过门槛值至最大振幅之间所经历的时间间隔。

（6）持续时间：声发射信号第一次越过门槛值至最终降至门槛值电平之间所经历的时间间隔称为持续时间。

（7）P 波到时：声发射信号第一次越过门槛值所对应的时刻。P 波到时与门槛值的设置有密切关系。门槛值设置过高会导致 P 波到时的延后。由于 P 波到时是声发射源定位的重要参数，门槛值的设定也与外界环境噪声有关，如何平衡 P 波到时拾取的精准与门槛值设定的合理是需要研究的课题。

3.1.4 岩石声发射信号传播特性

岩体可以大致视为弹性介质。外界对岩体扰动后，岩石介质会发生运动和变形，并以弹性波的形式在岩体中传播。其主要分为两种，一种是面波，一种是体波。面波只在岩体表面传递，体波能穿越岩体内部。面波分为瑞利波和勒夫波，体波分为纵波（膨胀波）和横波（切变波）。

3.1.4.1 体波

声波在岩体内部遵循的传播规律如以下的弹性波动方程：

$$\rho \frac{\partial^2 F}{\partial t^2} = (\lambda + \mu) \nabla \theta + \mu \nabla^2 F \qquad (3-1)$$

式中，ρ 为介质密度；λ、μ 为介质的弹性系数，即拉梅系数；θ 为体积膨胀系数；F 为岩石总的位移量。

弹性波传播产生的位移量（F）是膨胀位移势的梯度（$\nabla \Phi$）与旋转位移势的旋度（$\nabla \psi$）的矢量和。由式（3-1）可得出 P 波（膨胀波）和 S 波（切变波）的波动方程：

$$\rho \frac{\partial^2 \Phi}{\partial t^2} = (\lambda + 2\mu) \nabla^2 \Phi \qquad (3-2)$$

$$\rho \frac{\partial^2 \psi}{\partial t^2} = \mu \nabla^2 \psi \qquad (3-3)$$

式中，Φ 为膨胀位移位函数；ψ 为旋转位移位函数。

$$V_S = \sqrt{\frac{E}{2\rho(1+\upsilon)}} = \sqrt{\frac{\mu}{\rho}} \qquad (3-4)$$

$$V_P = \sqrt{\frac{E(1-\upsilon)}{\rho(1+\upsilon)(1-2\upsilon)}} = \sqrt{\frac{\lambda+2\mu}{\rho}} \qquad (3-5)$$

式中，ρ 为介质密度；E 为介质的弹性模量；υ 为体积膨胀系数；λ、μ 为介质的弹性系数，即拉梅系数。

3.1.4.2　面波

声波在岩体表面遵循的传播规律如以下的弹性波动方程：

$$\ddot{u}_i = c^2 \nabla^2 u_i \qquad (3-6)$$

面波又分为瑞利（Rayleigh）波与勒夫（Love）波。瑞利波的表面质点运动的轨迹为椭圆形，它包含一个平行于表面的纵波分量和一个垂直于表面的横波分量。而勒夫波表面质点的振动方向和波前进方向垂直，并只发生在水平方向上，无垂直分量，类似于 S 波，差别是侧向震动振幅会随深度增加而减少。

3.1.5　岩石声发射信号衰减规律

声波在岩石内部传播时，其所具有的能量会有一定部分转化为热能而损耗掉。声波在岩石中传播时的衰减特性，主要分为两类：一是由于波前扩散而造成的衰减，二是由于传播介质对声发射能量的吸收所造成的衰减。描述岩石声波信号衰减变化特性的主要衰减量有：衰减系数 α 和品质因子 Q。对于完全弹性体，$\alpha = 0$、$Q = \infty$，对于非完全弹性体，α 值越大、Q 值越小，则非弹性性质越明显。而岩石往往不是完全弹性的，α 和 Q 都可以描述岩石的非弹性性质，且互为倒数。

声波幅值在传播时的衰减是呈现指数型衰减的，当弹性波通过岩石介质时，其振幅随传播距离 x 的增加而减少的数学表达式为：

$$A = A_0 e^{-\alpha x} \qquad (3-7)$$

式中，A_0 为 $x=0$ 震源处的声波幅值；A 为距离声源 x 处的幅值；$e = 2.71828$ 为自然对数的底；α 为衰减系数。

声压即声源以弹性波形式释放的能量，通过仪器采集的瞬态信号的能量可以表示为：

$$E = \frac{1}{R} \int_0^\infty V^2(t)\,\mathrm{d}t \qquad (3-8)$$

式中，R 为仪器测量电路的输入阻抗；$V(t)$ 为仪器随时间变化的电压。陈耕野以线黏弹理论为基础，给出了衰减系数 α 与黏滞系数 η 的关系：

$$\alpha^2 = \frac{\rho\omega^2(1 + 2\omega^2\eta^2/E^2)}{2E(1 + 4\omega^2\eta^2/E^2)}\left[\left(1 + \frac{\omega^2\eta^2/E^2}{1 + 2\omega^2\eta^2/E^2}\right) - 1\right] \tag{3-9}$$

式中，ρ 为岩石介质的密度；ω 为角频率；E 为弹性模量。

在不考虑声波扩散的条件下，衰减系数取决于岩石介质的性质，它的大小表征岩石对声波衰减的强弱。衰减系数本质上是声波在介质中传播单位长度的衰减量，一般以接收波的振幅值来度量计算，这是因为波形振幅与接收换能器处介质的声压及振动位移值是相对应的。在测量衰减系数中的振幅时应以首波波高为准，这是直达纵波。后续波的振幅虽然更大，但却是其他类型波及边缘反射波与纵波余振波的叠加。

3.2 声发射信号提取

3.2.1 声发射事件筛选

在整个单轴压缩试验的声发射数据采集过程中，大尺度裂纹破裂信号源产生的声发射信号一般可以划分为两类。第一类，受到外部试验环境的干扰，采集到了大量电磁和机械噪声信号。第二类，岩体内部声发射信号与加载系统接触位置形成了应力波的反射，产生了大量由应力波接触波阻抗界面形成的反射、散射信号。这些信号往往无差别地分布在整个岩样内部且贯穿于岩石力学试验加载始终，具有幅值低，触发传感器个数少的特点。岩石内部原生、次生裂纹的形成是微破裂累积成核、逐步贯通的过程，声发射事件往往具有较高的幅值。虽然在试验中设置了 55 dB 的门槛值，结合前置滤波能够在一定程度上消除背景噪声的影响，但是试验数据记录过程中，仍然不可避免地混入大量非岩体声发射源信号。根据室内岩石力学声发射试验的经验，大数量的传感器监测矩阵下原始采集到的超过 70% 的数据为噪声数据，对后期数据分析工作形成极大干扰。

声发射事件的筛选提取可以有效排除非宏观裂纹破裂信号源产生的声发射信号。单个声发射事件会同时触发多个传感器通道来记录声发射撞击信号，考虑到试样尺寸、传感器布置方式和花岗岩物理性质等因素，拾取到时差小于某一阈值、触发一定数量通道且触发通道不尽相同的所有撞击信号为一个声发射事件。到时差区间一般通过 AST 脉冲试验确定首触发和末触发传感器之间的时间间隔确定。

对于多数量传感器组成的声发射监测矩阵，声发射事件的筛选中通常存在如下问题：第一，加载过程中岩体波速是动态变化的，在压密和弹性阶段，岩石的波速呈现逐渐增加的趋势，进入塑性阶段后，伴随着岩体内部微裂隙的扩展贯通和新生破裂产生，局部的波阻抗界面致使应力波传播路径发生改变，波速开始呈现下降趋势。原先设定的到时差区间并不能很好地匹配实际波速动态调整引起的首末触发传感器到时差变化。第二，噪声和声发射信号的折射、反射都是触发传感器的重要来源，这些信号在时间上无差别地分布，极易掺杂在一个完整事件的声发射撞击序列之中，而较多数量的传感器极大地增加这种情况出现的可能性。上述情况往往会出现声发射事件中真实撞击的缺失和无效噪声的掺杂，所以，仅仅利用到时差单一指标很难有效拾取多传感器网络下的声发射事件。为提高多数量传感器下声发射事件筛选的准确性，在原有基础筛选指标的基础上增加了如下条件：

（1）触发传感器通道重复判定，在设定的到时差区间内，撞击序列中出现触发通道重复，作为该事件筛选终止条件。

（2）相邻撞击间隔，在设定的到时差区间内，连续两个相邻撞击信号到时相差大于某个阈值，作为该事件筛选终止条件。

（3）撞击幅值差值，在设定的到时差区间内，前一个撞击信号幅值小于后一个撞击信号幅值，且差值相差大于某个阈值，作为该事件筛选终止条件。

（4）动态传感器触发个数和到时差区间，通过原始数据分析和脉冲波速计算定量获取加载后期传感器脱落情况及波速动态变化，在数据筛选中设定自适应的传感器触发个数和到时差区间。

3.2.2　声发射事件波形切割

岩石声发射事件波形切割旨在从采集到的大量波形信息中快速筛选出有效信息，处理和排除干扰信息、缺损信息、噪声等对于岩石声发射事件分离的影响。目前现有波形切割方法 PAC 和 VALLEN 多是基于时间和幅值相关的阈值定时参数，无法有效切割密集的岩石声发射事件，本节从波形能量的角度出发，提出了波形能量包络切割法，它具有密集声发射事件切割能力，对于岩石破裂损失演化研究具有重要意义。

3.2.2.1　PAC 预置定时参数

PAC 采用峰值鉴别时间（PDT）、撞击鉴别时间（HDT）、撞击闭锁时间（HLT）作为声发射撞击信号的定时函数，同时也是撞击信号测量过程的控制参数。PDT 表示在该时间内出现信号幅值的最大值没有更新，则认为该最大峰值作为波峰，以快速、准确地找到事件波形的主峰值，同时避免将高速低幅前驱波误判为主波。当波形信号越过门槛时，信号出现假定峰值 1，且触发 PDT 时间计时器，若然后出现假定峰值 2，则重新触发 PDT 计时器，最后在到达假定峰值 3 后，且在 PDT 的时间内没有再出现比假定峰值 3 更大的幅值，则认为假定峰值 3 为该事件波形信号的顶峰值。PDT 的取值需要考虑最远传感器的间距和最快传播波速，尽可能确保 PDT 小于两个连续触发的声发射事件。若 PDT 太短，则会将前驱波的波峰认为是主波的峰值，从而导致峰值、上升时间等参数的计算错误。

HDT 表示信号从高于门槛变为低于门槛时，触发 HDT 时间计时器，如果在预置 HDT 时间内，信号不再出现高于门槛的值，则认为一个声发射事件已经结束，并开始存储声发射波形和计算特征参数。HDT 的取值需要考虑结构特征长度、传播波速、衰减系数，当 HDT 太短时，不能记录滞后波等数据；当 HDT 太长时，会将两个声发射波形误认为一个波形。

HLT 表示为撞击锁闭时间，在 HLT 的时间内即使出现过门槛的值也不认为是一个撞击信号。撞击锁闭时间是为了避免将反射波和滞后波当成主波处理。

3.2.2.2　VALLEN 预置定时参数

VALLEN 则是采用持续鉴别时间（DDT）和恢复时间（RAT）作为预置定时参数。DDT 以事件波形首次越过阈值点触发起始点，对波形连续位于正负阈值之间的时间进行统计，当该时间超过预置 DDT 长度则作为触发终止点，切割成单个事件波形或连续离散事件中的一个完整波形；RAT 定义了采集通道内的一个声发射事件级联，它既可以由单个时间波形构成，也可以由多个连续离散事件组成。当事件波形低于阈值时，RAT 计时器触发，统计其没有超过阈值的持续时间，若该时间大于 RAT 时，则系统关闭事件数据集，并等待处理下一次超过阈值的声发射事件级联；若在 RAT 时间范围内时间波形再次越过阈值，则重置 RAT 计时，并且将其中超过 DDT 阈值的波形划分为声发射事件级联。声发射事件级联的时间长度由 RAT 计时的触发和终止决定。

3.2.2.3 波形能量包络切割法

岩石声发射事件触发密集，各采集通道内可能同时包含多个声发射事件且波形前后过短，基于 PAC 和 VALLEN 预置定时参数无法有效切割各事件波形。并且由于岩石声发射事件波形衰减快，部分通道内信号幅值低于阈值而未被记录、时间序列长短不一等问题，观测到时存在较大偏差。因此，为实现岩石声发射中密集事件波形有效分离，本书采用波形能量包络自动切割时间序列中事件波形。

岩石声发射事件的波形可能由于相位不同而导致形貌差异，因此首先需要对通道内的时间序列进行包络计算以消除相位的影响，通过包络线以近似其能量变化，如图 3-7 所示。采用希尔伯特变换计算包络线，并考虑此积分为柯西主值（Cauchy principal value），其避免掉在 $\tau = t$ 等处的奇点：

$$X(t) = x(t) * h(t) = \int_0^M x(\tau) h(t - \tau) \mathrm{d}\tau = \frac{1}{\pi} \int_0^M \frac{x(\tau)}{t - \tau} \mathrm{d}\tau \tag{3-10}$$

式中，$X(t)$ 为包络波形；$x(t)$ 为事件波形；$h(t) = \dfrac{1}{\pi t}$。

经过包络计算后的信号变化不稳定，不利于波形的切割，还需要进行额外的光滑处理，采用一种基于曲线局部特征多项式拟合的 Savitzky-Golay（SG）滤波器，应用最小二乘法确定加权系数进行滑动窗口加权平均的滤波方法，确保重构数据能够较好地保留岩石声发射事件的局部特征，更好地体现信号幅值的变化趋势，计算结果如图 3-7 所示。

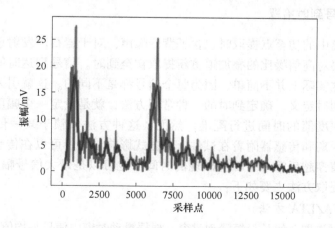

扫码看彩图

图 3-7　波形能量包络线及其 SG 滤波

　　时间序列中声发射事件主体的能量较大，与前驱波和噪声信号之间区别明显，因此搜寻和筛选滤波时间序列内顶峰值点［见图 3-8（a）］，以判断可能存在的岩石声发射事件数目，对于其中顶峰值低于预设门槛值的波形，作为背景噪声进行处理；对于时间序列内仅有唯一顶峰值高于预设门槛值的信号，作为单个声发射事件进行处理；对于时间序列内有多个顶峰值高于预设门槛值的信号且各顶峰值相差不大的，作为多个声发射事件进行处理。通过对顶峰值点的搜寻和筛选确定了声发射事件所处的大致区域，避免了前驱波和噪声信号对于波形切割的影响。完整事件波形的切割还需要选取顶峰值前后的初至点和终止点，本书分别在能量包络的突变窗口和平稳窗口中进行搜索和选取，其中对于初至点选取首先需要找到位于峰前最后一次越过门槛值的前推时间窗，由于岩石试样的尺度较小，前推时间窗长度为 0.05 μs，选取窗口内首个越过门槛值点，通过前推时间窗的操作可以避免所分离的波形峰前部分过短。终止点的选取则是可以通过峰后能量是否稳定衰减而决定，取峰值后一段窗口内的能量进行平均，若已稳定衰减至阈值则取窗口终点作为分离波形终止点。最后将顶峰值点前后的初至点和终止点所构成区域作为相应的声发射事件波形，如图 3-8（b）所示。

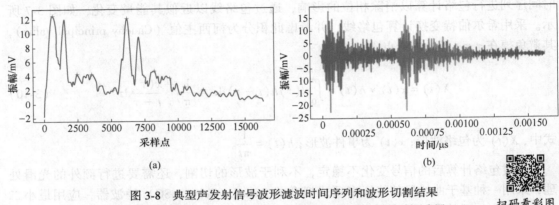

(a) 　　　　　　　　　　　　　　　　　　　(b)

图 3-8　典型声发射信号波形滤波时间序列和波形切割结果
(a) 波形顶峰值点、初至点和终止点分布；(b) 事件波形切割示意图

扫码看彩图

3.2.3　声发射信号到时拾取

　　由于波形分离中的初至点提取时包含了背景噪声，对于岩石声发射事件的定位精度影响较大，因此需要对高信噪比的叠加道重新提取初至到时。信号到达时间的确定对定位精度有重要影响。这实际上并不简单，因为每个信号都是不同的。这就引入了需要确定波的某一特征来进行到时定义。确定到时的一种常用方法，就是设定一个幅度阈值，并对第一个样本跨越这个幅度值的时间进行配准。然而，这种方法依赖于某一传感器处信号的幅值，它受传感器距离和传感器附着在试件上的方式影响，两者可以在传感器之间变化。其他方法可以是阈值穿越后第一个峰值出现的时间，也可以是最大信号幅度（MA）出现的时间。现有到时提取方法主要如下：

3.2.3.1　STA/LTA 方法

　　STA/LTA 通过选取一组长、短滑动时窗，根据滑动时窗内信号平均值的比值来体现声发射信号振幅和能量的变化趋势。短时窗平均值（STA）体现了局部声发射信号的振幅水平，而长时窗平均值（LTA）则表现了背景噪声的振幅水平。当临近初至波到时点，短时窗平均值比长时窗平均值变化快，而 STA/LTA 值则会达到明显的极值点。具体的计算如下：

$$R = \frac{\sum\limits_{l=t}^{t-L} x(t)/L}{\sum\limits_{l=t}^{t-S} x(t)/S} \tag{3-11}$$

式中，L、S 为长、短时间窗的长度；R 的最大值点表示岩石声发射事件的初至点。

3.2.3.2 基于 CWT 的相关方法

该方法基于互相关和时频域替代显著性检验，自动判断声发射信号的起振情况。根据尺度与频率的关系，利用连续小波变换（CWT）产生时频谱。与常规傅里叶变换不同，CWT 具有构造信号时频表示的能力，能够提供良好的时频局部化，有助于检测频率分布发生显著变化的时间的准确位置。对于信号 $u(t)$，其 CWT 在尺度 a 和平移值 b 上的系数表示为：

$$c[a, b; x(t), \phi(t)] = \int_{-\infty}^{\infty} x(t) \frac{1}{\sqrt{a}} \phi^* \left(\frac{t-b}{a} \right) dt \tag{3-12}$$

式中，$\phi(t)$ 为一个时域和频域的连续函数，称为主小波；$*$ 为复数共轭的操作。

CWT 系数不仅受到尺度和平移值的影响，而且还受到主小波类型的影响。选择一个合适的主小波往往取决于要分析的信号的特征。

基于 CWT 的相关方法基本上涉及对信号的连续时间样本的 CWT 系数进行交叉相关。已知声发射信号在信号发生前的任何时间的频率分布是伪随机的，因此，这段时间内两个连续时间样本的 CWT 系数之间的相关性可以预期是很低的。相反，信号发生后任何时间的声发射信号的频率分布由于其固有的周期性而相对连贯，这也表明这一时期两个连续时间样本的 CWT 系数之间的相关性很高。因此，CWT 系数相关性出现阶跃变化的时间点即为信号的初至时间。

3.2.3.3 AIC

AIC 函数将某一样本之前信号的方差与之后信号的方差进行比较。AIC 选取器假设 P 相到达前后的区间是两个不同的静止时间序列，事件信号 $x(t)$ $(t = 1, 2, \cdots, N)$ 的两区间模型的 AIC 值是由合并点 k 的函数给出的：

$$\text{AIC}(k) = (k - M) * \log(\sigma_{1,\text{max}}^2) + (N - M - k)\log(\sigma_{2,\text{max}}^2) + C_2 \tag{3-13}$$

式中，M 为拟合数据的自回归的阶数；$\sigma_{1,\text{max}}^2$、$\sigma_{2,\text{max}}^2$ 为时间序列的预测误差的方差，间隔时间为 $[M+1, k]$、$[k+1, N-M]$；C_2 为常数。

为了获得 AIC 值，必须计算自回归系数和 M 的阶数。这些都有很高的计算复杂性。与上述 AIC 选取器相反，直接从地震图中计算 AIC 函数，不使用自回归系数，AIC 函数定义为：

$$\text{AIC}_n = n\log_{10}(\text{Var}[U_{n-}]) + (N - n - 1)\log_{10}(\text{Var}[U_{n+}]) \tag{3-14}$$

式中，U_{n-}、U_{n+} 分别为 n 点往前和往后的信号。

对于 P 相清晰的地震信号，AIC 方法可能非常准确，而对于信噪比相对较低的地震信号，AIC 选取器可能存在较大误差。因此，很有必要将 AIC 方法应用于多尺度分析，减少噪声的影响。

3.3 声发射震源定位

3.3.1 未知波速系统三维迭代定位法

对目前广泛使用的需要预先测量波速的声源定位传统方法进行总结分析，将其归纳为 2 种数学形式，按其因变量为到时、到时差依次称为 STT 和 STD 法。为解决传统方法因测量速度误差给定位精度造成的影响，本节将介绍一种董陇军等提出的无需预先测量波速的声源定位迭代方法，按其因变量为到时、到时差依次称为 TT 和 TD 法，以消除传统定位方法中速度误差给定位带来的影响。

3.3.1.1 变量为到时的拟合形式

假定声源到各台站间的岩层均匀（即均匀速度模型），则 P 波的传播速度 C_{con} 为定值，声源坐标为 (x_0, y_0, z_0)；$T_i(i = 1, 2, \cdots, n)$ 为第 i 个监测台站，各台站的坐标是 $(x_i, y_i, z_i)(i = 1, 2, \cdots, n)$；$l_i(i = 1, 2, \cdots, n)$ 为各台站至声源的距离；$t_i(i = 1, 2, \cdots, n)$ 为 P 波到达各台站的时刻，t_0 为声源产生的时刻。则有

$$t_i = \frac{l_i}{C_{con}} + t_0 \tag{3-15}$$

由空间两点间距离公式，可得

$$l_i = \sqrt{(x_i - x_0)^2 + (y_i - y_0)^2 + (z_i - z_0)^2} \tag{3-16}$$

将式 (3-16) 代入式 (3-15) 中，可得

$$t_i = \frac{l_i}{C_{con}} + t_0 = \frac{\sqrt{(x_i - x_0)^2 + (y_i - y_0)^2 + (z_i - z_0)^2}}{C_{con}} + t_0 \tag{3-17}$$

式中，t_i、C_{con}、(x_i, y_i, z_i) 均为已知量；声源位置 (x_0, y_0, z_0) 和声源的产生时刻 t_0 属于未知量，需要求解。

设 $\bar{t}$ 为 P 波到达各台站的平均时刻，$\bar{l}$ 为各台站至声源的平均距离，则

$$\bar{t} = \frac{1}{n} \sum_{i=1}^{n} t_i = \frac{1}{n} \sum_{i=1}^{n} \left(\frac{l_i}{C_{con}} + t_0 \right) = \frac{1}{n} \sum_{i=1}^{n} \frac{l_i}{C_{con}} + t_0 = \frac{\bar{l}}{C_{con}} + t_0 \tag{3-18}$$

其中，

$$\bar{l} = \frac{1}{n} \sum_{i=1}^{n} l_i = \frac{1}{n} \sum_{i=1}^{n} \sqrt{(x_i - x_0)^2 + (y_i - y_0)^2 + (z_i - z_0)^2} \tag{3-19}$$

由式 (3-17) 和式 (3-18) 可以构成最小二乘函数：

$$\min f_k = \sum_{i=1}^{n} (t_i - \bar{t})^2 \tag{3-20}$$

式 (3-20) 是一个非线性拟合问题，求其最小二乘解，即可得到声源位置 (x_0, y_0, z_0)、声源产生时刻 t_0 的解，为便于下文分析及比较，将此方法称为传统方法 STT。

3.3.1.2 因变量为到时差的拟合形式

设第 k 个传感器计算到时为：

$$t_k = t_0 + \frac{\sqrt{(x_k - x_0)^2 + (y_k - y_0)^2 + (z_k - z_0)^2}}{C_{con}} \tag{3-21}$$

2 个不同的传感器 i 和 j 的到时差为：

$$\Delta t_{ij} = t_i - t_j = \frac{L_i - L_j}{C_{con}}$$

$$L_i = \sqrt{(x_i - x_0)^2 + (y_i - y_0)^2 + (z_i - z_0)^2}$$

$$L_j = \sqrt{(x_j - x_0)^2 + (y_j - y_0)^2 + (z_j - z_0)^2} \tag{3-22}$$

对于每一组观测值 $(x_{ik}, y_{ik}, z_{ik}; x_{jk}, y_{jk}, z_{jk})$，式（3-22）可确定一个回归值，即

$$\Delta \hat{t}_{ij} = t_i - t_j = \frac{L_i - L_j}{C_{con}} \tag{3-23}$$

这个回归值 $\Delta \hat{t}_{ij}$ 与实测值 Δt_{ij} 之差描述回归值与实测值的偏离程度。对于 $(x_{ik}, y_{ik}, z_{ik}; x_{jk}, y_{jk}, z_{jk})$，若 $\Delta \hat{t}_{ij}$ 与 Δt_{ij} 的偏离越小，则认为直线和所有的试验点的拟合度越好。全部观察值 Δt_{ij} 与拟合值 $\Delta \hat{t}_{ij}$ 的偏离平方和可描述全部观察值与拟合值的偏离程度，则 (x_0, y_0, z_0) 应使得 $Q(x_0, y_0, z_0)$ 达到最小，即

$$Q(x_0, y_0, z_0) = \sum_{i, j = 1}^{n} \left(\Delta \hat{t}_{ij} - \frac{L_i - L_j}{C_{con}} \right)^2 = \min \tag{3-24}$$

将该方法称为传统方法 STD，有 3 个未知数，但作为三维定位，仍至少需 4 个传感器。

3.3.1.3 因变量为到时的新方法拟合形式

假设 P 波在介质中的传播速度未知，将其用 c 表示，第 i 个传感器计算到时为 t_i^c，式（3-17）和式（3-18）分别变为：

$$t_i^c = \frac{l_i}{c} + t_0 = \frac{\sqrt{(x_i - x_0)^2 + (y_i - y_0)^2 + (z_i - z_0)^2}}{c} + t_0 \tag{3-25}$$

$$\bar{t}^c = \frac{1}{n} \sum_{i=1}^{n} t_i = \frac{1}{n} \sum_{i=1}^{n} \left(\frac{l_i}{c} + t_0 \right) = \frac{1}{n} \sum_{i=1}^{n} \frac{l_i}{c} + t_0 = \frac{\bar{l}}{c} + t_0 \tag{3-26}$$

由式（3-25）和式（3-26）可以构成最小二乘函数：

$$\min f_k^c = \sum_{i=1}^{n} (t_i^c - \bar{t}^c)^2 \tag{3-27}$$

式（3-27）也是一个非线性拟合问题，求其最小二乘解，即可得到声源位置 (x_0, y_0, z_0)、声源产生时刻 t_0 及 c 的解，将其称为新方法 TT。

3.3.1.4 因变量为到时差新方法的拟合形式

假设波速在介质中的传播速度未知，将其用 c 表示，则第 k 个传感器计算到时为：

$$t_k^c = t_0 + \frac{\sqrt{(x_k - x_0)^2 + (y_k - y_0)^2 + (z_k - z_0)^2}}{C_{con}} \tag{3-28}$$

2 个不同的传感器 i 和 j 的到时差为：

$$\Delta t_{ij}^c = t_i^c - t_j^c = \frac{L_i - L_j}{c} \tag{3-29}$$

对于每一组观测值 $(x_{ik}, y_{ik}, z_{ik}; x_{jk}, y_{jk}, z_{jk})$，式（3-29）可确定一个回归值：

$$\Delta \hat{t}_{ij}^c = t_i^c - t_j^c = \frac{L_i - L_j}{c} \tag{3-30}$$

类似地，全部回归值 $\Delta \hat{t}_{ij}^c$ 与观察值 Δt_{ij}^c 的偏离平方和可描述全部观察值与拟合值的偏离程度，则 (x_0, y_0, z_0) 应使得 $Q(x_0, y_0, z_0)$ 达到最小，即

$$Q(x_0, y_0, z_0, c) = \sum_{i,j=1}^{n} \left(\Delta \hat{t}_{ij}^c - \frac{L_i^c - L_j^c}{c} \right)^2 = \min \tag{3-31}$$

因为式（3-31）为 x_0，y_0，z_0，c 的二次非负函数，故其最小值总是存在的，将其定义为求差式非线性拟合形式，求解式（3-31）中 x_0，y_0，z_0，c 则可以得到声源的坐标与速度。对于单纯的声源定位问题，以上只需拟合 x_0，y_0，z_0 即可。该方法与传统方法的不同之处有 2 点：第一，不需要预先知道波速；第二，在求解过程中不需要预先拟合声源发生时间。在本书中将其称为新方法 TD。

分析新方法的数学拟合形式可知，TT 通过 4 个已知参量拟合 5 个未知参量，至少需要 5 个传感器；TD 通过 4 个已知参量拟合 4 个未知量，至少需要 4 个传感器，从数据拟合角度分析，TD 优于 TT。

3.3.2 解析解和迭代协同定位法

在进行声发射源定位时，如果传感器记录到不同误差尺度的异常到时，就会导致定位结果与真实坐标之间存在较大误差，为了解决这一问题，可以使用在输入数据准确的情况下具有高精度稳定解的解析定位方法来消除异常到时，然后再使用无需预先测量波速的迭代解方法来削弱由动态波速引起的误差。基于此下面介绍一种结合多传感器到时和实时平均波速反演的解析迭代协同定位方法（CLMAI），以寻求最优定位结果。

3.3.2.1 解析解定位法原理

设 P 波的平均速度为 v，声发射源 S_0 的坐标为 (x, y, z)，在源位置周围布置 6 个传感器且分别设为 $S_1(x_1, y_1, z_1)$，$S_2(x_2, y_2, z_2)$，$S_3(x_3, y_3, z_3)$，$S_4(x_4, y_4, z_4)$，$S_5(x_5, y_5, z_5)$ 和 $S_6(x_6, y_6, z_6)$。则声发射源坐标和各传感器位置坐标的控制方程如下：

$$(x_1 - x)^2 + (y_1 - y)^2 + (z_1 - z)^2 = v^2 t_0^2$$

$$(x_2 - x)^2 + (y_2 - y)^2 + (z_2 - z)^2 = v^2 (t_0 + t_{12})^2$$
$$(x_3 - x)^2 + (y_3 - y)^2 + (z_3 - z)^2 = v^2 (t_0 + t_{13})^2$$
$$(x_4 - x)^2 + (y_4 - y)^2 + (z_4 - z)^2 = v^2 (t_0 + t_{14})^2$$
$$(x_5 - x)^2 + (y_5 - y)^2 + (z_5 - z)^2 = v^2 (t_0 + t_{15})^2$$
$$(x_6 - x)^2 + (y_6 - y)^2 + (z_6 - z)^2 = v^2 (t_0 + t_{16})^2$$

式中，t_0 为 P 波从源 S_0 到达传感器 S_1 的时间；t_{12}、t_{13}、t_{14}、t_{15} 和 t_{16} 分别为 S_2、S_3、S_4、S_5、S_6 与传感器 S_1 之间的到时差。通过解上述方程组即可得到声发射源坐标。

3.3.2.2 逻辑函数的拟合

为了提高微震监测的精度和监测范围的广度，实际工程中监测传感器的数量通常大于 6 个。然而，随着传感器的增加，异常到时产生的可能性明显增加。在获得 6 个以上传感器的解析解后，可以开发异常到时的过滤方法。

设传感器的数量为 $n(n > 6)$。通过从 n 个传感器中随机选择 6 个传感器，使用解析定位方法可以获得各组定位结果。然后，应用逻辑概率密度函数来拟合所有解析解组的坐标。对应于逻辑概率密度函数最大值的横坐标正是要求解的坐标。逻辑概率密度函数和逻辑累积分布函数分别如下：

$$f_L(x, \mu, s) = \frac{e^{\frac{x - \mu}{s}}}{s(1 + e^{-\frac{x - \mu}{s}})^2} \tag{3-32}$$

$$F_L(x, \mu, s) = \frac{1}{1 + e^{\frac{x - \mu}{s}}} \tag{3-33}$$

式中，μ 和 σ 为 x 的平均值和标准；s 为与标准差 σ 相关的标度参数。

此外，参数 σ 和 s 之间的关系如下：

$$s = \frac{\sqrt{3}\,\sigma}{\pi} \tag{3-34}$$

由于这组解析解已经通过逻辑概率密度函数进行了拟合，因此可以得到 F_x、F_y 和 F_z 的逻辑累积分布函数。

3.3.2.3 控制值的选择

由于正常定位结果与异常到时的解析定位结果之间存在很大偏差，因此可以通过 F_x、F_y 和 F_z 来过滤异常到达。解集 S_x、S_y 和 S_z 可以通过将几个控制值 $(a, 1 - a)$ 添加到 F_x、F_y 和 F_z 中获得，从而确定定位结果是否由异常到时引起，其中

$$S_x = \{x \mid F_X(x) \langle a \cup F_X(x) \rangle 1 - a\} \tag{3-35}$$
$$S_y = \{y \mid F_Y(y) \langle a \cup F_Y(y) \rangle 1 - a\} \tag{3-36}$$
$$S_z = \{z \mid F_Z(z) \langle a \cup F_Z(z) \rangle 1 - a\} \tag{3-37}$$

如果 $x \in S_x$、$y \in S_y$ 或 $z \in S_z$，则定位结果 (x, y, z) 被标记为异常定位结果。然后将获得异常定位结果的 6 个传感器的计数值 (N_c) 分别增加 1。对于所有的定位结果组，计数值对应于最大的传感器的到时被定义为异常到时，因为它对定位精度有最大的负面影响。

可以看出，控制值 $(a, 1 - a)$ 的确定是影响过滤方法正确性和准确性的最关键因

素。如图 3-9 所示，红色区域是对应于控制值 $(a，1-a)$ 的 S_x。控制值 $(a，1-a)$ 的确定应确保过滤的到时是事件的异常到时（即使用异常到时的定位结果应占红色区域的大部分）。如果红色区域太小（即 a 很小），则红色区域中的定位结果数量很少，以至于有许多传感器具有相同的最大计数值 N_c，因此无法过滤异常到时。相反，如果红色区域太大（即 a 大），则计数值最大的传感器的到时可能不是异常到时（原因是该区域有大量的正确定位结果）。为获得合适的控制值，使用 1000 组具有不同控制值的定位实例进行综合测试。

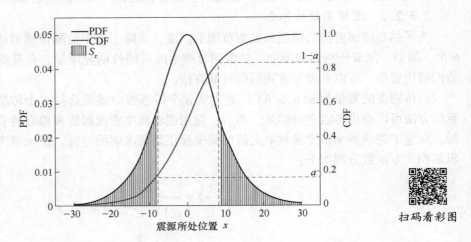

图 3-9　逻辑概率密度函数（PDF）和对应的累积分布函数（CDF）

计算机随机产生 1000 个随机源，通过将波速设置为 5000 m/s，可以获得每个传感器对应的到时。此外，选择一个随机传感器，通过增加 1% 的误差将传感器 Serr 的到时设置为异常到时。将 0.01%～0.05% 的随机误差加入其他传感器的到时中，以模拟小的系统拣选误差。如果过滤后的到时信息恰好是最初设置的，那么证明异常到时信息已经被成功过滤。完整的算法流程图如图 3-10 所示。

3.3.3　三维含孔洞结构无需预先测波速定位法

声音在固体中传播的速度要明显高于在空气中的传播速度，在实际工程中，当声波经过采空区这类结构时，往往会"绕道而行"，此时其从声源到达传感器实际传播的路径要大于声源与传感器之间的直线距离，在这种情况下继续使用上述定位方法必然会降低定位精度。为解决这一问题，本节将介绍一种基于 A^* 搜索算法的无需测速震源定位方法（VFH）。

3.3.3.1　确定初始环境

在定位区域上，确定空区的几何形状和具体位置。建立和网格节点相同尺寸的零矩阵 $\boldsymbol{M}$，将矩阵索引位置 $(x，y，z)$ 与网格节点位置一一对应，并将对应空区的 $\boldsymbol{M}(x，y，z)$ 值更改为 1。网格节点形成一个集合，在后续节点间搜索最快波形路径时它们被作为起始点。假定 P 波在周围非空区域的传播速度为一个未知定值，用 C 来表示。对于未知震源 P_0，设其位置坐标为 $(x_0，y_0，z_0)$，激发的初始时间为 t_0。

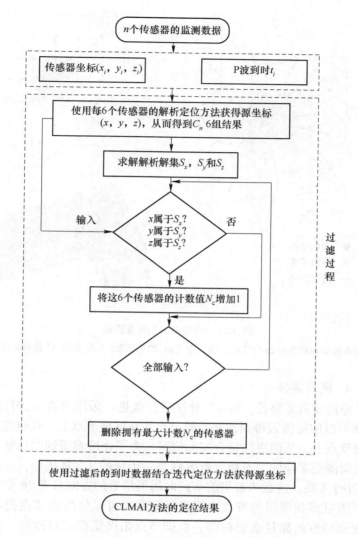

图 3-10 CLMAI 定位过程的流程图

3.3.3.2 搜索最快波形路径

将集合内的每个网格节点 P_{xyz} 当作潜在震源的激发位置，追踪最短路径，得到网格节点到第 k 个传感器的理论最短路径 L_{xyz}^k。若网格节点 P_{xyz} 位于空区内，则认为 $L_{xyz}^k = \infty$。VFH 采用改进的 A^* 算法来追踪最短路径 L_{xyz}^k。

A A^* 搜索算法

传统的 A^* 算法采用中心点，一般只考虑相邻层的 26 个节点来选择下一个节点，如图 3-11（a）和图 3-11（b）所示。在 L 形的区域内，利用传统的 A^* 算法在内追踪最短路径，搜索到如图 3-11（c）所示的一条路径。从图中可以发现，追踪的最短路径存在两处不合理的地方：搜索得到的路径有明显的锯齿状，这是传统的 A^* 算法的自身限制造成的；路径的节点均为立方体网格的中心，这意味着传感器也要安放在立方体网格的中心，与实际不符。

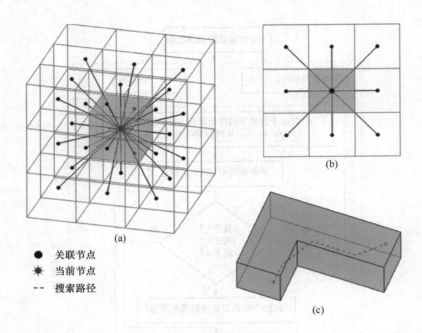

● 关联节点
✳ 当前节点
-- 搜索路径

图 3-11   传统的 A^* 搜索算法

(a) 当前节点连接到相关的 26 个节点；(b) 图 (a) 的主视图；(c) 传统 A^* 搜索算法搜索的路径

B   改进的 A^* 搜索算法

为了更有效地追踪最短路径，对 A^* 算法进行改进，采用网格点进行搜索，如图 3-12 (a) 所示。这样可以使得搜索得到的路径的节点均在网格节点上。这也意味着传感器可以贴在物体的表面节点上，从而更加符合实际情况。为了让搜索得到的路径不具有明显的锯齿状，让节点与周围更多层的节点建立有效联系。传统的 A^* 算法中，一个节点向相邻一层的 26 个节点进行拓展。这意味着当前节点向周围拓展的方向只有 26 个可以选择。

让节点与周围更多相邻层的节点之间进行联系，可以使当前节点搜索路径时选择的方向更多，则搜索得到的路径会更精确。根据节点拓展模型的对称性，只画出模型的八分之一来进行解释说明。图 3-12 (b) 和图 3-12 (c) 分别显示了当前网格节点与周围两层 (124 个节点)、三层 (342 个节点) 建立了联系。节点 $z(i)$ 与层数 i 之间的关系表示为：

$$z(i) = (2i + 1)^3 - 1 \tag{3-38}$$

在向外拓展的过程中，部分节点间形成的方向重复，故可以不用考虑。去除这些方向对应的节点间连接可以减少计算量。随着每个节点与周围更多的网格节点建立联系，搜索得到的路径的误差越小，但同时带来计算量的增加。

设计一个块体模型和一个长条状模型来探讨层数 i 的合理取值。将模型划分网格，如图 3-13 所示。假设在 O 点触发震源，波从 O 点到达 K 点 ($K = A$, B, C, D, E, F, G, H, A', B', C', D', E', F', G', H')，形成路径 L_k。分别使用 $i(i = 1, 2, 3, \cdots)$ 层的模型追踪路径 L_k。搜索得到的路径距离 D_{Si} 与 D_R 之间的相对误差 E 可以表示为：

$$E_i = \left(\frac{D_{Si}}{D_R} - 1 \right) \times 100\% \tag{3-39}$$

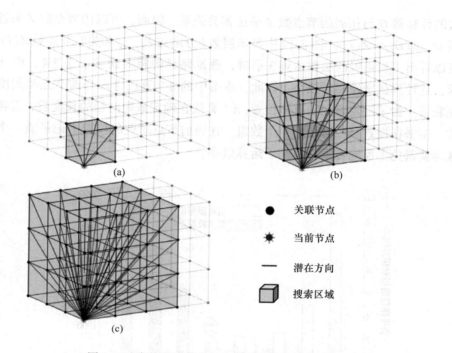

图 3-12 当前网格节点与关联网格节点间形成的方向
（a）前节点连接到相邻的一层；（b）当前节点连接到相邻的两层；（c）当前节点连接到相邻的三层

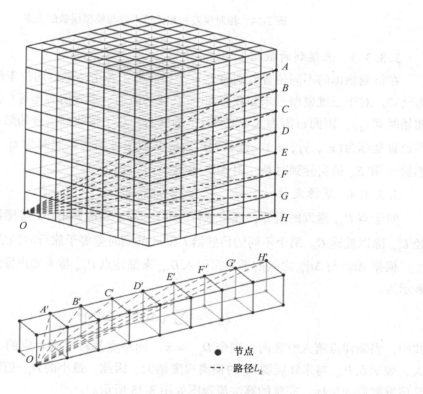

图 3-13 节点间的理想路径

算法的计算量 O 与拓展的节点数 Z 呈正相关关系。因而，可以用节点数 Z 来近似地表示计算量 O，即 $O_i \propto Z(i)$。图 3-14 中显示层数 i 分别与 $E_{i\text{-max}}$ 和关联节点数 $Z(i)$ 之间的关系。可以看出，当拓展的层数达到 3 层时，理论路径的相对误差小于 3%，能基本满足定位要求，且计算量增速相对较小。因此，本书中的 A^* 算法考虑当前节点与周围 3 层的节点建立联系。为了确定路径的具体位置，A^* 算法在确定最短路径的长度后，需再次进行反向搜索。本书在搜索路径时增加一个数组，在当前节点对应的位置上记录前一个节点的坐标。这样就避免了反向搜索，提高了运算效率。

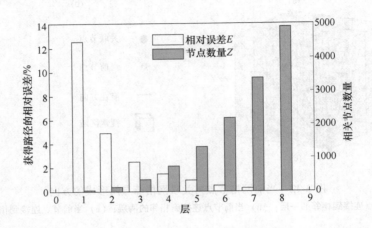

图 3-14   相对误差和相关节点数与模型层数的关系

3.3.3.3   采集到时数据

在待测物体的不同位置分别装上 m 个传感器。各个传感器均位于网格点上，其位置均为已知。对于三维模型，未知数有 5 个 [P 波的波速、声发射源坐标 (x_0, y_0, z_0)、激发的初始时间 t_0]，因而 m 需为大于或等于 5 的整数。对于接收到信号的第 k 个传感器 S_k，记录其位置坐标为 (x_k, y_k, z_k)，接收到声发射 P 波信号的初至到时为 t_0^k。计算两个不同的传感器 S_l 和 S_m 的实际到时差，用 Δt_0^{lm} 表示。

3.3.3.4   震源定位

对于点 P_{xyz} 激发的震源，理论旅行时间 t_{xyz}^k 等于震源到第 k 个传感器之间的最短传播路径 L_{xyz}^k 除以波速 C。两个不同的传感器 l 和 m 的到时差等于旅行时间之差 Δt_{xyz}^{lm}。

根据 Δt_0^{lm} 与 Δt_{xyz}^{lm} 之差的平方，引入 D_{xyz} 来描述点 P_{xyz} 与未知声发射源 P_0 的偏离程度，表示为：

$$D_{xyz} = \sum (\Delta t_{xyz}^{lm} - \Delta t_0^{lm})^2 \tag{3-40}$$

式中，当采样点落入空区内，则令 $D_{xyz} = \infty$。网格点都将得到对应的 D_{xyz} 值。D_{xyz} 的值越大，表示点 P_{xyz} 与未知震源 P_0 的偏离程度越大。因此，最小的 D_{xyz} 值对应的坐标便可认为是声发射源的坐标。完整的算法流程图如图 3-15 所示。

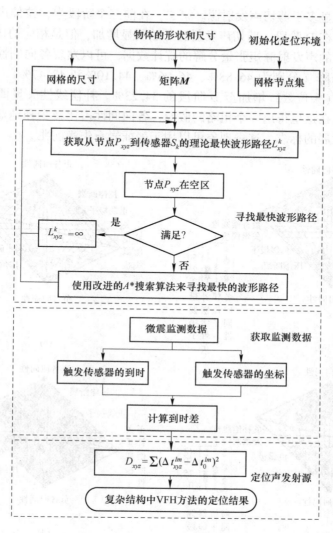

图 3-15　VFH 的定位过程流程图

3.4　声发射与岩石破裂之间的关系

3.4.1　峰前破裂过程中的声源类型分布特征与演化机制

3.4.1.1　岩石破裂各阶段的声发射源类型分布与演化

考虑 P 波极性、方位角和射线离源角，计算每个阶段声发射事件的矩张量。在贝叶斯框架中通过一系列随机矩张量评估观测和测量不确定性的似然性，将优化的矩张量反演结果呈现在了哈德森图中，A、B、C 和 D 阶段分别对应了含水花岗岩压密、弹性、裂纹稳定扩展、裂纹不稳定扩展（见图 3-16），峰后阶段将在后面章节讨论。根据声发射事件体积恒定和体积变化部分的分布特征，从图中得出以下结论：第一，在峰前四个阶段中，张拉类型声发射源明显多于剪切声发射源。第二，在前三个阶段中，拉伸声发射源多于压缩声发射源。第三，在 D 阶段，剪切声发射源开始明显增加，但是相应的比例仍然很小。通过比较这四个阶段的声发射源矩张量分解的统计数据，可以发现各向同性分量的比例随着荷载的增加有所下降（分别为 46.88%、46.06%、44.10% 和 42.47%）。剪切成分逐渐从 A 阶段的 28.89%（中位数）增加至 D 阶段的 34.23%。补偿线性矢量偶极子成分没有产生显著变化。可以在这里得出一个粗略的假设：各向同性占比减少和纯双力偶占比增加可以作为岩石裂缝发展的标志，这一现象可以用于表征岩石失稳前兆。

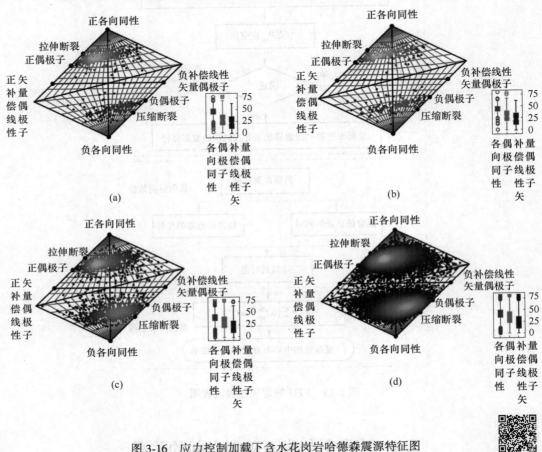

图 3-16　应力控制加载下含水花岗岩哈德森震源特征图
（a）A 阶段；（b）B 阶段；（c）C 阶段；（d）D 阶段

扫码看彩图

为了验证上述假设，对各阶段剪切成分大于一定百分比的事件数进行统计（见表 3-1）。当矩张量中纯双力偶成分占比大于 40% 时，便不能再忽略剪切力在声发射源破坏中的作用。在前两个加载阶段中，该类事件大约占五分之一，而在后两个阶段中，事件增加至三分之一以上。当纯双力偶成分占比大于 50% 时，剪切力开始在声发射源破坏中起主导作用。在压密和弹性阶段中，该类事件的占比约为 6%，在 C 阶段中上升到 14.36%，在 D 阶段中上升到 17.09%。当纯双力偶占比大于 60% 时，声发射源的破坏以剪切形式为主。这种剪切破裂事件从 A 阶段的 2.81% 到 D 阶段的 6.94% 不等。剪切破坏类型的声发射源占比变化表明剪切成分的增加对于预测岩石失稳具有重要意义。

表 3-1　纯双力偶成分占比大于某一特定值的事件占比
（含水花岗岩使用声发射源触发的所有传感器计算）　　　　（%）

阶段	A 阶段	B 阶段	C 阶段	D 阶段
DC 分量占比大于 60%	2.81	2.30	5.05	6.94
DC 分量占比大于 50%	6.19	6.62	14.36	17.09
DC 分量占比大于 40%	23.63	26.51	32.57	36.64

　　Ma 等人基于哈德森图中不同类型事件的概率位置分布，提出了一种震源事件分类的概率模型。根据该研究的概率模型和矩张量反演结果（见图 3-16）得到了声发射事件类型（见表 3-1）。压缩和拉伸破裂持续占据相当大的比重，剪切破裂声发射事件占比逐渐增加，膨胀和闭塞类型的声发射事件几乎可以忽略，上述两种划分方法得到的岩石裂纹演化过程中震源类型变化趋势一致，但各阶段不同裂纹类型所占比例不同，具体破裂类型的分类标准受到经验的影响。

　　因为轴向应力在到达峰后骤降和岩体急剧破坏，自然状态下花岗岩在加载中没有出现峰后阶段。因此，对两种状态花岗岩峰前的四个阶段断裂类型的比例进行比较（见图 3-17

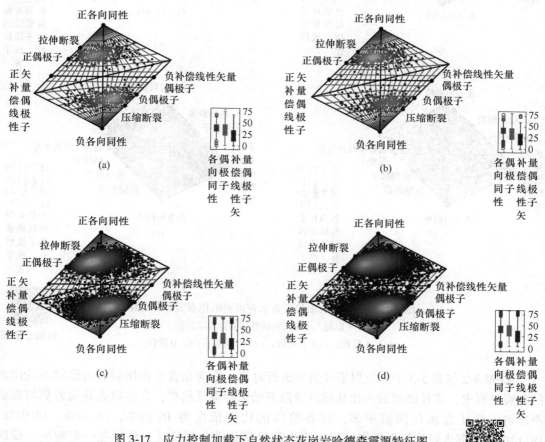

图 3-17　应力控制加载下自然状态花岗岩哈德森震源特征图
（a）A 阶段；（b）B 阶段；（c）C 阶段；（d）D 阶段

扫码看彩图

和图 3-18），得出以下结论：第一，压密阶段中自然状态花岗岩分布于压缩断裂和负各向同性区域的声发射事件更为密集和广泛，说明这一过程中产生了更多的闭合类型声发射源，矩张量的分析结果支持并补充了前一章关于声发射事件的结论，孔隙水填充后花岗岩闭合形式主导的破裂显著减少。第二，剪切成分占比高于含水花岗岩，且同样保持了上升趋势（依次为 35.75%、34.34%、35.08%、36.57%。这与 Vavryčuk 的研究一致，矩张量反演结果表明含水后岩石的剪切分量下降。第三，各向同性分量和补偿线性矢量偶极子分量的变化趋势保持不变，即各向同性分量的比例随着荷载的增加有所下降，补偿线性矢量偶极子分量不产生显著变化。

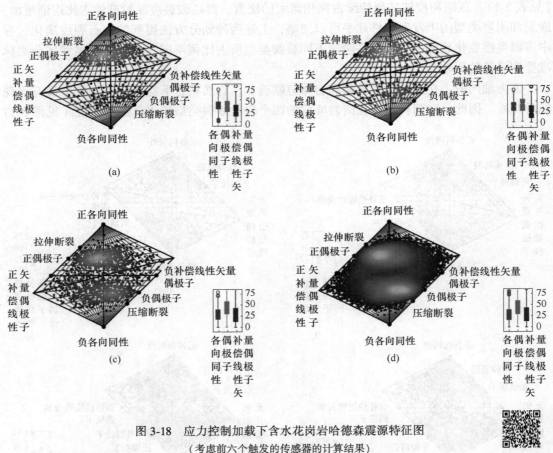

图 3-18   应力控制加载下含水花岗岩哈德森震源特征图
(考虑前六个触发的传感器的计算结果)
(a) A 阶段；(b) B 阶段；(c) C 阶段；(d) D 阶段

扫码看彩图

将表 3-2 与表 3-3 中声发射事件类型进行对比，发现在含水花岗岩和自然状态花岗岩的破裂过程中，张拉破裂的占比从弹性阶段开始保持降低趋势；自然状态花岗岩剪切破裂声发射事件比含水花岗岩更多，在各阶段的比例依次为 16.89%、11.74%、13.95%、19.13%。根据水岩作用下损伤过程表现出能量释放平和的特征，可以在一定程度上反映剪切破裂模式与花岗岩大尺度裂纹产生和损伤剧烈变化密切相关。

表3-2 基于声发射源在哈德森图中位置分布划分的事件类型占比
（含水花岗岩使用声发射源触发的所有传感器计算）　（%）

阶段	A阶段	B阶段	C阶段	D阶段
膨胀主导	0.37	0	0.39	0.25
张拉主导	64.35	61.09	47.20	44.07
剪切主导	3.75	6.05	10.50	14.55
压缩主导	31.14	32.56	41.62	40.88
塌陷主导	0.37	0.28	0.26	0.21

表3-3 基于声发射源在哈德森图中位置分布划分的事件类型占比
（自然状态花岗岩使用声发射源触发的所有传感器计算）　（%）

阶段	A阶段	B阶段	C阶段	D阶段
膨胀主导	0	0	0	0
张拉主导	41.35	49.69	44.83	42.04
剪切主导	16.89	11.74	13.95	19.13
压缩主导	41.62	38.11	40.83	38.32
塌陷主导	0	0	0	0

3.4.1.2 矩张量反演的不确定性

使用P波初动极性方法在分析全矩张量过程中不可避免地存在结果的不确定性。一方面受到声发射事件定位精度、P波初至点拾取的不精确性以及传感器的空间分布的影响；另一方面该方法本质上源自地震断层分析，断层滑动过程中形成了张拉和压缩区域，并且表现出不同的极性；尽管计算中采用了概率框架，但当将其推广到全矩张量反演时，不确定性仍然会增加。为了探清由上述原因引起的结果不确定性，使用了前六个触发的传感器再一次进行矩张量反演，结果如图3-18所示。

通过对比图3-16和图3-18可以看出，当约束（使用的传感器数量）较少时，矩张量反演结果中的剪切分量会增加。仅考虑前六个触发传感器时，箱型图中剪切分量的中位数分别为35.57%、41.65%、43.32%和43.24%；纯双力偶成分占比大于某个百分数的声发射事件占比也有所增加（见表3-4）；对比两图中反演结果分布，图3-18哈德森图中的位置分布变得更加离散。当使用只有前六个传感器反演时得到了同样的裂纹类型演化趋势：随着载荷的增加，以剪切形式为主的微破裂对岩石失稳的影响变得更加显著。基于上述分析可以认为，在分析声发射源机制过程中，应该更多地注重探讨矩张量分解后的各分量占比以及各分量占比随时间的演化，而不是绝对地将声发射源归为特定的破裂类型。

表 3-4　纯双力偶成分占比大于某一特定值的事件占比
（含水花岗岩使用声发射源触发的前六个触发的传感器计算）　　　（%）

阶段	A 阶段	B 阶段	C 阶段	D 阶段
纯双力偶分量占比大于 60%	8.44	14.98	20.07	21.58
纯双力偶分量占比大于 50%	21.20	28.81	37.96	37.51
纯双力偶分量占比大于 40%	38.46	51.58	56.58	56.18

3.4.2　峰后裂纹扩展的声源演化机制

从前四个阶段可以看出，随着岩石内部裂纹扩展不稳定性的加剧，裂纹演化行为表现出以剪切主导的声发射事件逐渐增多的趋势，这一现象在峰后阶段持续存在（见图 3-19），这一阶段中剪切裂纹占比达到 21.50%，箱型图中纯双力偶分量的中位数为 37.93%，均在前一阶段的基础上继续增长。

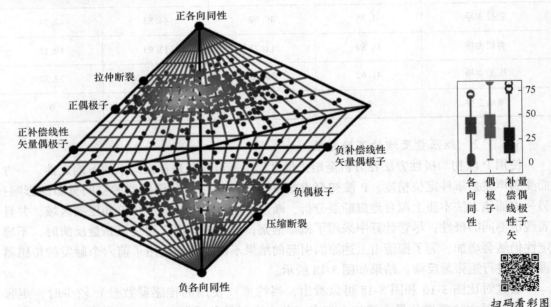

扫码看彩图

图 3-19　应力控制加载下峰后（E 阶段）含水花岗岩哈德森震源特征图

在加载的最后阶段（E 阶段），岩样裂纹贯通形成宏观破裂面。基于 A^* 搜索算法的无需预测速度定位方法获得声发射事件的定位结果，将纯双力偶占比大于 60% 的声发射事件投影到岩样上（见图 3-20），以分析此类事件对裂纹发展的影响。从空间分布结果上看，剪切主导的声发射事件均分布于宏观破裂面附近。由此可见，岩石失稳是声发射事件积累的过程，在这个过程中，剪切作用逐步强化，并成为岩石裂纹贯通的主导，最终导致了岩石产生失稳破坏。

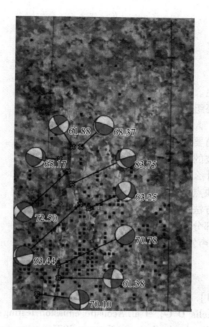

图 3-20　E 阶段纯双力偶分量大于 60% 的事件及其沿宏观可见裂纹的空间位置

综上所述，矩张量反演的结果表明，剪切裂纹（纯双力偶成分）所占比例在单轴压缩整个加载过程中逐渐增大，这种趋势一直维持到峰后阶段，肉眼可见的宏观裂缝主要是剪切破裂造成的。剪切裂纹的增加是大尺度裂纹扩展贯通和裂纹不稳定扩展的重要标志。不同传感器阵列的反演结果、不同破裂类型划分方法得到的岩石裂纹占比和演化趋势一致，但在定位极性精度、监测阵列布置、应力波传播衰减等因素的影响下，具体结果存在偏差。应该需要更多地关注矩张量的各个分量的比例及其随时间的演化，而不是绝对地将事件分类为某种源类型。

3.5　本章小结

本章主要分为三大部分：岩石声发射现象基础理论、岩石声发射监测设备以及岩石声发射数据分析。首先介绍岩石声发射现象的产生和特点，为声发射数据的分析解释提供理论基础。然后介绍声发射监测系统的各个组成部分，总结监测网络布置的要点，解释声发射特征参数的含义，并进一步探讨岩石声发射信号的传播特性和衰减规律。最后，介绍如何对监测系统采集到的声发射数据进行分析，包括声发射信号提取、声发射震源定位以及声发射与岩石破裂的关系。

总而言之，岩石声发射监测作为一种无损检测手段，通过利用声学设备对资源和能源开发过程中岩体内部的声学信号进行监测，可以有效利用资源与能源开采和地热能开发过程中的岩石震动和破裂所激发出的声发射信号研究岩石损伤破坏过程，确定声发射源的空间位置及发生时间，分析震源处岩体的受力状态，进而获取岩石材料特性，判断岩石内部裂纹演化规律及结构失效情况，探究岩体失稳的有效前兆特征，为岩石的损伤破坏、岩爆和垮塌等地质灾害的预测提供指导。

扫码获得
数字资源

习题与思考题

3-1　简述岩石声发射现象的产生。

3-2　简述岩石声学监测设备主要组成结构。

3-3　简述前置放大器的作用。

3-4　声发射特征参数有哪些？简要阐述这些参数的含义。

3-5　简要归纳岩石声学中应力波的传播模式。

3-6　声波在岩石内部传播时为什么会发生衰减？

3-7　采用阈值确定到时有什么缺点，常用到时拾取方法有哪些？

3-8　简述三种声发射震源定位方法的创新点。

3-9　矩张量可以分解成哪三个部分？

3-10　结合本章内容，探讨岩石声发射监测系统的应用前景。

参 考 文 献

［1］孙志栋. 岩石声学测试［M］. 北京：地质出版社，1981.

［2］Grosse C U, Ohtsu M, Aggelis D G, et al. Acoustic emission testing：Basics for research-applications in engineering［M］. Cham, Switzerland：Springer Nature, 2021.

［3］王祖荫. 声发射技术基础［M］. 济南：山东科学技术出版社，1990.

［4］赖祖豪. 声波检测技术在石雷钨矿采空区稳定性分析中的应用研究［D］. 赣州：江西理工大学，2020.

［5］刘俊锋. 光纤声发射检测与定位的理论及实验研究［D］. 哈尔滨：哈尔滨工程大学，2009.

［6］Biot M A. Theory of Propagation of elastic waves in a fluid-saturated porous solid［J］. The Journal of the Acoustical Society of America, 1956, 28（2）：168-191.

［7］陈耕野，李造鼎，金银东. 岩石声衰减黏弹性及缺陷检测［J］. 东北工学院学报，1993（3）：221-225.

［8］张绪省，朱贻盛，成晓雄，等. 信号包络提取方法：从希尔伯特变换到小波变换［J］. 电子科学学刊，1997（1）：120-123.

［9］Baer M, Kradolfer U. An automatic phase picker for local and teleseismic events［J］. Bulletin of the Seismological Society of America, 1987, 77（4）：1437-1445.

［10］Kurz J H, Grosse C U, Reinhardt H W. Strategies for reliable automatic onset time picking of acoustic emissions and of ultrasound signals in concrete［J］. Ultrasonics, 2005, 43（7）：538-546.

［11］Maeda N. A method for reading and checking phase time in auto-processing system of seismic wave data ［J］. Journal of the Seismological Society of Japan, 1985, 38：365-379.

［12］董陇军，李夕兵，唐礼忠，等. 无需预先测速的微震震源定位的数学形式及震源参数确定［J］. 岩石力学与工程学报，2011，30（10）：2057-2067.

［13］Dong L, Zou W, Li X, et al. Collaborative localization method using analytical and iterative solutions for microseismic/acoustic emission sources in the rockmass structure for underground mining［J］. Engineering Fracture Mechanics, 2019, 210：95-112.

［14］董陇军，胡清纯，童小洁，等. 三维含孔洞结构的无需测速震源定位方法［J］. Engineering, 2020, 6（7）：827-834, 936-944.

［15］Dong L, Zhang Y, Ma J. Micro-crack mechanism in the fracture evolution of saturated granite and enlightenment to the precursors of instability［J］. Sensors, 2020, 20（16）：4595.

［16］Ma J, Dong L, Zhao G, et al. Focal mechanism of mining-induced seismicity in fault zones：a case study of yongshaba mine in China［J］. Rock Mechanics and Rock Engineering, 2019, 52（9）：3341-3352.

［17］Dong L, Li X. Velocity-free localization methodology for acoustic and microseismic sources［M］. Singapore：Sring Nature, 2023.

［18］董陇军. 岩石多源声学及应用［M］. 北京：科学出版社，2023.

4 矿山环境地声及微震智能感知与定位

4.1 地声与微震智能感知的原理

岩石声学传感器检测到声学信号，然后将其转换为电压信号。一般来说，这种转换是使用压电陶瓷进行的。其主要分为共振模型和宽带模型，一般都为接触式传感器，弹性波在岩体内部传播，并由声学传感器监测，它的作用是把传送到岩石表面的弹性波变换成电信号，然后电信号被放大和滤波。目前大多使用压电传感器，即将接收的振动波转换成电压信号，一般将 10^{-9} m 的波动振幅变换为约 10^{-4} m 的电压信号。当弹性波通过岩石检测面到达压电陶瓷时，弹性波在压电陶瓷（即传输元件）内反复反射。在反射过程中，具有共振频率的弹性波被强调，并保持在传输元件内。相比之下，其他频率的弹性波在传输元件内迅速衰减。因此，声学传感器利用传输元件提供的谐振来实现高灵敏度。

对于不同岩性的岩体，其发出的声学信号的频率相差很大，甚至同种岩石，由于研究的尺度和范围不同，所需监测的声学信号频率也不同，如图 4-1 所示。一般的室内岩石力学实验应选择响应频率范围为 $10^4 \sim 10^6$ Hz 的传感器。

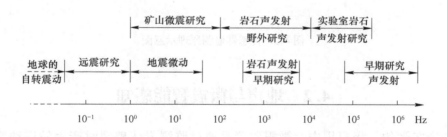

图 4-1 声发射信号的频率分布

当放置声学传感器的岩体位置和放置测量仪器的位置之间存在电位差时，会导致连接声学传感器和测量仪器的信号电缆的两端之间也存在电位差。因此，信号电缆中存在电流。由于声学信号和电流通过同一根电缆，因此该电流造成了声发射检测过程中的噪声信号。当同时使用多个声发射传感器时，测量将受到磁场引起的噪声的影响，因为声发射传感器和测量仪器之间的信号电缆形成一个类似线圈的环路，即使没有电位差也会产生电流。作为消除这种噪声的一种措施，氧化铝作为绝缘体被广泛用于声发射传感器的探测面。根据声学传感器的固定方式和使用的夹具类型，即使声学传感器的安装面绝缘，声学传感器和测试对象之间也可能短路。因此，有必要使用专用于固定声学传感器的绝缘夹具，或用胶带固定声学传感器的外壳。

地声与微震智能感知的原理如图 4-2 所示。从声源到传感器至少需要经过岩体介质和耦合介质、换能器、测量电路等一系列中间过程，因此，由声学传感器所获得的输出信号至少是声源、岩体介质、耦合介质和压电传感器（机械能转化为电荷）响应等因素的综合结果，在声学监测过程中须考虑传感器的耦合特性与安装以及构件的声学特性，传感器膜片与构件表面之间应具有良好的声耦合，以获得最佳的动态响应特性。由于低阻抗，一般要在传感器与被测对象结合处填充耦合剂以保证良好的声运输。通常使用黏合剂或胶黏耦合材料和耦合剂，如真空润滑脂、水溶性二醇、溶剂溶性树脂和专有超声波耦合剂等。安装传感器的一个基本要求是传感器表面和构件表面之间有足够的声学耦合，以确保接触表面光滑清洁，从而实现良好的附着力。耦合剂层应该很薄，但足以填充由表面粗糙度引起的间隙，并消除空气间隙，以确保良好的声学传输。

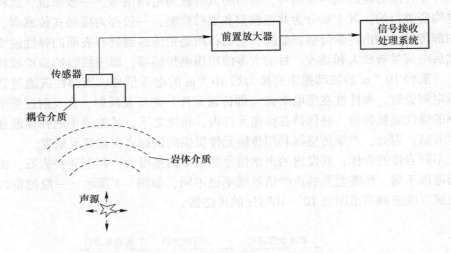

图 4-2　传感器监测原理示意图

4.2　地声与微震智能感知

在现场实际的工程应用中，微震监测是通过监测岩体破裂时产生的震动或爆破等采矿活动，可以用于判断岩体内微破裂的方位和特性，从而为灾害的预报和控制提供依据。

作者课题组自主研发的地声智能感知与微震监测设备，通过在监测区内布置多组地声智能传感器进行连续监测，并实时采集地声数据，利用声学信号到达各探头的时差和波速关系，根据声学参数（到时、时域参数、频谱信息、波形形状）随时间的变化情况来判断岩体破裂趋势，并经过预置软件处理后就可确定破裂发生位置三维空间，同时该设备集成了适用性、准时效性、低失效率的地声失稳灾害预警手段。

自主研发的设备集数据采集以及数据处理于一体，通过配置自动增益及声电转化单元进一步保证了其对微小地声事件信息的捕捉，又通过智能感知滤波单元有效地剔除高敏感监测过程叠加失稳噪声信号，感知多频段有效地声信号，实现信号保真效果，从而更加全方面地反映地声信号的传播特性，提高地声事件定位结果的准确性。

4.2.1　地声与微震智能感知设备

4.2.1.1　地声加速度传感器

自主研制的地声智能感知与微震监测设备，通过地声加速度传感器（见图4-3和表4-1），将岩体运动加速度转换成一个可衡量的电子信号来衡量岩体破裂、变形等活动。该传感器可用于矿山井下岩体地压监测，边坡稳定性监测，隧道岩体失稳监测，工程结构如桥梁、大坝的健康检测，大型设备的振动测量，以及其他低频、超低频振动监测与灾害预警。

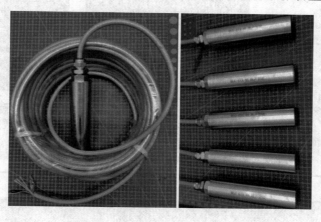

图4-3　地声加速度传感器

表 4-1　地声加速度传感器频率响应

型号	频率/kHz	量级/m·s^{-2}	灵敏度/mV·(m·s^2)$^{-1}$	误差/%
DLG-S1	5~2	1.2	3174.109	1.366
DLG-S2	10~20	1.2	3133.034	0.054
DLG-S3	10~200	1.2	3155.012	0.756
DLG-S4	100~2000	1.2	3180.091	1.557

使用地声加速度传感器时直接连通输出电压信号，无需外接放大器，传感器不仅具有极高的灵敏度，而且还能分辨细小的微震事件，配合相应的岩土工程多信息智能检测系统，可实现微震事件智能化自动定位、危险区域辨识以及大震级微震事件预警等多个功能，具有低失真、强抗干扰等优势。

4.2.1.2　地声动态采集仪

地声动态采集仪（见图4-4）适用于测点较为集中且被测物理量快速变化的试验中，主要用于监测参数的动态变化，该产品可接入不同类型的传感器，可完成应力、应变、震动加速度（速度、位移）、冲击、温度、压力等多个物理量的测量，既可以用于室内实验测量，也可以用于长期现场监控，图4-5是地声监测系统三维显示界面。地声动态采集仪有以下优点：

（1）将桥路与采集通信集成为一体，无须各类适配器和平衡箱，可根据实验要求设计采集模块（扩展通道数）；

（2）采用全数字电路，拥有抗混滤波强、采集精度高以及稳定性佳的优点；

（3）能够接入不同类型的传感器实现多物理量测量，具有远程同步触发控制开关，实现各类仪器的同步采样控制；

（4）采用低电压、低功耗和低噪声电路的设计，可与计算机 USB 接口直接连接，设置方便操作简捷；

（5）适用范围：矿山、尾矿坝、隧道、边坡、大坝、桥梁、路基。

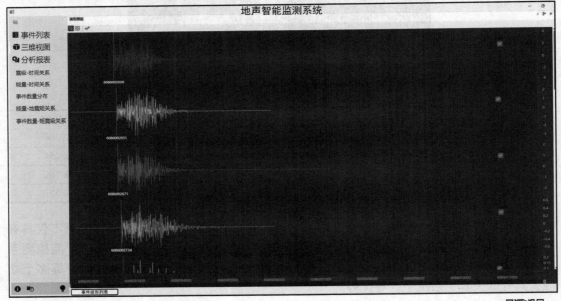

图 4-4　地声动态采集仪及其界面显示

扫码看彩图

4.2.1.3　岩体实时连续智能监测预警仪

自主研制的岩体实时连续智能监测预警仪借助于上述各类传感器实时采集到的数据，以直观的数字或图形方式展现出来，在软件内嵌入了包括震源精细定位、震源机制反演、危险区域辨识、多指标联合预警等多个模块，通过地声加速度传感器、地声动态采集仪对包括震动、应力、应变等多个参数的采集，实现精细定位、震源机制、初步预警及多指标联合预警的功能，通过对被动震源与主动震源的波速场反演，结合岩石工程地下水位的监

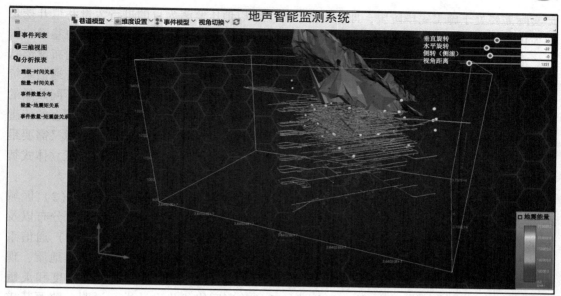

图 4-5 地声监测系统三维显示界面

扫码看彩图

测圈定潜在的危险区域；对单个震源参数的采集，结合多个参数对监测区域稳定性分析；最后综合各类指标完成对监测区域内潜在灾害的防控和预警。该系统基于多信息大数据平台实现了对岩石工程的"点-线-面"全面监测与预警防控，能够实时连续监测采场、边坡及隧道中的岩体微破裂信号，采集相关的震源参数，并传输到微震信号处理系统中，可通过分析采集到的震源参数，对岩体的稳定性状态进行判定，并控制信号至预警器，对可能存在的岩体失稳灾害进行预警。

岩体实时连续智能监测预警仪亮点如下：

（1）传统监测主机或服务系统通常安装在地表，线路布置要从地表连接到监测对象深部，且传感器和采集仪位置多为固定，该预警仪解决了设备移动不便、成本高和线路维护困难的缺陷。

（2）该预警仪能够全自动处理波形监测信息，且 P 波初到时的拾取精度能够满足工程要求，对于矿山、边坡及隧道中的震源定位能够提供较为精确的震源定位参数。

（3）该预警仪定位准确度高，能够有效定位到采场、边坡及隧道围岩内部的具体位置，能够实现对作业区域内潜在的安全隐患进行监测和实时预警。

（4）适用范围：矿山、隧道、边坡、大坝。

4.2.2 地声与微震智能感知台网布置优化

假设在一个矿山内，以潜在地压活动相对较高的区域作为监测对象，地声传感器以一定布局环绕这个区域，对于给定的传感器来说，通过优化传感器布置方案，能够使震源误差最小和灵敏度最高。但是，采矿工程地压监测系统网络设计总会面临一些无法避免的约束：（1）地压监测区域是否具备用于监测系统安装的环境。监测区域内的巷道、斜井、溜井等是安装监测系统设备的通路，但是大部分巷道、斜井、溜井在系统安装时都是出于生产实际需要处于施工完毕阶段，即不可更改的。而以地压监测为目的进行大量巷道开挖是不大可能的。因此，通常情况下地压监测传感器布置只能选择在已完成开挖的巷道、斜井、溜井内进行。这些已有硐室的空间分布形态和相对空间位置对传感器的空间布设形状有较大影响。（2）地压监测系统的技术性能，包括传感器的灵敏度和响应频率、通信系统性能等，不同的地压监测系统可能受到其技术性能约束，需要采用不同类型和不同数量的硬件设备。（3）项目的经费开支。理论上，无论传感器如何布置，只要布置足够多的传感器，就可以得到足够的地压事件定位精度和系统灵敏度，然而，从经济角度考虑又需要最小的投入得到满足矿山监测要求的传感器网络布置。由此可见，在进行矿山地压立体式智能感知系统监测网络设计时必须针对矿山工程实际进行优化设计。

传感器的布置需要考虑以下几个因素：（1）目前开采巷道的布置形式；（2）区域内的主要地质构造的空间状态；（3）地压活动的主要区域；（4）岩体特性的分布以及安全要求；（5）地下基础设施的布置形式以及已有矿山通信网络的衔接；（6）通信系统的布置。四方金矿地压立体式监测系统传感器站网布置应充分考虑矿区工程地质、现有工程条件、拟采用监测系统技术性能和投资大小，保证足够的三维定位精度和灵敏度。下面以陕西某矿山地压立体式智能感知系统监测网络优化设计进行说明。陕西某矿重点监测的范围主要包括采空区、断层、地表环形坡、坡体松动区以及深部应力集中区域。根据重点监测区域的不同提出以下布点方案。图4-6~图4-8是不同监测方案定位误差，从图中可以看出，随着传感器位置发生变化，不同区域的定位绝对误差也在相应发生变化。

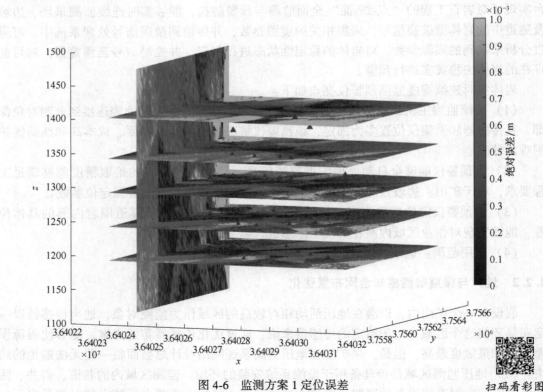

图4-6　监测方案1定位误差

扫码看彩图

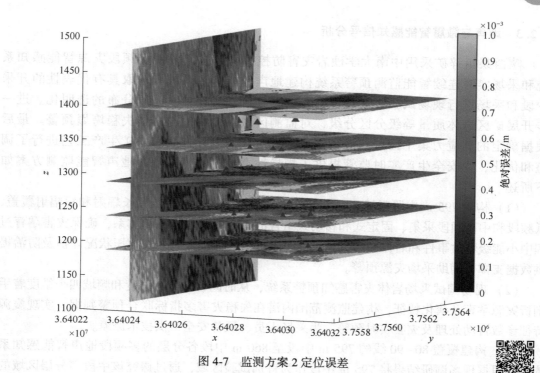

图 4-7 监测方案 2 定位误差

扫码看彩图

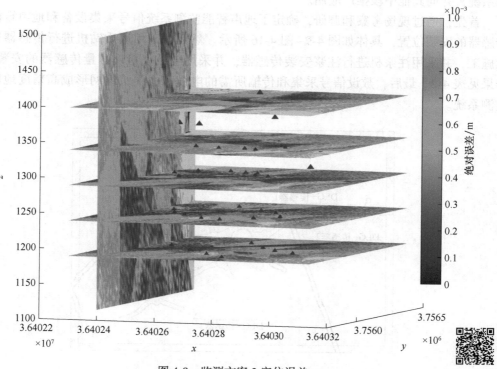

图 4-8 监测方案 3 定位误差

扫码看彩图

4.2.3 地声与微震智能感知信号分析

陕西某铅锌矿采用中南大学硬岩灾害防控团队自主研发的多频段灾源智能感知系统和采场实时连续智能监测预警系统构建地声智能监测系统，选取具有代表性的开采中段和采场进行现场试验，通过理论和数据分析，实现中段地压分布的透明化。进一步开展矿区岩体质量等级分区分级，对监测区域应力集中与岩体失稳垮塌预警。最后根据确定的高应力集中区域和潜在失稳区域对开采设计方案和采矿生产工艺进行了调整和优化，为安全生产实时监管提供了指导性意见。具体的现场地声智能监测方案如下所述。

（1）构建795 m中段区域多频段灾源监测感知网络，形成兼顾长辐射和短辐射覆盖、低频段和中高频段采集、固定式和移动式组合的矿井灾源智能感知体系，确保灾害孕育过程中小能级释放事件和岩体变形失稳大能级事件全面捕捉，为开展地压状况评估及防治提供数据支撑，辅助采场灾源预警。

（2）现场调试采场岩体灾害感知预警系统，从时间、空间、强度和频域四个维度着手剖析灾源孕育及演化特征，构建监测范围内潜在失稳灾害多指标联合预警判据，实现震源特征参数自动处理及灾害实时预警，为采场人员、设备安全提供技术保障。

（3）构建覆盖80~90线的795 m中段至860 m中段各分层的多频段地声智能感知系统，并根据现场调研结果将795 m中段作为首选试验区域，通过探究该中段多分层区域的地压变化规律及存在的采场安全隐患，结合数据分析与理论验证，实现多频段地声智能感知系统，并向其他中段推广应用。

首先，通过现场考察和调研，确定了地声智能监测系统信号采集设备和地声智能感知传感器的安装位置，具体如图4-9~图4-16所示。然后，采用地质钻机进行传感器安装钻孔施工，并采用注浆机进行注浆安装传感器，并采用全站仪精确测量传感器的安装坐标，结果见表4-2。最后，敷设信号采集和传输所需的电缆和光缆，组网形成高精度地声智能监测系统。

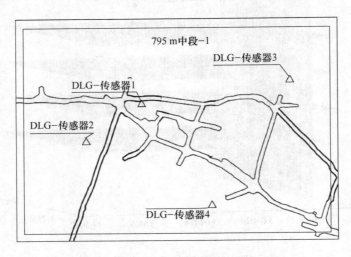

图4-9　795 m中段1分层传感器布设示意图

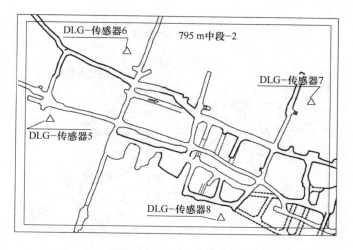

图 4-10 795 m 中段 2 分层传感器布设示意图

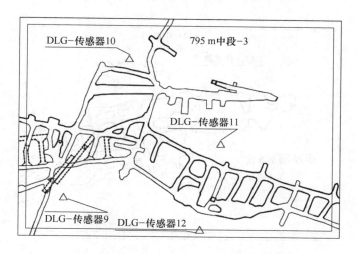

图 4-11 795 m 中段 3 分层传感器布设示意图

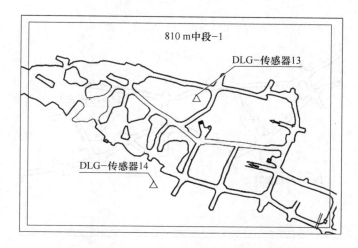

图 4-12 810 m 中段 1 分层传感器布设示意图

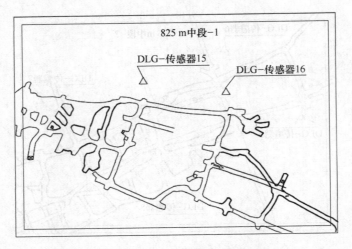

图 4-13　825 m 中段 1 分层传感器布设示意图

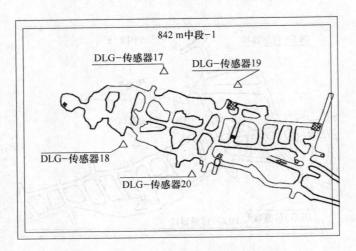

图 4-14　842 m 中段 1 分层传感器布设示意图

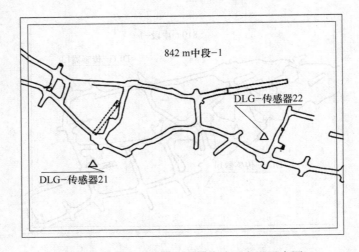

图 4-15　842 m 中段 1 分层传感器布设示意图

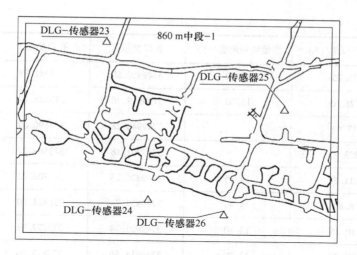

图 4-16 860 m 中段 1 分层传感器布设示意图

表 4-2 地声智能监测系统传感器安装坐标

钻孔编号	测量方位角/(°)	测量倾斜角度/(°)	孔口坐标 X	孔口坐标 Y	孔口坐标 Z
1	104.01		3749990.13	373344.36	798.63
2	288.76		3749959.75	373330.52	798.68
3	17.12		3749995.35	373447.14	798.38
4	252.38		3749927.02	373409.91	798.88
5	195.27		3749902.34	373476.31	799.20
6	257.13		3749937.08	373535.95	799.25
7	108.88		3749908.68	373634.73	797.84
8	208.94		3749834.31	373594.46	798.22
9	106.11		3749812.62	373703.75	796.84
10	266.70		3749900.66	373766.27	796.22
11	23.23		3749834.21	373808.67	797.31
12	192.74		3749797.37	373803.54	797.14
13	324.57	50.60	3749937.74	373532.98	813.44
14	292.74	15.70	3749883.88	373514.04	811.97
15	8.65	28.80	3749946.64	373595.93	827.88
16	18.44	14.15	3749956.03	373543.77	827.33

钻孔编号	测量方位角/(°)	测量倾斜角度/(°)	孔口坐标 X	孔口坐标 Y	孔口坐标 Z
17	25.75	18.00	3749950.60	373541.78	844.62
18	228.65	15.30	3749919.26	373528.17	844.49
19	17.63		3749940.28	373590.69	844.70
20	203.77		3749901.18	373569.27	844.15
21	211.58	14.15	3749826.23	373703.02	845.12
22	8.89	14.40	3749822.74	373811.00	844.90
23	10.25	13.80	3749903.74	373777.81	861.27
24	200.17	13.70	3749818.50	373812.06	861.15
25	109.80	16.40	3749870.56	373886.42	860.90
26	14.33	14.60	3749807.85	373860.94	861.22

随着该矿开采深度增加，震源的破裂过程也越来越复杂。因此，通过统计分析震源参数的时空变化规律，能够进一步深入了解矿山灾害发生的过程。分别统计了 4 月 1 日~7 日、6 月 13 日~19 日、7 月 18 日~24 日监测系统覆盖区域的微震监测数据，对震源参数变化及现场情况进行了分析。

图 4-17 中显示了 4 月 1 日~7 日地声事件空间分布情况，图中球表示地声事件，颜色表示事件矩震级，颜色越深代表震级越大。从图 4-17 中可以看出，4 月初整体上地声事件较为分散，795~860 m 中段均有发生，主要集中在 82~88 线，大多数事件为小震级绿色微震事件，主要由爆破等开采活动影响产生，这与井下生产活动范围一致。

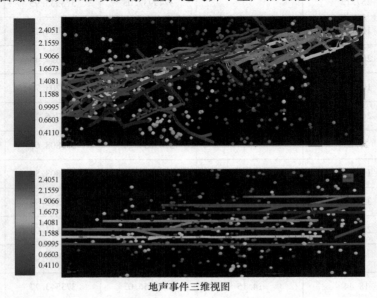

地声事件三维视图

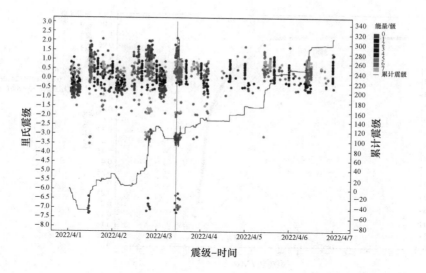

震级-时间

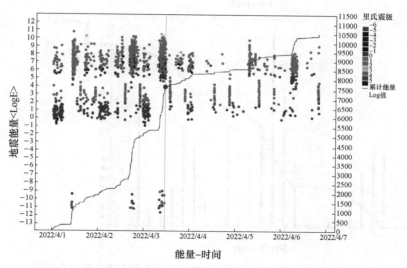

能量-时间

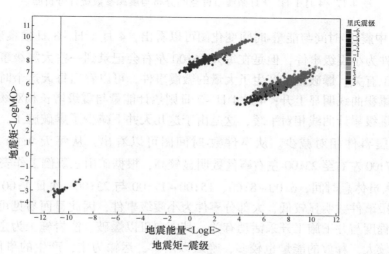

地震矩-震级

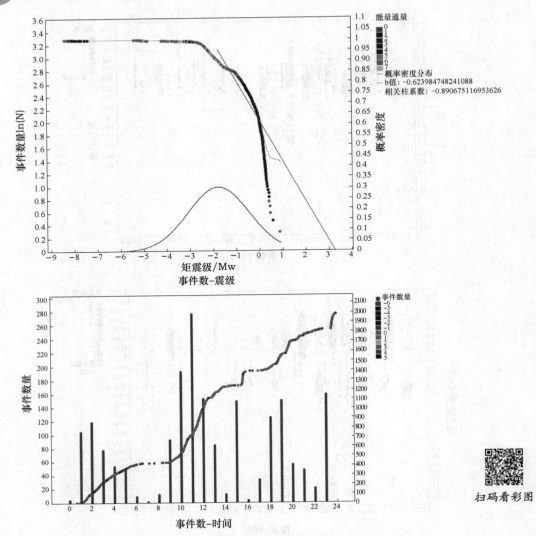

图4-17 4月1日~7日微震事件空间分布与震源参数统计分析图

从图4-17中震级-时间与能量-时间变化图可以看出，4月1日~3日微震事件较密集，虽然大部分事件为小震级事件，但是在每天16:00左右会记录到一些大震级事件，这与井下集中爆破施工有关，爆破施工产生了大量的微震事件，可以看出每天这个时间段能量累积曲线与震级累积曲线明显上升；4月4日~7日则累计能量与震级增长相对缓慢，因此能量累计曲线与震级累计曲线相对平缓，这是由于这几天井下减少了爆破施工，以运输出矿为主，从而微震事件相对减少。从事件数-时间图可以看出，从每天9:00左右开始至15:00左右，17:00左右至23:00左右事件数明显较高，根据矿山三班倒工作安排，13:00~14:00为白班人员休息时间，6:00~8:00、15:00~17:00与23:00~次日1:00为交接班时间，这些时间段事件数明显较低，大部分事件为小震级事件，因此显而易见可以得出，微震事件的活跃程度与井下施工开采活动有关，其中白班以爆破、凿岩施工为主，产生的事件较多、震级较大、释放的能量也较多，晚班以出矿、运输为主，产生的事件相对较少，震级也较小。从事件数-时间图可以得出 4 月 1 日~7 日统计 b 值为 0.62，处于中等水平，说明该时间段微震活动正常。

需要注意的是其中 795 m 与 810 m 中段明显有几次大震级事件分布在 82~84 线，原因与该时间段 82~83 线进行了多次进尺爆破施工有关，大量的爆破施工会对地下结构产生持续强烈的开采扰动，这些开采扰动可能会对断层构造产生反应，同时也对相邻的 810 m 中段产生了影响。因此在现阶段及今后开采阶段上述地区危险性较大，需要注意进行支护。

开采区域 6 月 13 日~19 日地声事件空间分布情况与震源参数统计分析如图 4-18 所示。从图 4-18 可以看出地声事件空间分布主要集中在 82~86 线，根据能量-时间与震级-时间的关系曲线可以看出在爆破施工作用下，地声监测系统所监测到的事件震级急剧增加，并且由此引发的岩体微破裂事件数量也在爆破作业后的 1~2 h 内增加，岩体释放的能量急剧增大，岩体处于卸压状态，而当爆破过后，岩体内部微裂纹随着应力波传播距离以及应力重分布才逐渐显现；累积震级逐渐降低，说明该时间段小震级事件较多，大量事件震级为负数，所以累积震级曲线降低，累积能量与微震事件产生规律相一致。

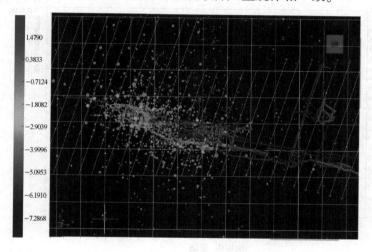

地声事件三维视图

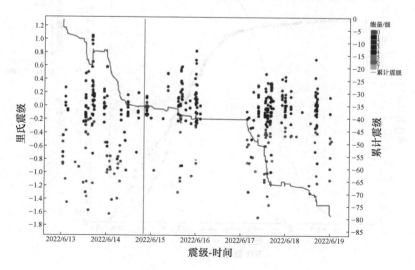

震级-时间

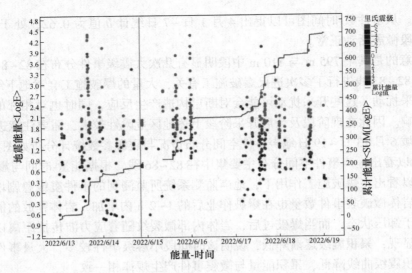

能量-时间

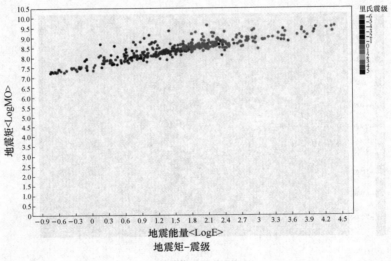

地震矩-震级

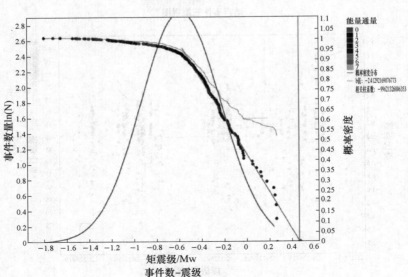

事件数-震级

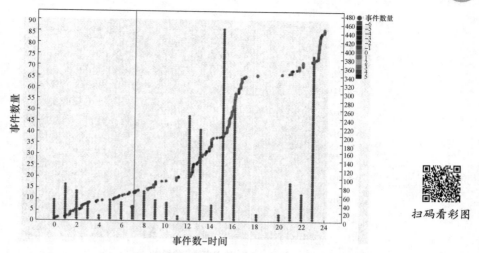

图 4-18 6 月 13 日~19 日微震事件空间分布与震源参数统计分析图

扫码看彩图

　　爆破作业直接影响了地声事件的数量以及量级，而地震矩、事件数与震级之间的关系则可以反映小震级微震事件与大震级微震事件之间的动态关系，并据此分析一段时间内监测区域岩体震源参数的演化规律，通过地声事件群的数量和大小来判断未来一段时间发生大震级微震事件的概率。从事件数-时间图可以看出，时间段 12:00~16:00 事件率显然高于其他时间段，从生产工作站日志看出，此段时间进一步增加了爆破施工的区域，对应增加了钻孔凿岩施工区域，因此事件率上升显著，晚班以出矿、运输为主，产生的事件相对较少，震级也较小。从事件数-时间图可以得出 6 月 13 日~19 日统计 b 值为 2.41，处于较高水平，说明该时间段微震活动较活跃，故而建议实际作业过程中当能量曲线区域平缓后，再进入采场作业，同时需要注意冒顶、片帮等事故发生。

　　开采区域 7 月 18 日~24 日地声事件空间分布情况与震源参数统计分析结果如图 4-19 所示。地声智能监测系统 7 月 18 日~24 日共人工处理信号 847 个，其中微震信号 695 个，爆破信号 152 个。处理过后的地声事件空间分布与巷道三维结构关系如图 4-19 所示。地声事件在矿区多个中段分层发生，整体上出现比较明显的地声事件聚集区域，其中 795 m 中段的 83 线和 88~89 线、825 m 中段 80 线和 84~85 线、842 m 中段 81 线和 83 线、860 m 中段一层 81 线和 79 线附近区域事件数量相对集中，与矿山的日常采掘活动基本一致。

　　进一步分析能量与时间，震级与时间的关系曲线，可以看出 7 月 18 日~21 日爆破事件较多，震级曲线有先上升再下降的趋势，说明中等-大震级事件占大多数，随后 7 月 22 日~24 日震级曲线显著下降，说明爆破事件相对减少，该时间段主要以出矿运输为主。从事件数-时间图可以看出，该时间段 22:00~23:00 事件率显然高于其他时间段，从生产工作站日志看出，矿山调整了生产计划，增加了晚班爆破施工的区域，白班以钻孔凿岩施工为主，因此 23:00 左右事件率上升显著，白班以出矿、运输为主，产生的事件相对较少，震级也较小。从事件数-时间图可以得出 7 月 18 日~24 日统计 b 值为 1.98，处于较高水平，说明该时间段微震活动较活跃，故而建议实际作业过程中当能量曲线区域平缓后，再进入采场作业，同时需要注意冒顶，片帮等事故发生。

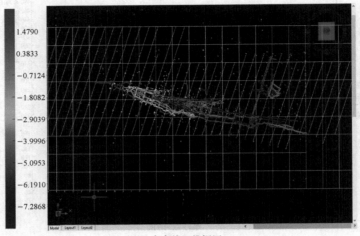

地声事件三维视图

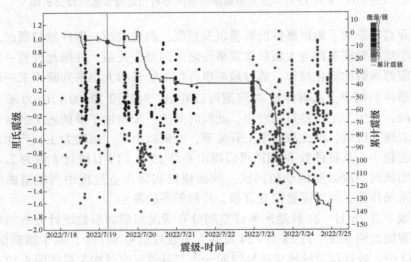

震级-时间

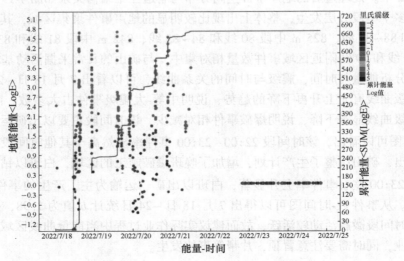

能量-时间

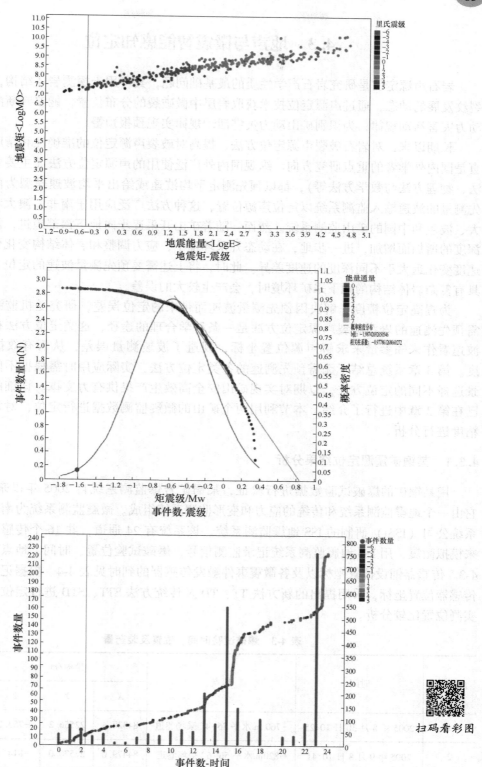

图 4-19　7 月 18 日~24 日微震事件空间分布与震源参数统计分析图

4.3 地声与微震智能感知定位

岩石声源定位是研究岩石声学性质的最基础问题，其可用于探测岩体结构，观察岩石裂纹发展的动态，通过声源定位技术获取岩层中微破裂的分布位置，能够判断潜在的矿山动力灾害活动规律，为识别矿山动力灾害活动规律实现预报预警。

长期以来，对岩石破裂声源定位方法、提高对破裂声源定位的准确性和精度的研究一直是国内外学者的重点研究方向。纵观国内外广泛使用的声源定位方法（主要包括几何方法、物理方法与数学方法等），都以预先测定平均波速或给出平均波速模型为前提，将预先测量的波速输入监测系统以定位声源位置，这种方法广泛应用于南非、澳大利亚、加拿大、波兰和中国的矿山监测系统。然而，随着矿山开采逐步向地下深部迈进，波速会随着深度的增加而增加，进一步地，在动态开采环境中，应力调整和岩体结构变化引起的区域速度变化远大于不同深度的速度差异。此时，将上述需要预先测量波速的定位方法应用于具有复杂岩体结构的地下采矿环境时，会产生较大的误差。

为提高定位精度，解决因预先测量波速而带来的定位误差，研究随机监测网络下无需预先测速的岩石破裂声源定位方法是一条科学合理的途径，这类定位方法在计算中将波速看作未知参量来求解声源位置坐标，规避了波速测量误差，从而有效提高定位精度。第 3 章系统总结了无需预先测速的各类定位方法，实际应用时需根据不同的工程背景选择不同的定位方法，以期对实现矿山安全高效生产提供有力支撑。详细的定位理论已在第 3 章中进行了介绍，本节利用两个矿山的微震监测数据进行定位，对定位方法的精度进行分析。

4.3.1 某铜矿震源定位结果分析

用某铜矿的爆破试验数据进行验证，某铜矿岩爆监测系统自 2005 年以来都在工作，它由一个地震监测系统和传统的应力和变形监测系统组成。微震监测系统为南非集成地震系统公司（ISSI）研制的 ISS 地震监测系统。该系统有 24 通道，共 16 个传感器。用爆破来模拟微震，用 ISS 地震监测系统记录监测信号，爆破试验位置、时间、地点、药量见表 4-3。传感器铺设位置坐标以及各微震事件触发传感器的到时见表 4-4。根据记录的时刻及传感器位置坐标，采用提出的新方法 TT、TD 及传统方法 STT、STD 进行定位计算，并与实测位置比较分析。

表 4-3 爆破试验时间、位置及装药量

事件序号	时间	地点	坐标/m			装药量/kg
			X	Y	Z	
1	2005 年 8 月 30 日 10:25	-760 m 水平 56-4* 采场巷道	84528.4	22556.2	-753.2	2.25
2	2005 年 9 月 8 日 10:41	-820m 水平 56-6* 采场巷道	84479.0	22570.0	-814.4	2.40
3	2005 年 9 月 9 日 13:03	-790m 水平 56-14* 采场巷道	84359.0	22673.0	-795.5	2.40

表 4-4　传感器位置坐标及各微震事件触发传感器到时

传感器编号	坐标/m			触发传感器时刻/s		
	X	Y	Z	事件 1	事件 2	事件 3
1	84345.73	22474.0	−678.01	31.214136	0.563835	45.267930
2	84157.08	22717.2	−737.28	—	—	45.264930
3	84256.71	22587.9	−682.8	31.225969	0.574668	45.258260
4	84493.74	22395.4	−653.02	31.210303	0.567501	
5	84299.94	22861.7	−764.74	—		45.261180
6	84377.81	22755.5	−722.01	31.222942	0.566903	45.248010
7	84487.86	22612.0	−704.33	31.195608	0.547570	45.258680
8	84487.86	22489.6	−693.73	31.196942	0.556570	—
9	84591.12	22453.2	−862.58	31.206442	0.556775	
10	84349.47	22271.4	−862.79			
11	84429.88	22332.3	−863.16	31.226608	0.573108	
12	84509.80	22391.8	−862.91	31.213275	0.561441	
13	84076.11	22705.4	−862.89	—	—	45.280310
14	84182.39	22775.1	−862.38			45.268640
15	84259.16	22840.2	−862.04			45.267140
16	84307.19	22943.1	−860.87	—		45.279640

表 4-5 对新方法 TT、TD 及传统方法 STT、STD 的定位误差进行了比较。分析发现，TD 法的定位精度最高，在不需要预先测量速度的情况下，X 和 Z 方向坐标的误差均值以及绝对距离误差均小于传统方法 STT 和 STD。具体体现在：每个坐标轴的平均误差均比较小，在 5 m 左右；而 STD 三个轴的平均误差在 8 m 左右，TD 的平均绝对距离误差为 10.1566 m，而传统方法 STT 和 STD 的平均绝对距离误差分别为 17.9886 m、17.55453 m。TT 的平均绝对距离误差为 21.2586 m，误差较大，主要原因是 TT 要用 4 个已知量拟合 5 个未知量，定位精度不高。

以上充分说明 TD 法较 STT、STD 优越，预测精度较 STT、STD 高，究其原因，TD 通过算法能较准确地拟合各传感器坐标及时间差之间的关系，尽管基本思想也借助平均速度，但此时的平均速度是动态调整的，在不断地迭代中寻求实时监测中本次事件最好的速度值，以满足各传感器坐标与时间差之间的非线性关系，不受传统方法给定速度对其造成的影响，因为现场测量到的速度可能与真实值存在误差，当误差较大时，则会影响到拟合的精确度。综上，爆破试验很好地证实了新方法 TD 的科学性、合理性及正确性，可以在实际工程中推广使用。

表 4-5　新方法 TT、TD 及传统方法 STT、STD 定位误差比较

事件序号	TT				STT			
	X_{error}/m	Y_{error}/m	Z_{error}/m	D_{error}/m	X_{error}/m	Y_{error}/m	Z_{error}/m	D_{error}/m
1	3.5088	7.6500	7.07275	10.9935	8.54634	8.92974	3.6753	12.8953
2	13.8138	3.3226	14.52710	20.3198	9.95640	2.01980	12.5808	16.1706
3	6.8824	6.0000	31.15190	32.4625	7.04398	3.19560	23.6681	24.8999
平均值	8.0683	5.6576	17.58390	21.2586	8.51559	4.71500	13.3081	17.9886

事件序号	TD				STD			
	X_{error}/m	Y_{error}/m	Z_{error}/m	D_{error}/m	X_{error}/m	Y_{error}/m	Z_{error}/m	D_{error}/m
1	3.5119	7.6538	6.97150	10.9323	8.54920	8.76360	4.1523	12.9279
2	1.1387	3.0999	7.72360	8.4000	9.32440	0.71590	11.5167	14.8355
3	8.0206	5.6265	5.29700	11.1376	7.04520	3.19760	23.6677	24.9002
平均值	4.2237	5.4601	6.66400	10.1566	8.30620	4.22570	13.1122	17.5545

4.3.2　某磷矿震源定位结果分析

选取发生在 2013 年 8 月 20 日~22 日期间的某磷矿的震源信号，建立的 32 通道监测系统在这 3 天共记录了 8 次爆破事件。表 4-6 中列出了 8 次爆炸的时间和坐标，以及每次测试对应的触发传感器数量。

表 4-6　8 次爆炸的时间、坐标和触发传感器的数量

序号	时间	坐标/m			触发传感器的数目
		X	Y	Z	
1	2013 年 8 月 20 日 15:25	2997760	381683	1107	11
2	2013 年 8 月 20 日 15:38	2997405	381653	1099	19
3	2013 年 8 月 21 日 15:05	2996224	381194	1014	14
4	2013 年 8 月 21 日 15:26	2997777	381684	1107	19
5	2013 年 8 月 22 日 16:01	2997036	381503	1028	15
6	2013 年 8 月 22 日 16:17	2997278	381590	1053	17
7	2013 年 8 月 22 日 17:09	2997584	381526	1044	12
8	2013 年 8 月 22 日 17:20	2998029	381442	1017	13

对于监测数据，使用基于 DWT 和 STA/LTA 的改进峰度法采集每个触发传感器对应的 P 波到时。然后，使用触发传感器的到时和坐标来求解所有的解析解。应用逻辑概率密度

函数来拟合坐标 x、y 和 z，8 次爆破的定位结果和误差见表 4-7。很明显，真实坐标和定位结果之间的定位误差很大，其中最大绝对距离误差达到了 2013.05 m。这是因为使用了包括异常到时在内的到时信息，直接影响了定位精度。因此，识别和过滤异常到时对于矿井中的声发射定位具有重要意义。将逻辑累积分布函数与解析解相结合，对异常定位结果进行过滤。然后，通过解析定位方法，可以得到过滤异常定位结果后的定位结果。表 4-8 中列出了过滤异常定位结果后使用解析定位方法的定位结果和误差。

通过表 4-7 和表 4-8 的对比，发现定位精度明显得到了提高。例如，5 号的绝对距离误差从 2013.05 m 降低到 517.87 m，3 号的绝对距离误差从 93.11 m 降低到 45.32 m，图 4-20 为 6 号和 8 号使用逻辑概率密度函数的拟合图。红色部分表示过滤前的定位结果，蓝色部分表示过滤后的定位结果。可以看出，过滤后曲线的拟合精度优于过滤前曲线。

因此，通过对异常到时的过滤，可以有效提高定位精度。可以注意到解析定位方法的定位误差仍然很大，因为每次计算中仅考虑 6 个传感器。由于地下开采岩体结构复杂，P波传播路径并不是直线，导致定位误差较大。考虑到多传感器的特点，迭代定位法具有在整个范围内寻求最优结果的特点，因此可以用来减小定位误差。

表 4-7　未过滤异常到时的定位结果

序号	定位结果			定位误差			
	X/m	Y/m	Z/m	X_{eer}/m	Y_{eer}/m	Z_{eer}/m	D_{eer}/m
1	2997761.16	381904.51	477.76	1.16	221.51	629.24	667.09
2	2997564.63	381754.17	532.25	159.63	101.17	566.75	597.43
3	2996228.96	381236.41	931.26	4.96	42.41	82.74	93.11
4	2997794.53	381854.90	313.70	17.53	170.90	793.30	811.69
5	2997040.87	383515.52	981.97	4.87	2012.53	46.03	2013.05
6	2997230.21	381541.88	1213.42	47.79	48.12	160.42	174.17
7	2997612.61	381708.85	565.17	28.61	182.85	478.83	513.35
8	2997822.10	381533.17	392.69	206.90	91.17	624.31	663.99

表 4-8　过滤异常定位结果后的定位结果

序号	定位结果			定位误差			
	X/m	Y/m	Z/m	X_{eer}/m	Y_{eer}/m	Z_{eer}/m	D_{eer}/m
1	2997750.11	381803.68	714.85	9.89	120.69	392.10	410.42
2	2997385.23	381517.78	1194.40	19.77	135.22	95.40	166.66
3	2996227.77	381204.21	970.01	3.77	10.21	43.99	45.32
4	2997760.88	381696.28	716.12	16.12	12.28	390.88	391.40
5	2997054.29	382016.60	964.22	18.29	513.60	63.78	517.87

序号	定位结果			定位误差			
	X/m	Y/m	Z/m	X_{eer}/m	Y_{eer}/m	Z_{eer}/m	D_{eer}/m
6	2997249.67	381521.02	1124.63	28.33	68.98	71.63	103.40
7	2997627.32	381621.10	736.49	43.32	95.10	307.51	324.78
8	2997858.55	381498.96	1042.15	170.45	56.96	25.15	181.47

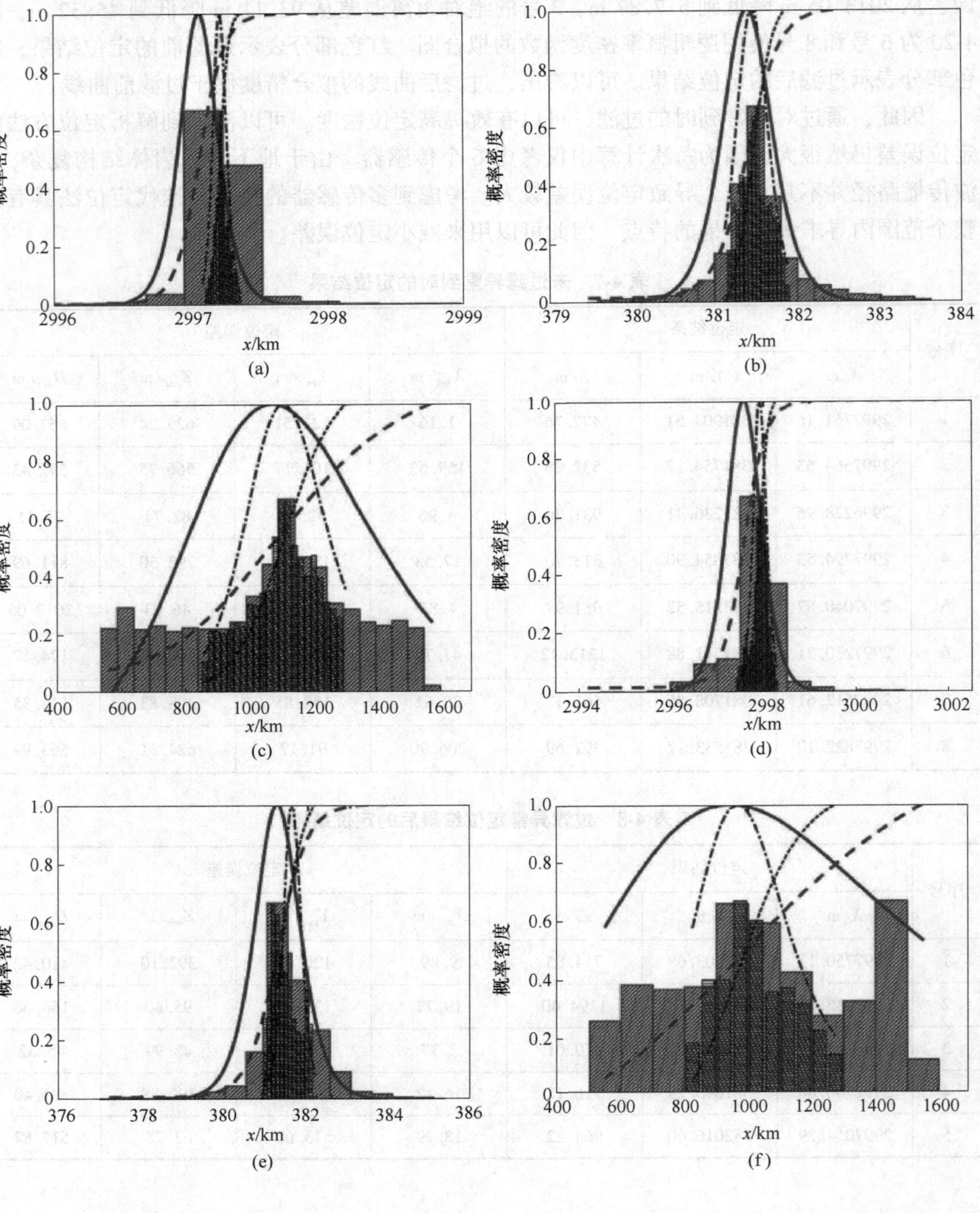

(a)

(b)

(c)

(d)

(e)

(f)

— — — — — — —	原始数据的逻辑累积分布函数	– – – – – – – –	过滤后数据的逻辑累积分布函数
————————	原始数据的逻辑概率密度函数	————————	过滤后数据的逻辑概率密度函数
<img hatched>	原始数据的柱状图	<img hatched>	过滤后数据的柱状图

图 4-20 6 号和 8 号爆破点数据使用逻辑概率密度函数的拟合图

扫码看彩图

为了进一步验证从上述解析方法中过滤的异常到时，使用交叉验证对过滤结果进行验证。首先，通过 TD 方法对 8 个爆破进行定位，每个定位过程只保留一个到时点。将需要求解的震源记为 O，因此，可以求解每个传感器和震源 O 之间的距离 d，以及信号源从 O 到每个传感器的传播时间 t。对于具有 n 个触发传感器的爆破试验，有 $n(n-1)$ 组距离 d 和传播时间 t 的数据。图 4-21 为 8 次爆破的距离 d 和传播时间 t 的线性拟合图。

从图 4-21 可以清楚地看到，对应于 2 号、3 号、4 号、5 号和 8 号爆破的传感器 S25、S8、S17、S18 和 S17 的到时偏离拟合线，这表明传感器 S25、S8、S17、S18 和 S17 的到时是异常到时。使用解析解和逻辑概率密度函数得到的结果与表 4-8 的过滤结果一致。

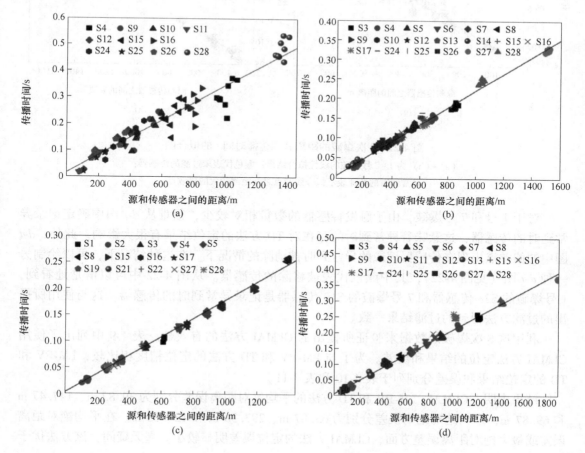

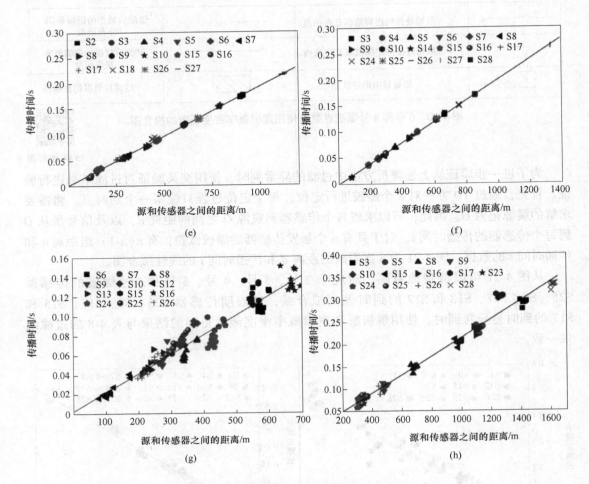

图 4-21   8 次爆破的距离 d 和传播时间 t 的拟合图

(a)~(h) 为 1~8 号爆破的线性拟合结果；颜色代表未过滤的传感器；
异常到时的特征表示拟合线和点之间距离较大的离散点

对于 1 号和 7 号爆破，由于触发传感器的数量相对较少，很难从 d-t 图中确定记录异常到时的传感器，这意味着异常到时的存在对 TD 方法的定位结果有很大影响。此外，d-t 图中的偏差点出现在传感器记录的异常到时被消除的情况下。在这种情况下，可以绘制另一种 d-t 图（见图 4-22），其中颜色代表被移除的传感器。从图 4-22 中可以清楚地看到，1 号爆破的 S28 传感器和 7 号爆破的 S10 传感器是记录异常到时的传感器，这与使用所提出的过滤方法得到的过滤结果一致。

利用这 8 次爆破的数据来验证所提出的 CLMAI 方法的有效性。表 4-9 中列出了使用 CLMAI 方法定位的结果和误差。为了与 LM-PV 和 TD 方法的定位精度相比较，LM-PV 和 TD 的定位结果和误差分别列于表 4-10 和表 4-11。

结果表明，CLMAI，LM-PV 和 TD 方法的平均绝对距离误差分别为 39.82 m、147.47 m 和 69.87 m，最大绝对距离误差分别为 65.87 m、297.38 m 和 126.63 m。在平均绝对距离误差或最大绝对距离误差方面，CLMAI 方法的定位误差明显较小。毫无疑问，该方法优于

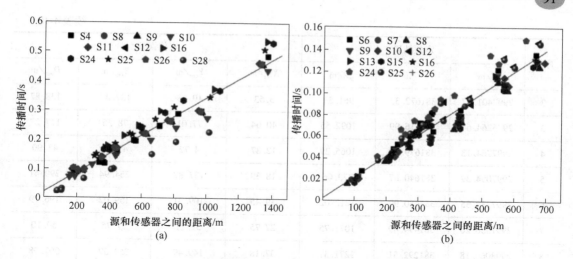

图 4-22　1 号和 7 号爆破的距离 d 和传播时间 t 的拟合图
（颜色代表过滤后的传感器）
（a）1 号爆破；（b）7 号爆破

LM-PV 和 TD 方法，通过消除预先测量的波速和异常到时的影响，可以显著提高定位精度。

表 4-9　CLMAI 方法情况

序号	定位结果			定位误差			
	X/m	Y/m	Z/m	X_{eer}/m	Y_{eer}/m	Z_{eer}/m	D_{eer}/m
1	2997760.88	381645.90	1119.49	0.88	37.10	12.49	39.15
2	2997370.70	381629.61	1058.48	35.30	23.39	40.52	58.61
3	2996228.42	381193.99	948.28	4.42	0.01	65.72	65.87
4	2997794.69	381660.58	1109.92	17.69	23.42	2.92	29.50
5	2997034.72	381514.83	1029.39	2.28	11.83	1.39	12.12
6	2997260.36	381542.21	1064.24	17.64	47.79	11.24	52.17
7	2997584.77	381503.16	1069.62	0.77	22.84	25.62	34.33
8	2998041.09	381421.84	1029.95	12.09	20.16	12.95	26.84
平均值							39.82

表 4-10　LM-PV 方法情况

序号	定位结果			定位误差			
	X/m	Y/m	Z/m	X_{eer}/m	Y_{eer}/m	Z_{eer}/m	D_{eer}/m
1	2997787.50	381647.52	1103.11	27.50	35.48	3.89	45.06

序号	定位结果			定位误差			
	X/m	Y/m	Z/m	X_{eer}/m	Y_{eer}/m	Z_{eer}/m	D_{eer}/m
2	2997401.47	381672.33	961.53	3.53	19.33	137.47	138.87
3	2996264.64	381116.99	1092.55	40.64	77.01	78.55	117.27
4	2997764.13	381679.28	1065.29	12.87	4.72	41.71	43.90
5	2997054.39	381640.87	773.06	18.39	137.87	254.94	290.41
6	2997238.55	381480.99	1212.02	39.45	109.01	159.02	196.79
7	2997556.20	381494.89	1071.75	27.75	31.11	27.75	50.10
8	2998066.18	381292.51	1271.37	37.18	149.49	254.37	297.38
平均值							147.47

表 4-11　TD 方法情况

序号	定位结果			定位误差			
	X/m	Y/m	Z/m	X_{eer}/m	Y_{eer}/m	Z_{eer}/m	D_{eer}/m
1	2997751.62	381572.35	1046.00	8.38	110.65	61.00	126.63
2	2997400.23	381583.54	1167.06	4.77	69.46	68.06	97.36
3	2996223.97	381224.40	903.20	0.03	30.40	110.80	114.89
4	2997795.43	381660.84	1109.80	18.43	23.16	2.80	29.73
5	2997038.27	381525.52	1010.87	2.27	22.52	17.13	28.39
6	2997248.65	381551.37	1029.91	17.13	29.35	38.63	53.73
7	2997613.93	381499.64	1099.05	29.93	26.36	55.05	67.98
8	2998029.58	381435.72	1056.71	0.58	6.28	39.71	40.21
平均值							69.87

4.4　地声与微震智能感知震源机制反演

4.4.1　P 波初动的判别方法

4.4.1.1　P 波初动极性的确定

P 波初动法是根据 P 波的初始运动方向在乌尔夫网中求解震源的四象限分布, 获取声发射震源机制解的过程。P 波初动方向和声发射源所处的应力状态直接相关, 介质受应力作用形成了拉伸和压缩区域, 呈现出区域分布的特征, 且拉伸和压缩区域所产生应力波的波前特征相反。声发射 P 波到达传感器引起压电陶瓷的质子振动, 质子运动的初始方向在压缩波和拉伸波的不同作用下不同，波形图中可以观察到声发射信号初动方向向上或向下的两种情况。一般地，在地震监测台站和震源的相对空间位置分布中，监测台站一般分布在震源上方，往往存在地震波在地质界面中反射或折射并反射后返回触发传感器的情况，反射会造成 P 波初动方向发生改变，在确定实际 P 波初动方向时需要根据传播路径进行辨别。而在室内声发射试验中，几乎所有的声发射源都分布在声发射传感器组成的阵列之中，默认传感器接收到的 P 波的初动方向不发生变化。

4.4.1.2　方位角和离源角的确定

对于室内试验中的震源反演，传播介质的波速模型单一，加之花岗岩本身致密，计算过程中不考虑传播介质不均匀性引起的波速分布不均，将射线在传播中近似为直线。方位角 A_z 定义为声发射源与传感器之间连线在 xy 轴所在平面的投影与 z 轴正方向的夹角。离源角 i_h 定义为声发射源与传感器连线与水平方向的夹角，计算过程简化为下式：

$$\tan i_h = \frac{\Delta}{H} = \frac{\sqrt{(x_{sensor} - x_{ae})^2 + (y_{sensor} - y_{ae})^2}}{|z_{sensor} - z_{ae}|}$$

式中，地震震源计算中震中距 Δ 和震源深度 H 的比值，对应了传感器阵列中声发射源坐标和传感器坐标在 x 和 y 方向上差值的平方和与 z 方向上坐标差值绝对值的比值。

4.4.1.3　乌尔夫网求解过程

地震学的观点中，震源被假想的球面包裹，震源中心和球心相对应，引入离源角和方位角来描述监测台站和震源的位置关系。实际求解过程中借助二维平面计算声发射源矩张量，即采用极射赤平面投影的方法将传感器和震源的三维空间位置在立体平面上进行表示，得到乌尔夫网的结果。乌尔夫网直观体现了任一的传感器采集的 P 波极性、与声发射源的方位角、离源角、距离关系。将声发射源铅垂线的投影对应于乌尔夫网的网心，沿正北方向按顺时针旋转确定方位角，网心和传感器连线的长度对应了离源角。进一步地，标记所有传感器所处位置的初动极性（+或−），基于极性分布结果获取区域内压缩和张拉分布情况，通过反复迭代计算断层面的合理位置。

如图 4-23 所示，两种剪切震源处表现出一致的极性分布特征［见图 4-23（a）］，不同区域的应力波传播极性方向存在差异，当周围介质朝着远离震源的方向运动时，产生"+"向压缩波；相反地，周围介质朝着靠近震源的方向运动时，产生"−"向张拉波；图4-23（b）中乌尔夫网的浅色和深色分别对应了剪切震源产生后的压缩和张拉区域，黑线三棱锥表示传感器监测到 P 波初动压缩极性，白线三棱锥表示传感器监测到 P 波初动张拉极性，两条节线将整个区域划分为四个象限，其中，相邻象限的极性相反，相对象限的极性相同。

P 波初动法的原理简明直接，对于 P 波初至信息的利用，可以有效避免波形叠加和掺杂的干扰。同时，求解过程中对于应力波在各向同性的均匀介质中传播的假设，在室内试验震源机制的分析中也具备较高的准确度和可靠度。但是通过 P 波初动得到的声发射源机制解仅利用了初至波信息，反映的是声发射源破裂起始阶段较短时间内的声发射源破裂过程。虽然一次微破裂的初始破裂方式与整体破裂方式总体上是一致的，但不可忽略声发射源破裂过程和材料介质的复杂性对反演结果的影响。

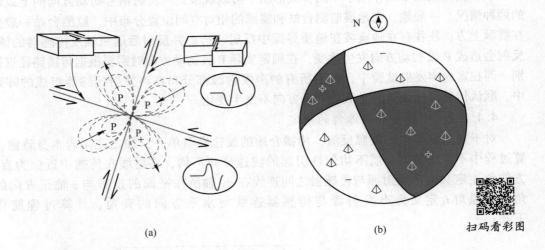

扫码看彩图

图 4-23　剪切震源的 P 波初动极性与乌尔夫网求解

4.4.2　矩张量的判别方法

除了上述方法外，还有许多研究中使用了矩张量来辨识岩石破坏的类型。矩张量是由 9 个力偶组成的矩阵，用以描述震源处的应力状态。对矩张量矩阵的分解可以描述点源的体积变化、相对错动机制，使得推断岩体断裂过程成为可能。Jost 和 Herrmann 将矩张量反演结果与各种震源的力学模型进行了匹配，例如断层间剪切滑移、压缩破坏导致的体积减小和爆破导致的体积突然增大。Zhang 等人根据矩张量解推导出的拉伸角，将微裂纹分为五种类型：压缩、剪切压缩、剪切、剪切拉伸、拉伸。Yamamoto 等人根据一致性系数将水力压裂过程中的震源分为剪切主导事件和拉伸/压缩主导事件，反演得到的矩张量分解后包括了各向同性（M^{ISO}）、纯双力偶（M^{DC}）和补偿线性矢量偶极子（M^{CLVD}）三种成分。Hampton 等人给出一种对矩张量矩阵分解后特征值的处理方法，将声发射源量化为剪切、拉伸和混合模式，该方法已广泛应用于不同应力条件下的岩石破坏类型识别中。实际上，这种方法最初是在水力压裂现场试验中提出的。作者进一步开发了这种方法，并与基于特征参数的方法进行了比较。柴金飞等人结合矩张量理论，围绕矿山突水事故中产生的微震事件开展震源机制解和破裂演化研究。Ma 等人选取了用沙坝某矿段中三条断层分布的开采区域，利用全波形反演方法定量分析了矿震震源活动过程。目前，矩张量反演在岩体工程中有待进一步推广应用，同时反演精度受到监测网络布设、波形处理、矩张量反演理论等因素限制。

由于记录的声发射数据受高频噪声、近场效应、波形衰减和散射、岩样各向异性、传感器与试样耦合效应等复杂因素的影响，对声发射事件进行准确的矩张量反演是不容易实现的。解决这些问题通常需要对传感器进行校准，这其中包括了两种常用的传感器校准方法：超声波校准和网络校准。超声波标定方法中要求传感器与超声波的入射角均匀分布在 0°~90° 范围内。在此条件下，可以得到可靠的幅值修正系数和传感器相对校正系数，需要注意的是，这些校正系数在每一次独立试验的超声波测试中都会不尽相同。网络标定方法需要一组数百个声发射事件，通过预测和观测振幅之间的最小均方根分别对每个传感器进行标定，以用于声发射矩张量反演。

4.5　本章小结

　　本章主要介绍了地声与微震智能感知的原理、地声与微震智能感知具体应用分析及地声与微震智能感知震源机制反演方法。首先，在理论层面介绍如何收集岩体的声学信号；然后，在实际应用层面介绍地声与微震智能感知用到的各项设备及现场布置传感器时应考虑的因素；之后，利用本团队在某铜矿和某磷矿的微震监测数据，对提出的震源定位方法的定位精度进行了分析；最后，分别通过 P 波初动的判别方法和矩张量的判别方法来详细解释了地声与微震智能感知的震源反演机制。

　　总之，矿山环境地声与微震智能感知与定位技术在理论层面已经非常成熟，可以利用岩石声学传感器将岩体内部产生的声学信号转化为电信号，并将电信号收集分析用于微震定位，目前已经可以在大部分矿山中进行微震分析及灾害超前预警。需要指出的是，由于不同矿山的地下工程分布以及岩石条件有所差异，因此不同矿山震源定位精度以及震源机制反演的准确性会有所不同。

习题与思考题

扫码获得
数字资源

4-1　声学传感器如何实现高灵敏度检测？

4-2　岩石力学室内实验如何选择声学传感器的响应频率范围？

4-3　传感器网络的布置应该考虑哪些因素？

4-4　矿山不同时间段内的微震事件活动有什么特征？

4-5　分析地震矩、事件数与震级之间的关系有什么作用？

4-6　影响矿山震源定位精度的因素有哪些？

4-7　无需预先测速的岩石破裂声源定位方法有什么优势？

4-8　什么是离源角？

4-9　请简述乌尔夫网求解过程。

4-10　矩张量是什么，其包含哪些成分？

参 考 文 献

［1］ 董陇军. 岩体多源声学及应用［M］. 北京：科学出版社，2023.

［2］ Hu Q, Dong L. An Acoustic emission source localization method based ant colony without premeasured velocity［C］. Advances in Acoustic Emission Technology, 2021：71-78.

［3］ 董陇军，张凌云，李夕兵. 采场微震连续监测智能预警仪及其预警方法，中国专利：CN201610596435.6［P］. 2017-07-07.

［4］ 董陇军，张凌云，李夕兵. 一种微震大震级事件的三指标联合预警方法，中国专利：CN201611105416.5［P］. 2018-01-09.

［5］ 董陇军，张义涵. 地声事件定位及失稳灾害预警方法、感知仪、监测系统，中国专利：

CN202110068789. 4 ［P］. 2022-04-01.

［6］ 董陇军，李夕兵，马举，等. 未知波速系统中声发射与微震震源三维解析综合定位方法及工程应用 ［J］. 岩石力学与工程学报，2017，36（1）：186-197.

［7］ Dong L, Hu Q, Tong X, et al. Velocity-Free MS/AE Source Location Method for Three-Dimensional Hole-Containing Structures ［J］. Engineering, 2020, 6（7）：827-834.

［8］ 张文革，王加闯，董陇军，等. 岩质边坡微震监测方案优化设计及隐伏危险区域辨识 ［J］. 金属矿山，2023，9：69-75.

［9］ 董陇军，李夕兵，唐礼忠，等. 无需预先测速的微震震源定位的数学形式及震源参数确定 ［J］. 岩石力学与工程学报，2011，30（10）：2057-2067.

［10］ Dong L, Zou W, Li X, et al. Collaborative localization method using analytical and iterative solutions for microseismic/acoustic emission sources in the rockmass structure for underground mining ［J］. Engineering Fracture Mechanics, 2019, 210：95-112.

［11］ 邹伟. 基于异常到时识别的微震定位方法研究 ［D］. 长沙：中南大学，2019.

［12］ 张义涵. 含水花岗岩损伤演化与失稳前兆的声发射研究 ［D］. 长沙：中南大学，2021.

［13］ Jost M L, Herrmann R B. A student′s guide to and review of moment tensors ［J］. Seismol Res Lett, 1989, 60：37-57.

［14］ Zhang P, Yu Q, Li L, et al. The radiation energy of AE sources with different tensile angles and implication for the rock failure process ［J］. Pure and Applied, 2020, 177：3407-3419.

［15］ Yamamoto K, Naoi M, Chen Y, et al. Moment tensor analysis of acoustic emissions induced by laboratory-based hydraulic fracturing in granite ［J］. Geophysical Journal International, 2019, 216（3）：1507-1516.

［16］ Hampton J, Gutierrez M, Matzar L, et al. Acoustic emission characterization of microcracking in laboratory-scale hydraulic fracturing tests ［J］. Journal of Rock Mechanics and Geotechnical Engineering, 2018, 10（5）：805-817.

［17］ Wong L N Y, Xiong Q. A method for multiscale interpretation of fracture processes in Carrara marble specimen containing a single flaw under uniaxial compression ［J］. Journal of Geophysical Research, 2018, 123（8）：6459-6490.

［18］ Liu Q, Liu Q, Pan Y, et al. Microcracking mechanism analysis of rock failure in diametral compression tests ［J］. Journal of Materials in Civil Engineering, 2018, 30（6）：04018082.

［19］ Liu J, Li Y, Xu S, et al. Moment tensor analysis of acoustic emission for cracking mechanisms in rock with a pre-cut circular hole under uniaxial compression ［J］. Engineering Fracture Mechanics, 2015, 135：206-218.

［20］ Ohtsu M. Simplified moment tensor analysis and unified decomposition of acoustic emission source：Application to in situ hydrofracturing test ［J］. Journal of Geophysical Research, 1991, 96：6211-6221.

［21］ Dong L, Zhang Y, Ma J. Micro-crack mechanism in the fracture evolution of saturated granite and enlightenment to the precursors of instability ［J］. Sensors, 2020, 20（16）：4595.

［22］ 赵奎，杨道学，曾鹏，等. 单轴压缩条件下花岗岩声学信号频域特征分析 ［J］. 岩土工程学报，2020（12）：2189-2197.

［23］ 柴金飞，金爱兵，高永涛，等. 基于矩张量反演的矿山突水孕育过程 ［J］. 工程科学学报，2015，37（3）：267-274.

［24］ Ma J, Dong L, Zhao G, et al. Focal mechanism of mining-induced seismicity in fault zones：A case study of yongshaba mine in China ［J］. Rock Mechanics and Rock Engineering, 2019, 52（9）：3341-3352.

［25］ 孙志栋. 岩石声学测试 ［M］. 北京：地质出版社，1981.

5 岩体多源声学的地质环境智能透明成像

随着社会经济的快速发展和资源需求的增加，地下作业活动如隧道掘进和凿岩采矿也变得频繁且向深部扩展。然而，掘进作业受到了断层、采空区和陷落柱等空洞区域的严重限制。此外，岩体开采时，高应力储能的突然释放可能引发岩爆等灾害，对安全开采构成严重威胁。隐伏在岩体中的空洞和高应力区域与岩石主体的应力差异明显，目前在应力集聚区辨识方面仍存在技术缺陷。受开采影响区域内应力场不断调整的影响，我们对于其时间、空间和强度上的演化规律一无所知，这导致了对潜在风险区域的确定以及灾源动态演化模型的构建异常困难，进而难以进行灾害精准防控。

5.1 岩体多源声学成像简介

在岩石受到应力变形破裂之前，会经历弹性形变阶段。通过观察该阶段中波速的变化，可以反映出岩体的应力状态。因此，可以通过岩石波速场成像来感知岩石波速的变化分布，并推断出岩体的应力分布。通过这种方式，可以了解工程结构的完整性和异常地质体，并识别出潜在灾害风险高的区域。通过精准预测掘进工作面前方可能存在的断层、采空区和陷落柱等区域，可以提前识别地下岩石异常区域，这对于保障隧道和采矿等地下作业的安全和高效具有重要意义。

矿山监测系统采集的声源信号可分为凿岩、爆破等开采作业所激发的主动震源信号和岩体内部破裂、变形所产生的被动震源信号。主动震源和被动震源各有优点，其中主动震源激发的事件能量相对较高，可以达到较深层次的成像，并且激发过程可以根据需要进行控制和调整，有利于获取高质量的成像数据，其波形信号较明显且易于解释，可以对地下结构进行定量分析和解释；被动震源信号聚焦时空分布更加广泛的特点，适用于大范围覆盖和全面成像，可以进行较为全面的地下成像。

在实际应用中，利用主动震源和被动震源层析成像相结合的方法可以获得有关岩石及地下结构的详细信息和特征：

（1）传统的地质勘探方法，如钻探和地震勘探，仅能获取有限的地下信息，而且难以观测到深部结构。而利用主动震源和被动震源层析成像技术，通过在地下产生震动波并记录其传播过程，可以实现对更深层次的岩石和地下结构成像，提供更全面的地质信息。

（2）主动震源和被动震源层析成像方法能够分析地下介质中的波速、衰减、密度等物理特性。通过分析不同波速的反射和折射，可以推断出不同岩石类型和层序的存在，包括盐穴、矿床、裂隙等地下构造特征。这些信息对勘探矿产资源、地下水资源和地质构造研究等具有重要价值。

（3）主动震源和被动震源层析成像方法可以提供更精确的地下结构信息，能够帮助工程师评估和优化地下工程设计。通过分析地下构造特征和岩石物性，可以预测地下沉降、断层活动、地下水涌出等可能影响地下工程安全和稳定性的风险，从而制定相应的预防和控制措施。

（4）通过观测和分析破裂变形等引起的声波传播可以了解事件的起源和机制。利用主动震源和被动震源层析成像技术，可以获取地下的应力积累和释放特征，了解地震震源机制，为地震预测和地震灾害防治提供参考。

5.2 岩体多源声学成像原理

5.2.1 地震波成像方法分类

地震波成像方法主要分为反射法、折射法和散射法。这些方法利用地震波在地下介质中的传播特性对地下结构进行成像，以获取地下构造和岩层的信息。

反射法是应用地震波在不同介质边界上的反射和折射规律，通过测量地震波在地下介质中传播的时间、振幅等信息，推断地下岩层的分布和性质。其原理是地震波从源点发出后经过介质边界时一部分会发生反射，另一部分继续传播并折射入新介质中。反射波和折射波在地下介质中传播回来，通过检波器记录的波形，可以分析地震波的时间延迟和振幅变化，推断地下界面的位置和性质，代表方法有：

（1）共炮点叠加（CMP）法：通过将多个源点的地震记录按炮点叠加，得到增强的地震反射信号。CMP法适用于有规律的地震数据和均质介质，可以提高信噪比。

（2）地震剖面法：通过在地下设置一条或多条地震剖面，记录地震波的反射信息。地震剖面法可以获得地下横向分布的信息，适用于广域地震勘探。

（3）逆时偏移法：通过对地震记录进行逆向追踪和波动方程计算，将地震数据重定位到地下界面的位置，重建地下结构的影像。逆时偏移法在处理复杂地质情况下具有较好的分辨率和成像精度。

折射法是通过测量地震波在地下介质中传播路径的变化来推断地下介质的结构。其原理是利用地震波在不同介质中传播速度差异，使地震波发生折射现象，分析地震波路径的偏折和时间延迟，推断出地下介质的界面位置和倾角等信息。折射法常常需要借助射线追踪和模型拟合等技术，以精确计算地震波的折射路径，代表方法有：

（1）射线追踪法：利用射线的传播路径和折射规律，对地下结构进行模拟和计算。射线追踪法可以通过追踪大量的射线路径，建立地下速度模型并计算射线的传播路径和时间，推断地下介质的界面位置和速度结构。

（2）反射层析成像法：通过对地震数据进行层析反演，重建地下速度模型，并计算反射路径和时间。使用反射层析成像法对速度结构和界面进行反演，其结果具有较高的精度。

散射法是通过观测地震波在地下介质中发生散射现象来推断地下介质的非均匀性和散射体的分布。散射现象是指地震波遇到地下不均匀体或界面时，发生波的方向和能量的散射。散射法利用地震波的散射信息，分析波的干涉和散射效应，推断地下散射体的位置、形态和散射特性，从而研究地下介质的非均匀性。散射法适用于非均质地下介质、地下孔隙和裂隙等的成像。

（1）多次散射波正演法：通过模拟地震波在非均匀介质中的散射过程，计算地震数据的散射波场，重建地下非均匀性的图像。

（2）波动方程正演-反演法：通过正演求解波动方程，模拟地震波在非均质介质中的传播，然后通过反演方法重建地下非均匀性的成像。

总的来说，反射法主要优点是提供高分辨率和准确的地下界面和构造成像；折射法主要优点是提供速度分布和界面的推断；散射法主要优点是揭示非均匀介质的散射特性和非均匀结构。根据实际需求和地下介质特点，可以选择合适的成像方法进行地下勘探和研究。

在实际应用中，这些地震波成像方法通常需要配合采集大量的地震数据，并进行数据处理和解释。常见的数据处理方法包括叠加、滤波、速度分析、偏移、逆时偏移等。通过这些处理方法提取地下构造的信息，进一步进行解释。

5.2.2 走时层析成像原理

走时层析成像是成像方法中最早、最成熟，也最稳定的方法之一。由于地震波的走时通常只受地层速度结构的影响，同时走时数据易于提取，因此是反演速度结构中最广泛应用的方法之一。

在走时层析成像的正演部分中，基于射线理论的射线追踪技术是最常用的旅行时计算方法。通过对射线路径上慢度进行线积分计算射线的旅行时。然而，近年来波前追踪技术的发展逐渐使得不依赖射线路径计算成为可能，这种方法考虑了波前传播特性，以有限差分法为代表，在快速计算整个震源的走时场方面取得了巨大的成功。另外，最短路径射线追踪也是一种不依赖射线理论的方法，它将图论中的最短路径求解方法引入射线路径计算领域，在研究和应用中都有广泛的应用。

走时层析成像的正演方法基于以下两个假设：高分辨走时和走时差异与速度变化的关系。高分辨走时假设地震波在地下传播的速度是空间变化的，不同位置处的波传播速度有差异。当地震波经过地下介质时，会受到速度变化的影响，因此在不同位置上具有不同的传播走时。根据走时差异与速度变化的关系，假设地震波的走时与其在地下介质中的传播速度有关。速度较快的地区会在较短的时间内达到接收点，而速度较慢的地区则需要更长的时间。本书将分别简要介绍基于射线追踪法和有限差分法的走时层析成像的正演方法。

5.2.2.1 射线走时积分方程

射线追踪技术是最早用于计算地震波到时的方法，在层析成像正演中占据重要的位置。射线追踪技术的理论基础是射线理论。接下来，将对计算理论到时的射线积分方程进行简单推导。

假设介质是弹性的，地震波在地层中的传播满足弹性波动方程。

$$\rho \frac{\partial^2 u_i}{\partial t^2} = \frac{\partial \tau_{ij}}{\partial x_j} \tag{5-1}$$

其中：

$$\tau_{ij} = \lambda \delta_{ij} \frac{\partial u_k}{\partial x_k} + \mu \left(\frac{\partial u_i}{\partial x_j} + \frac{\partial u_j}{\partial x_i} \right) \tag{5-2}$$

式中，k 为 x、y、z 三个维度；u 为对应相应维度的位移；ρ 为介质密度；λ 和 μ 分别为两个拉梅常数。

在满足高频近似的条件下，弹性波动方程被简化为：

$$\left(\frac{\partial t}{\partial x}\right)^2 + \left(\frac{\partial t}{\partial y}\right)^2 + \left(\frac{\partial t}{\partial z}\right)^2 = \frac{1}{c^2(x, y, z)} \tag{5-3}$$

式中，c 为波速。这个方程就是著名的程函方程，更简洁的表达方式是

$$\left(\frac{\partial t}{\partial x}\right)^2 + \left(\frac{\partial t}{\partial y}\right)^2 + \left(\frac{\partial t}{\partial z}\right)^2 = \frac{1}{c^2(x, y, z)} \tag{5-4}$$

式中 ∇T 为走时场关于射线路径位置的梯度，方向垂直于波前，在射线追踪理论中假设有一条由震源传播至接收器的射线，震源与接收器两点之间的传播时间近似等于沿射线路径的介质慢度的线积分。通过对震源到接收器路径上的积分，可以得到单一射线走时的计算积分方程。

$$\left(\frac{\partial t}{\partial x}\right)^2 + \left(\frac{\partial t}{\partial y}\right)^2 + \left(\frac{\partial t}{\partial z}\right)^2 = \frac{1}{c^2(x, y, z)} \tag{5-5}$$

必须说明，这是一个非线性积分，因为被积函数和射线路径都依赖于速度场。

A 最短路径射线追踪方法

最短路径射线追踪方法（shortest path method，SPM）源于图论中对最短路径问题的求解，由 Nakanish 和 Yamaguchi 于 1986 年提出，如今已成为最广泛应用的射线追踪方法之一。Dong 等人提出了改进的 A 最短路径搜索算法，实现了对三维复杂结构的精准定位，同时通过结合改进的 A 搜索算法和匹配思想，实现了对复杂结构中空洞区域的辨识。该射线追踪方法遵循 Fermat 原理，首先将计算区域离散化为若干单元体，在单元体边界上设置节点，然后计算节点的旅行时间，并将节点之间的最小旅行时间连线视为射线路径。

最短路径射线追踪对介质进行离散和速度建模的方法主要分为两类。第一类是将节点设置在矩形单元体的角点上，并用角点处的模型慢度来定义节点，网格内部和边界上的节点则以角点处的值进行离散采样，如图 5-1（a）所示。节点之间的旅行时间近似为两点之间的欧氏距离与其平均慢度的乘积。第二类是将节点设置在矩形单元体的边界上，而角点处不设置节点，如图 5-1（b）所示。每个单元体内的介质慢度是常数，节点之间的连接则要求两点之间不存在单元体边界。

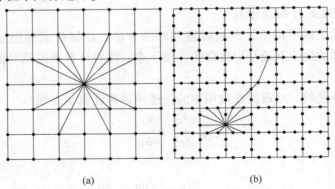

(a)　　　　　　　　　　　(b)

图 5-1 最短路径射线追踪的两类离散和速度建模方法

最短路径射线追踪方法的精度与网格间距密切相关，细化网格会影响计算效率。此外，最短路径射线追踪无法保证局部满足 Snell 定律。

B　线性插值法

旅行时线性插值法（linear traveltime）是 Asakawa 于 1993 年提出的射线追踪方法，在计算效率和精度上比 Vidale 有限差分法更高，Asakawa 还从理论上证明，Vidale 法是线性插值法的一个特例。线性插值法计算走时最核心的部分是通过插值公式计算局部走时，在网格线上，线性插值法采用了线性分布假设，而局部走时的计算公式是基于 Fermat 原理给出的。在计算上，线性插值法从震源节点所在的单元开始，通过按列（或行）进行扫描的方式，逐步扩展计算每一列（行）的走时，进而得到所有单元节点的走时。为了获取射线路径，线性插值法还包含一个反向追踪的过程，即根据节点走时场，从接收点处逐个网格追踪至震源处。线性插值法是一类常用的射线追踪方法，计算效率和计算精度较高，对于一些具有起伏地表的速度模型，采用线性插值法是很好的选择。

C　波前构建法

波前射构建法（wavefront construction method）本身是一种通过波前来检验射线场的方法，波前构建法将邻近射线归类为射线管，然后以波前检验射线场的射线密度，从而在必要时可以通过插值提高射线覆盖率，以提高计算整个射线场的效率。波前构建法射线追踪是一种非常特殊的射线追踪方法，1993 年，由 Vinje 在研究基于水平地表条件下的二维光滑速度模型时提出。波前射线法包含两套方程组，第一套方程组是基于运动学射线追踪的方程组，可用于计算射线的路径及网格节点走时；第二套方程组是动力学射线方程组，用于计算振幅及相应的相位信息。波前构建法包含了庞大的计算系统，和传统的射线追踪方法以及有限差分法均有所区别，这一方法既能快速计算走时场，也能计算射线路径，还能计算振幅信息，是一种较为全面的层析正演方法。波前构建法追踪的并不是单一射线，而是整个射线场，因此实现了对所有射线的同时追踪，也可以适应较为复杂的速度模型。尽管波前构建法具有较多理论上的优点，但由于其复杂性，在算法的实现上仍具有诸多困难。

5.2.2.2　有限差分法

计算旅行时间的本质是求解程函方程的数值解。射线追踪方法通过积分（即射线方程）求解程函方程，而有限差分法则使用差分近似替代微分，以达到对程函方程的近似解。有限差分法最早由 Vidale（1988 年）提出，之后逐渐发展成为计算地震波走时的重要方法。射线追踪技术和有限差分法的思想是不同的。射线追踪技术关注的是射线路径的求解，因此只能给出射线路径节点的走时。而有限差分法是一种波前追踪技术，模拟了波前的传播特性。波前从震源向外扩展，且方向总是垂直于梯度下降的方向。基于这种传播特性，可以计算出整个区域所有节点的走时。

在 Vidale 提出有限差分法之后，许多学者对其进行了研究，通过改进差分形式和波前扩展方法，提升了其稳定性和效率。其中最著名且应用最广泛的是 Sethian 提出的快速推进法（fast marching method，FMM）和 Zhao 提出的快速扫描法（fast sweeping method，FSM）。Dong 则在 FMM 的基础上，通过量化评价先验模型、传感器分布、射线覆盖、事件分布等参数对复杂结构下异常区域辨识的影响。

值得说明的是，相比于射线追踪技术，有限差分法在效率上有了极大提升，尤其适合大规模正演运算。另外，有限差分法计算的是震源的走时场分布，不能直接给出射线路径。根据走时场计算射线路径也是可行的，通常的做法是计算走时场的梯度，然后从接收点处沿梯度下降最大的方向反向追踪至震源点，从而得到射线路径。

接下来简要介绍几种有限差分法的原理和基本计算方法。为方便起见，将讨论的情况限定为二维离散情况，但这些方法很容易推广到三维情况。

A　快速推进法

快速推进法（fast marching method）是 Sethian 于 1996 年提出的一种使用水平集方法快速求解程函方程的数值算法。随后，Sethian 在 1999 年将其扩展用于三维地震波走时计算。2004 年，Rawlinson 和 Sambridge 在此基础上提出了多级快速推进法，使快速推进法能够计算初至波以外其他类型地震波的走时。

为了保证一阶无条件稳定性，快速推进法采用满足熵守恒的迎风差分格式来近似代替偏导数。此时，程函方程写为：

$$\left[\begin{array}{l} \max(D_a^{-x}T,\ -D_b^{+x}T,\ 0)^2 \\ \max(D_c^{-z}T,\ -D_d^{+z}T,\ 0)^2 \end{array}\right]_{i,j}^{\frac{1}{2}} = \frac{1}{c_{i,j}} \tag{5-6}$$

式中，i、j 为网格节点；$D_a^{-x}T$、$D_b^{+x}T$、$D_c^{-z}T$、$D_d^{+z}T$ 分别为 x 和 z 方向的前项和后项迎风差分算子。一阶精度和二阶精度的迎风差分算子分别是

$$D_1^{-x}T_i = \frac{T_i - T_{i-1}}{\Delta x} \tag{5-7}$$

$$D_2^{-x}T_i = \frac{3T_i - 4T_{i-1} + T_{i-2}}{2\Delta x} \tag{5-8}$$

快速推进法的无条件稳定性只在采用一阶迎风格式时才完全有效，不过对于高度复杂的介质，采用二阶迎风差分也是非常有效的。建议的做法是采用混合格式，如果节点处满足二阶迎风差分格式的程函方程的计算条件则采用二阶迎风算子近似，否则采用一阶迎风算子近似。这种做法既可以保证计算精度，也可以保证复杂介质下的稳定性。

快速推进法结合了窄带技术（narrowband technology）描述波前的传播方式，这种技术有效地确定了网格点的更新顺序。窄带技术将所有网格点划分为三类并做标记，分别是完成点（Accepted）、窄带点（Close）和远离点（Far），如图 5-2 所示。

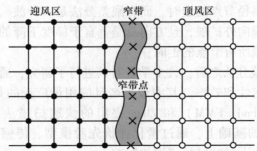

图 5-2　快速推进法的窄带技术

初始时，震源节点的走时为 0，并通过迎风差分格式的程函方程计算震源周围节点的走时。其他所有节点的走时被设为无穷大。震源节点被标记为 Accepted，震源周围的节点被纳入窄带并标记为 Close，其他所有节点标记为 Far。窄带推进从震源节点开始，并遵循以下循环步骤：（1）选择窄带中走时最小的节点作为子震源，将其标记为 Accepted；（2）判断子震源节点周围的四个节点：若标记为 Far，则纳入窄带并标记为 Close，若标记为 Close，则更新走时值，若标记为 Accepted，则保持原有属性不变；（3）判断窄带是否为空集，若为空集，则结束循环计算，否则返回第（1）步。

值得一提的是，快速推进法还采用了堆排序技术，用于快速选择窄带中的走时最小点。由于每次循环都需要对窄带点的走时值进行排序，所以排序方法对快速推进法的效率很重要。采用堆排序技术可以将快速推进法的操作量降至复杂度 $O(N \log N)$，其中 N 是网格节点的总数。

B 快速扫描法

快速扫描法（fast sweeping method）是 Zhao 于 2005 年提出的一种通过 Gauss-Seidel 迭代交替扫描快速求解程函方程数值解的方法，并在 2006 年被 Leung 和 Qian 用于计算地震波的走时场。与快速推进法不同，快速扫描法采用的是 Godunov 迎风差分格式的程函方程：

$$\left[(T_{i,j} - T_{x\min})^+\right]^2 + \left[(T_{i,j} - T_{y\min})^+\right]^2 = \frac{h^2}{c_{i,j}^2} \tag{5-9}$$

式中，$T_{x\min} = \min(T_{i-1,j}, T_{i+1,j})$，$T_{y\min} = \min(T_{i,j-1}, T_{i,j+1})$，且

$$(x)^+ = \begin{cases} x, & x > 0 \\ 0, & x = 0 \end{cases} \tag{5-10}$$

在计算域的边界上，节点不能满足双边差分的要求，此时应采用单边差分。Zhao 给出了程函方程在二维情况下的唯一解：

$$\widetilde{T} = \begin{cases} \min(a, b) + \dfrac{h}{v}, & |a - b| \geqslant \dfrac{h}{v} \\[3mm] \dfrac{a + b + \sqrt{2\dfrac{h^2}{v^2} - (a - b)^2}}{2}, & |a - b| < \dfrac{h}{v} \end{cases} \tag{5-11}$$

式中，$a = T_{x\min}$；$b = T_{y\min}$。

快速扫描法采用 Gauss-Seidel 迭代交替计算所有节点的走时值。图 5-3（a）和图 5-3（b）分别是一维和二维情况下的快速扫描示意图。快速扫描法通过循环扫描更新区域节点的走时场，直至达到收敛条件。步骤如下：（1）初始化震源节点的走时为 0，其他节点赋予一个远大于最大可能走时的值。若要避免一阶精度误差，可对震源周围的节点赋予精确值。（2）使用 Gauss-Seidel 型迭代在四个交替的方向上求解程函方程，在每个节点的计算中，保留原值和新值中的较小值。（3）完成四个方向的扫描后，检验结果的收敛性，如果满足 $\| T^{(k+1)} - T^k \| \leqslant \varepsilon$，则迭代结束，否则返回第（2）步。

在三维情况下，快速扫描法的扫描方向由 4 个增加至 8 个，并通过递归方式计算 Gauss-Seidel 型迭代解。Zhao 证明了快速扫描法的单调性和稳定性。在精度和计算效率方面，快速扫描法展现了极大优势。实际上，快速扫描法的计算效率比快速推进法更高，远远超过射线追踪法。快速扫描法实现了更高效率的正演计算，在层析成像中，正演计算通常是耗时最长的部分。这一算法的提出对于快速层析成像具有重要意义。

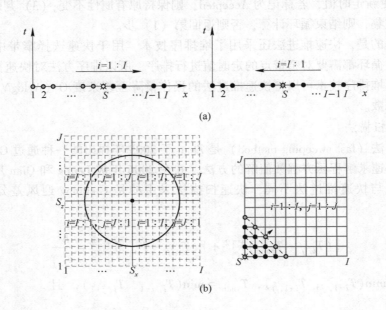

图 5-3   快速扫描法

（a）一维快速扫描；（b）二维快速扫描

5.3   影响地震波走时层析成像精度的因素

地震波走时层析成像的精度受到多种因素的影响，包括以下几个关键因素：

（1）数据质量：地震波走时层析成像依赖于采集的地震波数据。数据质量的好坏直接影响成像结果的准确性和分辨率。高质量的地震数据包括高信噪比、较高的采样频率和宽频带范围等。

（2）接收台阵布局：地震波走时层析成像的精度还受到接收台阵的布局影响。合理的台阵布局可以提高地下结构的可见度和分辨率，从而增强成像精度。

（3）地震源分布：地震波走时层析成像的精度还与地震源的位置和分布有关。合理的地震源分布可以提高成像的分辨率并消除遮挡效应，从而更好地揭示地下结构。

（4）速度初始模型：地震波走时层析成像需要对初始的地下速度模型进行估计。初始速度模型的准确性对成像精度至关重要。好的初始速度模型可以更好地指导走时层析成像算法的迭代过程。

（5）走时拾取和走时差分处理：对采集的地震波数据进行走时的拾取和走时差分处理

是成像过程中的关键步骤。准确的走时拾取和走时差分处理能够提供准确的走时信息，从而提高成像精度。

5.3.1 到时误差

为衡量走时层析成像在到时误差的影响下对于低速异常体的辨识能力，构建模拟实验及其射线追踪，如图5-4所示。上端红色三角表示震源，下端白色三角表示接收器，模型中间分布一个矩形低速异常体，可以看到其波速显著低于模型背景速度，因此在图5-4(b) 的射线追踪过程中围绕低速异常体发生了显著的绕射现象，而对于未受异常区域影响的射线仍然沿直线传播。图5-5为到时误差分为0、10%、20%、30%的走时分布图，可以看到随着走时误差的增加，各震源被传感器所接收的到时数据之间的差距也逐渐变小，这表明，到时误差减少了波速场影响下的走时差异性。

以背景速度 V_{out} = 3000 m/ s 作为初始模型进行层析成像迭代反演，各走时误差影响下的迭代更新结果如图5-6~图5-9所示，图中用银灰色线表示射线传播路径。从图5-6和图5-7中可见，随着迭代次数的增加，反演区域内的速度逐渐得到更新，异常区域范围内速度分布较背景速度呈现较为明显的下降趋势。受其影响，途经该处的射线也逐渐呈现弯曲、绕射的变化，且随迭代次数加剧。而图5-8和图5-9中，由于受到到时误差的影响，结果中出现了大量伪像，难以准确辨识低速区域的范围。图5-10中显示模拟实验中各走时误差影响下层析成像结果的量化分析结果，可以看到，随着到时误差的增加，V_{out} 和 V_{in} 的范围都变得更加分身，不利于异常区域的辨识。

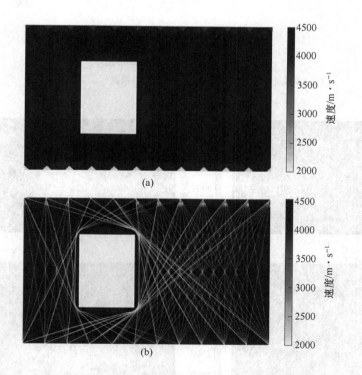

扫码看彩图

图5-4 到时误差真实模型(a)和射线最终图(b)

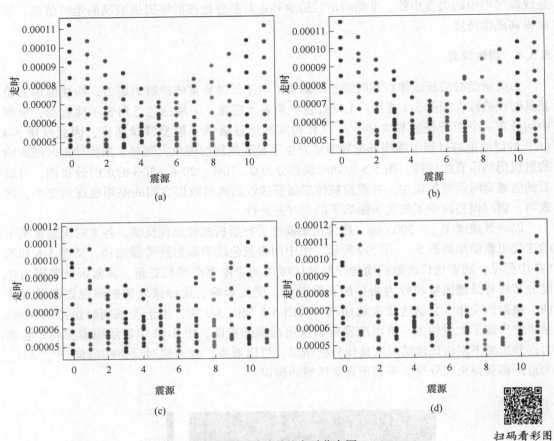

图 5-5　到时误差走时分布图

（a）真实走时；（b）10%误差；（c）20%误差；（d）30%误差

扫码看彩图

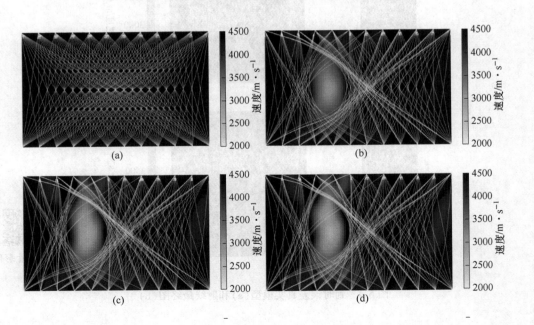

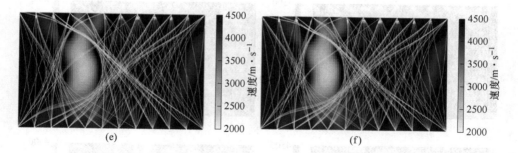

图 5-6　数值模拟真实走时迭代更新结果

（a）初始模型；（b）迭代次数＝10；（c）迭代次数＝20；

（d）迭代次数＝30；（e）迭代次数＝40；（f）迭代次数＝50

扫码看彩图

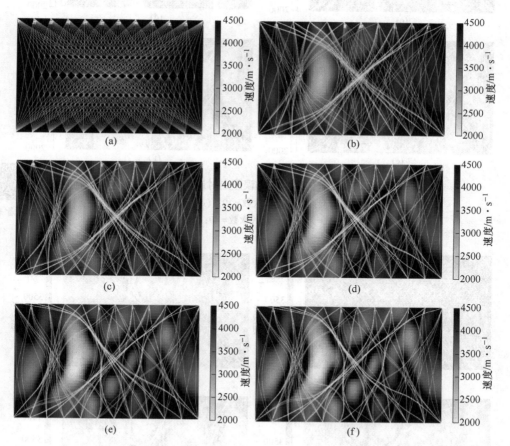

图 5-7　数值模拟 10% 误差走时迭代更新结果

（a）初始模型；（b）迭代次数＝10；（c）迭代次数＝20；

（d）迭代次数＝30；（e）迭代次数＝40；（f）迭代次数＝50

扫码看彩图

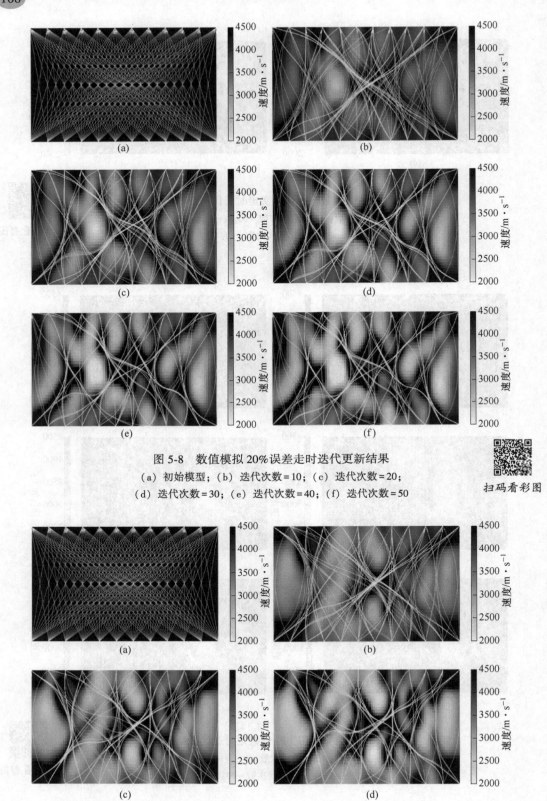

图 5-8　数值模拟 20%误差走时迭代更新结果

（a）初始模型；（b）迭代次数＝10；（c）迭代次数＝20；
（d）迭代次数＝30；（e）迭代次数＝40；（f）迭代次数＝50

扫码看彩图

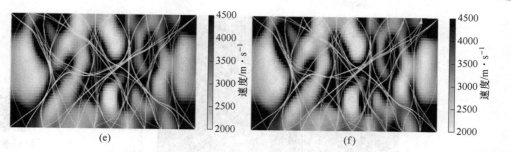

图 5-9　数值模拟 30% 误差走时迭代更新结果

（a）初始模型；（b）迭代次数 = 10；（c）迭代次数 = 20；
（d）迭代次数 = 30；（e）迭代次数 = 40；（f）迭代次数 = 50

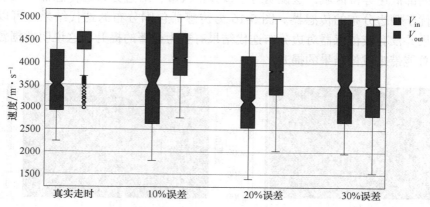

图 5-10　数值模拟走时误差量化比较图

5.3.2　传感器分布

　　为衡量走时层析成像在各传感器分布下对于低速异常体的辨识能力，构建模拟实验及其射线追踪，如图 5-11、图 5-13、图 5-15 所示。其中，图 5-11 为传感器对边分布模型和射线最终图，图 5-12 为其迭代更新结果，可以看到，随着迭代次数的增加，反演区域内的速度逐渐得到更新，异常区域范围内速度分布较背景速度呈现较为明显的下降趋势。相比之下，图 5-14 的迭代更新结果较为有限，并没有像传感器对边分布迭代结果一样能够

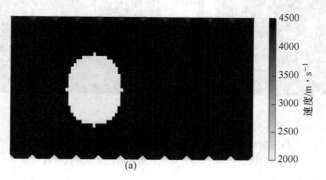

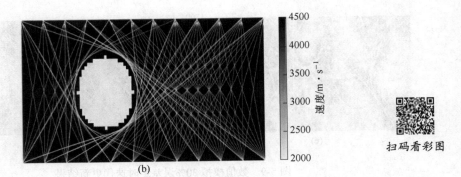

扫码看彩图

图 5-11　传感器对边分布模型(a)和射线最终图(b)

清晰辨识内部低速异常区域，这说明对于该异常区域，对边分布的传感器所接收到的数据差异性要优于侧边分布的传感器。图 5-16 为传感器包围分布的迭代结果，可以看到其迭代更新结果并没有较传感器对边分布迭代结果有更为显著的提升，这说明数据数量的提升并不一定总能带来成像结果的提升。

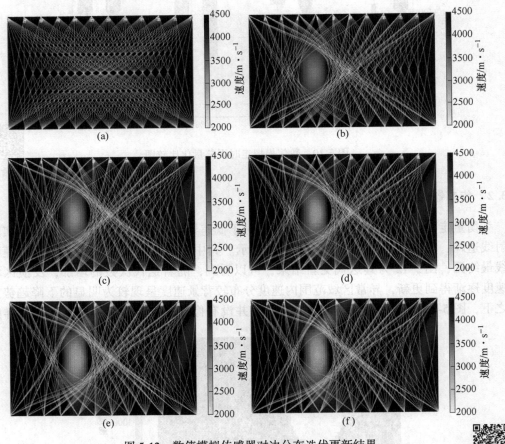

图 5-12　数值模拟传感器对边分布迭代更新结果

(a) 初始模型；(b) 迭代次数＝10；(c) 迭代次数＝20；
(d) 迭代次数＝30；(e) 迭代次数＝40；(f) 迭代次数＝50

扫码看彩图

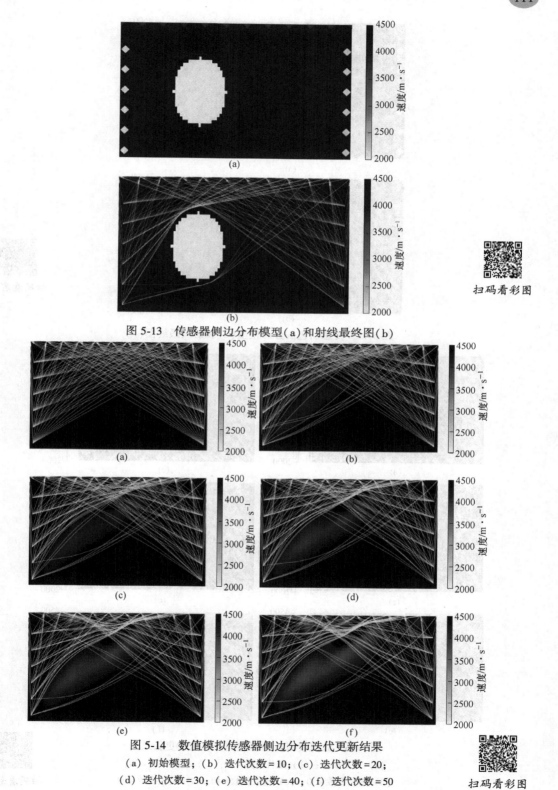

图 5-13 传感器侧边分布模型(a)和射线最终图(b)

扫码看彩图

图 5-14 数值模拟传感器侧边分布迭代更新结果

(a) 初始模型；(b) 迭代次数＝10；(c) 迭代次数＝20；

(d) 迭代次数＝30；(e) 迭代次数＝40；(f) 迭代次数＝50

扫码看彩图

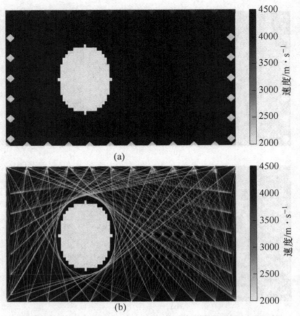

图 5-15   传感器包围分布模型(a)和射线最终图(b)

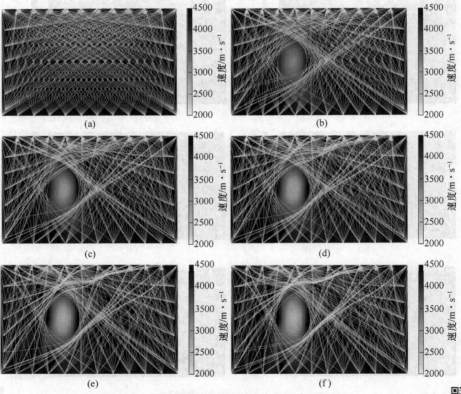

图 5-16   数值模拟传感器包围分布迭代更新结果

(a)初始模型;(b)迭代次数=10;(c)迭代次数=20;
(d)迭代次数=30;(e)迭代次数=40;(f)迭代次数=50

　　图 5-17 为数值模拟传感器分布量化比较图，可以看到，对边分布和包围分布的量化比较结果中异常区域内外的速度分布较为一致，但传感器包围分布的速度离异值较少，这表明所结合的侧边分布传感器走时放缓了速度变化的梯度。

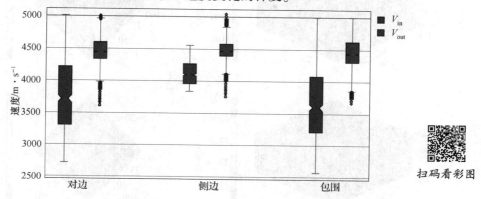

图 5-17　数值模拟传感器分布量化比较图

5.3.3　震源分布

　　为衡量走时层析成像在各震源分布下对于低速异常体的辨识能力，构建模拟实验（见图 5-18），包含了异常区域和传感器分布，图 5-19 为数值模型真实模型（a）和初始模型（b）。图 5-20 为 5 个、10 个、20 个、50 个和 100 个震源数值实验的断层扫描图像。可以看到随着震源数量的增加，对于模型内异常区域的辨识结果也更加清楚，当震源数量达到20 个的时候已经能够清楚判断异常区域的内部位置，而当震源数量达到 50 个的时候可以判断异常区域数值大小的差异。

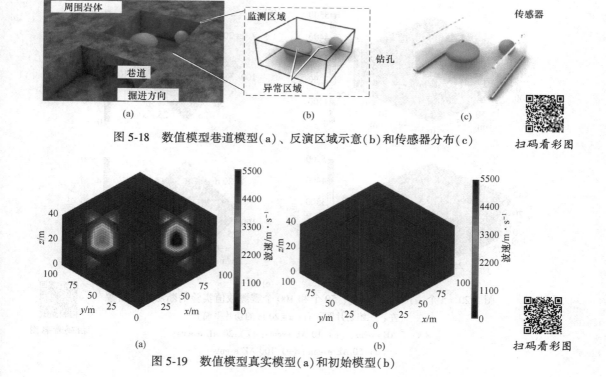

图 5-18　数值模型巷道模型(a)、反演区域示意(b)和传感器分布(c)

图 5-19　数值模型真实模型(a)和初始模型(b)

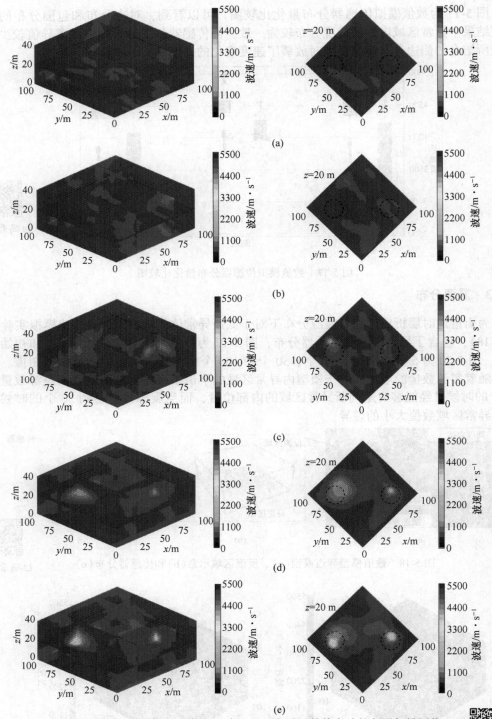

图 5-20   5 个、10 个、20 个、50 个和 100 个震源数值实验的断层扫描图像
（左：三维切片图。右：z=20 m 的切片平面）
（a）5 AE events；（b）10 AE events；（c）20 AE events；
（d）50 AE events；（e）100 AE events

扫码看彩图

5.3.4 正演算法

为了衡量理论条件下 SPM、DSPM、FSM 层析成像方法对于低速异常体的辨识能力，构建模拟实验及其射线追踪，如图 5-21～图 5-23 所示。因各层析成像在走时计算等方面存在一定差异，其计算鲁棒性也有所不同，显然 SPM 计算鲁棒性最差，震源和接收器处出现明显的伪像，而 DSPM、FSM 计算鲁棒性较好。

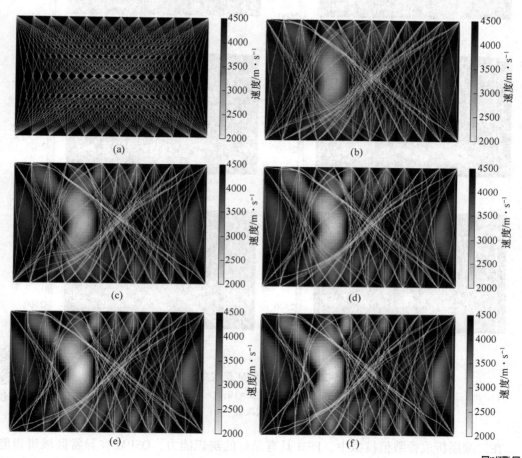

图 5-21　数值模拟 SPM 迭代更新结果
（a）初始模型；（b）迭代次数 = 10；（c）迭代次数 = 20；
（d）迭代次数 = 30；（e）迭代次数 = 40；（f）迭代次数 = 50

扫码看彩图

图 5-24 为模拟实验中 SPM、DSPM、FSM 层析成像结果的量化分析结果，可以看到 SPM 结果受伪像影响程度较大，其 V_{out} 范围较 DSPM、FSM 更分散，V_{in} 中小于 V_{out} 下四分位数占 IR 比较小，不利于异常区域的辨识。在 DSPM、FSM 的成像结果中，可以看到异常区域内速度较周围有显著下降，而射线绕射现象较为显著，可明显辨识低速体异常区域的分布范围。DSPM 在非异常区域存在少量速度伪像，导致其 V_{out} 箱形图的上下四分位数间隔和离异值较多于 FSM，$IR_{DSPM} < IR_{FSM}$，在数值模拟中 DSPM 的异常区域的辨识能力较弱于 FSM。

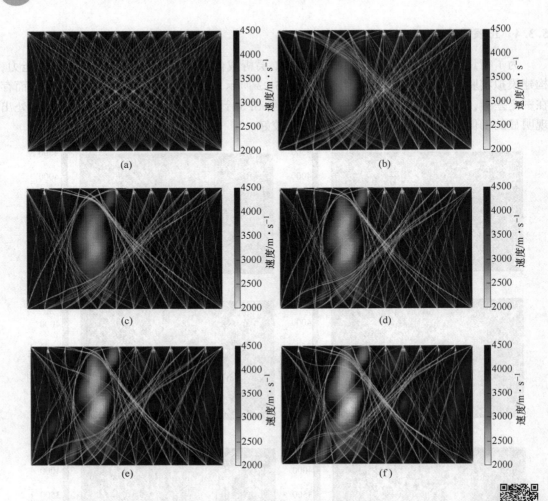

图 5-22   值模拟 DSPM 迭代更新结果

（a）初始模型；（b）迭代次数＝10；（c）迭代次数＝20；
（d）迭代次数＝30；（e）迭代次数＝40；（f）迭代次数＝50

扫码看彩图

在二维层析成像数值模拟中，FSM 具有最好的辨识能力，DSPM 在异常区域辨识能力和效率有着较好的平衡，而 SPM 在迭代过程中出现较多伪像，易受震源和接收器的影响，辨识能力和计算效率都弱于其他两种层析成像方法。

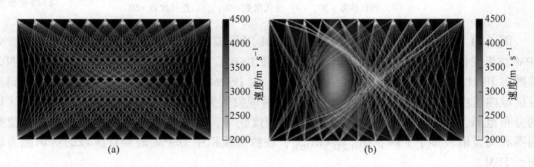

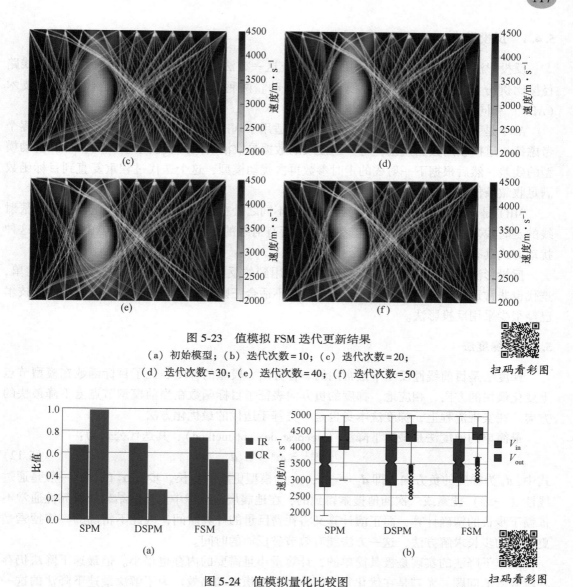

图 5-23　值模拟 FSM 迭代更新结果

（a）初始模型；（b）迭代次数＝10；（c）迭代次数＝20；

（d）迭代次数＝30；（e）迭代次数＝40；（f）迭代次数＝50

扫码看彩图

图 5-24　值模拟量化比较图

扫码看彩图

5.4　岩体多源声学走时层析成像优化方法

前述内容表明可以通过扰动初始速度模型线性地反演真实速度模型，因此层析成像反演问题的关键在于如何对模型进行扰动，即如何确定模型更新的方向。对模型更新的研究具有重要的意义，确定模型更新的方向是层析成像反演中的核心内容，这关系到层析反演是否可靠，影响了成像结果的准确性。地震反演问题是一个复杂的非线性问题，且存在解的不唯一性，因此一个好的反演算法必须兼具鲁棒性、准确性和高效性。至今为止，已经产生了许多线性化的反演算法，接下来介绍经典的反投影法和最常用的梯度法。

5.4.1 反投影法

反投影法是医学 CT 中常用的反演方法，这一方法的基本原理是将走时残差沿射线路径按比例分配，并以此对速度模型进行扰动。两种著名的反投影法是代数重构技术（ART）和同步迭代重构技术（SIRT）。

ART 是一种基于迭代的反演方法，尤其适用于病态线性方程组的求解。这种方法逐个考虑每一道接收的数据残差，将一道接收的数据参数沿射线路径扰动模型后，计算扰动模型的残差，然后根据下一射线的走时参数再次扰动模型，这个迭代过程重复直到目标函数满足收敛条件。

SIRT 是 ART 的变形形式，它和 ART 的不同之处在于，ART 的每次校正只采用一根射线的走时残差，而 SIRT 每次校正都采用了所有射线的走时残差。相比于 ART，SIRT 这种扰动方式具有快速收敛性。

反投影法是地震层析成像早期研究中会用到的反演方法，在计算机上实现相对简单，迭代也非常迅速，但反投影法不够稳定，且不适合正则化，因此现有的地震层析成像技术已经很少采用反投影法。

5.4.2 梯度法

梯度法是目前线性反演中最常用的一种方法。模型的梯度表征了目标函数在模型节点上变化最快的方向，相应地，梯度的负方向表征了目标函数在当前模型节点上下降最快的方向。在实现流程上，梯度法本身也是一类基于迭代的最优化方法。

最简单的梯度法是最速下降法（steepest descent method），其迭代公式为：

$$m^{k+1} = m^k + \alpha_k d_k \tag{5-12}$$

式中，d_k 为梯度的负方向，即 $d_k = -g_k$；α_k 为模型更新的步长。步长 α_k 的计算一般是通过线性（一维）搜索或二次插值搜索得到的，在地震层析成像中，反演结果的可靠性通常不依赖于步长的精确计算，而正演计算又将耗费巨量的计算时间，因此不精确的一维搜索是更合适的步长求解方法，这一方法能有效节省反演的时间。

最速下降法的实现是极其简单的，计算量小且需要的内存也很小。但最速下降法仍存在收敛慢的问题，尤其是在优化复杂问题时不够稳定和高效。为了解决最速下降法的这一问题，Hestenes 和 Stiefle 提出了共轭梯度法（conjugate gradient method）。共轭梯度法的下降方向 d_k 不再只取决于当前模型的梯度 g_k，还取决于上一次迭代时的下降方向 d_{k-1} 和梯度 g_{k-1}，d_k 的计算方式为：

$$d_k = \begin{cases} -g_k, & k = 0 \\ -g_k + \beta_{k-1} d_{k-1}, & k > 0 \end{cases} \tag{5-13}$$

式中，β_{k-1} 为一个线性组合系数，与 g_k，d_{k-1}，g_{k-1} 有关，是三者的线性组合，不同学者提出了不同的组合方法。共轭梯度法是比最速下降法收敛更快的梯度下降方法，有效克服了最速下降法收敛缓慢的问题，在线性最优化问题和非线性最优化问题领域取得了广泛应用。

5.4.3 牛顿法

无论是最速下降法还是共轭梯度法，都只使用了目标函数关于模型的一阶导数（即梯度），这意味着梯度下降法是一阶收敛的，在面对某些复杂问题时收敛不够快。牛顿法（Newton method）则同时使用了一阶导数和二阶导数作为迭代准则，这一方法是二阶收敛的，在收敛性能上具有良好表现，是最优化问题中常用的方法。简单推导牛顿法的迭代公式，对目标函数 $J(m)$ 在 m_k 处进行泰勒展开，得到

$$J(m) = J(m_k) + \nabla J(m_k)(m - m_k) + \frac{1}{2}\nabla^2 J(m_k)(m - m_k)^2 + \cdots \qquad (5\text{-}14)$$

舍去高阶误差，就得到

$$J(m) \approx J(m_k) + \nabla J(m_k)(m - m_k) + \frac{1}{2}\nabla^2 J(m_k)(m - m_k)^2 \qquad (5\text{-}15)$$

对该式两边同时求导，得到

$$\nabla J(m) = \nabla J(m_k) + \nabla^2 J(m_k)(m - m_k) \qquad (5\text{-}16)$$

令 $m = m_{k+1}$，进一步得到

$$m_{k+1} - m_k = -\nabla^2 J(m_k)^{-1}\nabla J(m_k) \qquad (5\text{-}17)$$

式（5-17）给出了牛顿法的模型更新公式，它是二阶收敛的迭代方法。这一公式没有规定迭代的步长，是定步长迭代，对于非二次型目标函数可能会导致函数值上升，因此可以仿照梯度法，在基础上添加一个步长系数 α_k，则该式变为：

$$m_{k+1} = m_k - \alpha_k H_k^{-1} g_k \qquad (5\text{-}18)$$

式中，H_k^{-1} 为 Hessian 矩阵（即二阶导数矩阵）的逆矩阵；g_k 为梯度矩阵。这种带有迭代步长的牛顿法称为阻尼牛顿法。

不难看出，需要计算目标函数关于模型的 Hessian 矩阵的逆矩阵，这要求 Hessian 矩阵必须是正定的，如果 Hessian 矩阵无法保持正定，那么牛顿法就失效了。牛顿法的另一个问题是必须在每一步迭代中计算 Hessian 矩阵，而 Hessian 矩阵往往计算非常复杂而且占用大量内存，对计算机性能要求很高。为了解决这两个问题，产生了拟牛顿法（quasi-Newton method）。拟牛顿法采用一个正定矩阵 G_k 近似代替 Hessian 矩阵 H_k，这一近似矩阵通过迭代得到，且满足拟牛顿条件。

5.5 岩体多源声学成像方法在智能采矿中的应用

5.5.1 地下矿山中的应用

为了验证层析成像技术在成像地下未知环境方面的可行性，在陕西某铅锌矿山进行了现场实验，如图 5-25 所示。在 795 层、810 层、825 层、842 层和 860 层分别安装了 22 个传感器，组成了用于地下采矿工程的微震监测系统。根据微震源、爆破源和传感器的分布情况，微震监测系统的范围约为 300 m×520 m×200 m。成像所需的数据来自于 3 月 30 日~4 月 28 日期间的微震和爆破信号。爆破信号具有高信噪比且其大致位置已知，但受限于集中分布和射线覆盖不足的情况。微震信号的信噪比远不及爆破信号，但微震信号的数量更

多，且其产生与岩石断裂演化相关，对于揭示未知环境起着重要作用。本书将比较同时带有和不带有微震信号的成像结果，以研究哪种数据在环境成像方面效果更好。监测范围内初始层析模型的速度设定为 4500 m/s，对应于岩体的速度。

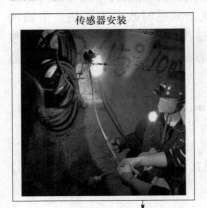
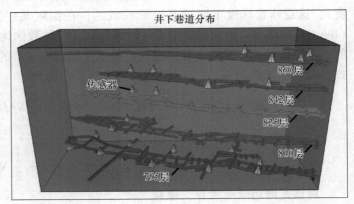

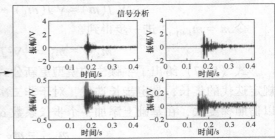

图 5-25   陕西某铅锌矿山井下巷道分布和微震监测系统

扫码看彩图

考虑到层析成像过程中的高非线性和对异常值的敏感性，根据日期和数量将预处理后的数据分为四部分进行迭代成像。每次迭代都是基于先前反演结果作为初始模型进行的。图 5-26 为 3 月 30 日~4 月 4 日期间带有爆破信号的成像结果。水平面 A-A、B-B、C-C、D-D 和 E-E 分别代表 795 层、810 层、825 层、842 层和 860 层。由于巷道内部的空气与岩石团体之间存在速度差异，成像结果显示，在每个层次上沿着相应的巷道分布低速区域。而远离巷道的区域速度变化很小。反演方程存在不确定性，低速度值的趋近性而非等于实际空气速度值。因此，在周边巷道分布上也存在一些低速度区域。这些周围区域是为了弥补巷道区域中更大范围的低速度区域之间的速度差异，从而将计算和观测到的到达时间之间的不匹配程度最小化。

B-B 层的高速度区域位于 825 层的 81~83 线附近，对应于采矿现场，如图 5-26~图 5-29（c）所示。从 4 月 4 日~29 日期间，频繁进行高浓度的爆破作业。形成高速度区域的原因可能是爆破源和采矿扰动。一方面，在迭代过程中，具有更集中的爆破源的区域导致速度变化比其他区域更大，可能积累误差。另一方面，信号通过原始完整的岩体从爆破源传播到传感器，原始岩体与空气之间的速度差异是显著的。在迭代过程中，集中的源加剧了速度差异，并在成像结果中得到体现。随着后续数据的添加和采空区的进一步扩展，高速度区域的范围和最高值趋于减小。原始完整的矿石体逐渐被采空区所取代。

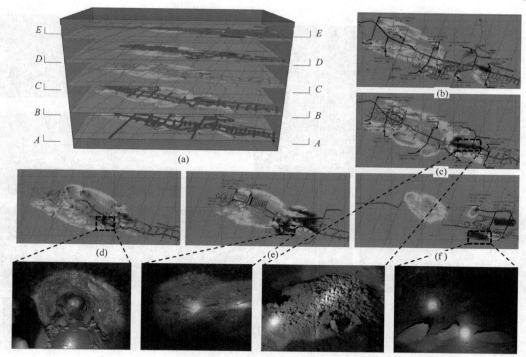

图 5-26 3 月 30 日~4 月 4 日的爆破信号成像结果

（a）三维模型；（b）A-A 层的水平切片；（c）B-B 层的水平切片；

（d）C-C 层的水平切片；（e）D-D 层的水平切片；（f）E-E 层的水平切片

扫码看彩图

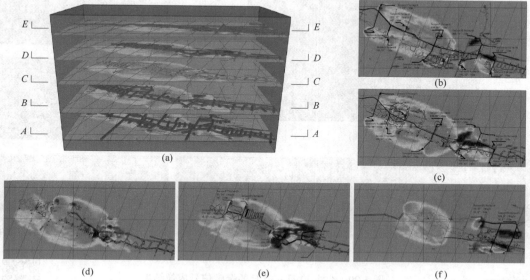

图 5-27 4 月 5 日~12 日的爆破信号成像结果

（a）三维模型；（b）A-A 层的水平切片；（c）B-B 层的水平切片；

（d）C-C 层的水平切片；（e）D-D 层的水平切片；（f）E-E 层的水平切片

扫码看彩图

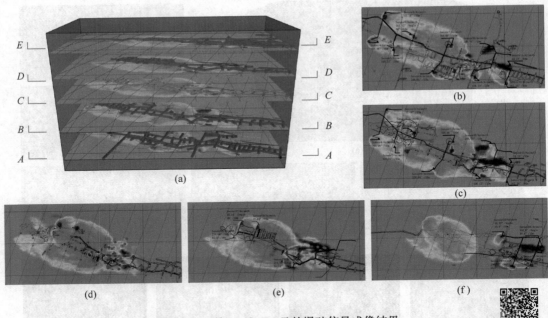

图 5-28　4 月 13 日~19 日的爆破信号成像结果

（a）三维模型；（b）A-A 层的水平切片；（c）B-B 层的水平切片；

（d）C-C 层的水平切片；（e）D-D 层的水平切片；（f）E-E 层的水平切片

扫码看彩图

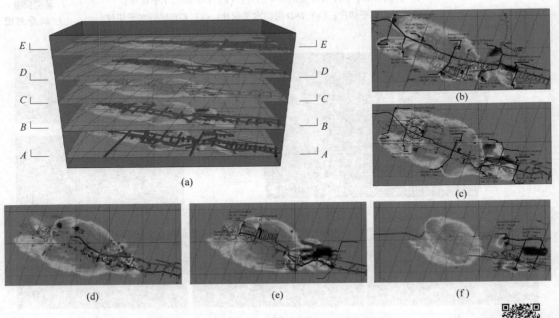

图 5-29　4 月 20 日~30 日的爆破信号成像结果

（a）三维模型；（b）A-A 层的水平切片；（c）B-B 层的水平切片；

（d）C-C 层的水平切片；（e）D-D 层的水平切片；（f）E-E 层的水平切片

扫码看彩图

C-C 层的标记区域位于 825 层的 82~84 线附近，对应于中深孔爆破和射孔爆破的作业地点。由于 4 月 2 日中深孔爆破的高强度作业，标记区域道路两侧的岩体发生了塌陷现象，如图 5-26（d）和图 5-27（d）中的具有小范围集中的高速度区域所示。随后的作业主要是射孔爆破作业。射孔爆破作业逐渐将集中的高速度区域转化为低速度区域。$D\text{-}D$ 层的高速度区域位于 842 层的 81~83 线附近。这些区域的岩顶是页岩，具有较低的岩石强度和片状分布。由于水平应力较大和频繁的挖掘爆破扰动，岩顶塌陷。受频繁的爆破作业和高应力集中的影响，这些区域的速度高于 $D\text{-}D$ 层中的其他区域。然后，随着后续挖掘爆破作业的减少，它的范围逐渐缩小。然而，一些高速度区域仍然与高应力区域相对应。

$E\text{-}E$ 层的标记区域是采空区，没有爆破作业。后续成像结果中标记区域的速度逐渐降低。由于其空区域范围较大，采空区的速度值较其他区域较低，在图 5-29（f）中体现。

3 月 30 日~4 月 19 日期间爆破和微震信号的成像结果，如图 5-30 所示。成像结果与图 5-28 基本接近，但添加微震信号可以改善道路的细节重建。图 5-30（g）由图 5-30 和图 5-28 中 $C\text{-}C$ 部分和 $E\text{-}E$ 部分组成。它们用等高线标注来展示低速区域的分布。与仅利用爆

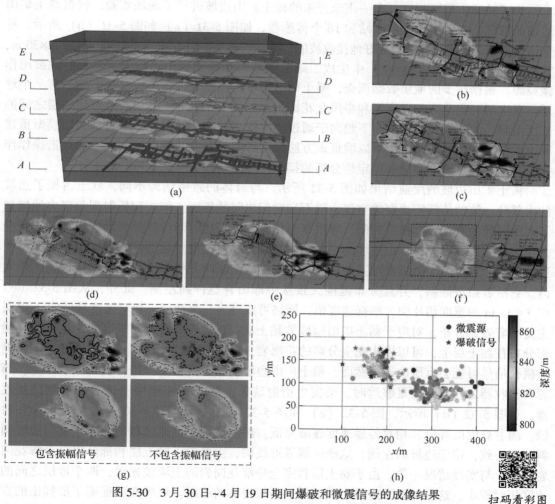

图 5-30　3 月 30 日~4 月 19 日期间爆破和微震信号的成像结果

（a）三维模型；（b）$A\text{-}A$ 层次；（c）$B\text{-}B$ 层次；（d）$C\text{-}C$ 层次；（e）$D\text{-}D$ 层次；
（f）$E\text{-}E$ 层次；（g）带与不带微震信号的等高线比较结果；（h）爆破和微震源的位置结果

扫码看彩图

破信号进行成像相比，图 5-30（g）中 C-C 部分的结果表明，与道路对应的低速区域范围扩大了。相比之下，C-C 和 E-E 部分的周围低速区域范围减小了。添加微震数据弥补了仅使用爆破数据时射线覆盖不足和分散的问题。这表明添加微震数据可以改善道路分布的识别。图 5-30（h）为爆破和微震源的位置结果。爆破源集中在 $x = 300$ m，$y = 75$ m，深度 = 810 m 附近，而微震数据集中在 $x = 300$ m，$y = 75$ m，深度 = 830 m 附近。受不同海拔限制，爆破源可以满足 A-A 和 B-B 层次的速度场重建，反映了道路和采矿干扰区域。此外，随着微震数据的添加，它进一步改善了浅层 C-C 和 D-D 中道路的识别，减少了由病态引起的周围低速区域。微震信号可以反映岩体中微观裂缝演化活动，其分布比爆破信号更加多样化和不同。微震数据的引入对于改善地下采矿环境的成像质量起着至关重要的作用。

5.5.2　矿山边坡中的应用

为了验证工程可行性，在一座未开采的稀土矿山边坡进行了现场实验。根据稀土矿山边坡的情况，安装了 4 个监测站和 16 个传感器，如图 5-31（a）和图 5-31（b）所示。每个传感器都配备了波导棒以更好地接收波的传播。该稀土矿山边坡尺寸为 45 m×50 m×30 m，其网格由 Gmsh 在图 5-31（c）中生成。敲击点散布在稀土矿山边坡上，发出的波被用作微震源。根据初步的地质数据调查，稀土矿山边坡属于完全覆盖边坡。从上到下有三个地层：黏土层、完全分解花岗岩和半风化花岗岩，如图 5-31（d）所示。考虑到地层之间的速度差异，波路径在衍射效应下趋向于通过速度较高的地层。因此，通过从初始模型重建稀土矿山边坡的地质结构，可以验证该方法的可行性。安装的微震监测系统和敲击操作作为潜在异常区域识别和边坡稳定性分析的接收器和主动源。

稀土矿山边坡的反演结果如图 5-32 所示。与岩体的致密结构不同，软土占据了边坡的大部分。波的传播需要穿越空气、砾石和它们之间的界面。衍射和折射现象极大地增加了射线路径的复杂性和所需时间，导致基于接收到的到达时间计算的平均速度远低于完全介质中的速度。因此，矿山边坡的层析反演是基于相对速度变化的。识别区域主要集中在边坡的中心，对应于微震监测系统的布局。当 $Y = 31$ m 时，相对低速区域的规模达到最大值。它沿着边坡倾斜，并且分布范围大致从中部山脊延伸到左侧。此外，从图 5-32（c）中 $Y = 31$ m 的速度切片中，根据速度值，网格可以分为三个地层。相对速度最低的 A 地层主要沿着表面分布，对应于稀土矿山边坡的黏土层。B 地层具有相对较高的速度，并且紧密分布在黏土层上，可以视为完全分解的花岗岩。深部 C 地层无法通过浅层射线推测，提供横孔信号可能会有所改善。然而，稀土矿山边坡仍未开挖，无法进行横孔爆破作业。当源和接收器之间的距离足够远时，会发生衍射现象，射线从 A 地层通过 B 地层到达接收器，如图 5-32（d）所示。图 5-32（e）和图 5-32（f）显示了 $X = 20$ m 的速度切片和射线。随着高度的降低，相对传播速度逐渐降低，然后增加。低速区域的分布角度与边坡倾斜角度一致，位于边坡的左侧。这些区域靠近浅层，主要位于黏土层和部分完全分解花岗岩之间，与实际情况一致。由于黏土层和完全分解花岗岩的土壤较松散，两个地层之间的速度相对较小。这也解释了边坡中波速低于一般岩体的原因。现场实验证明了所提出的方法可以实现稀土矿山边坡的重建，并直观地展示地下地层结构。反演结果与实际情况一致，并可以指导稀土矿山边坡的稳定性。

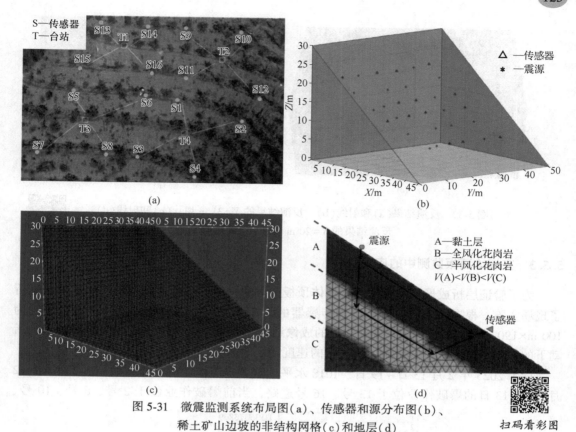

图 5-31 微震监测系统布局图(a)、传感器和源分布图(b)、
稀土矿山边坡的非结构网格(c)和地层(d)

扫码看彩图

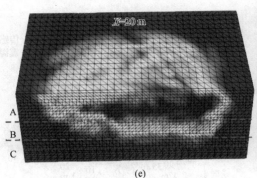 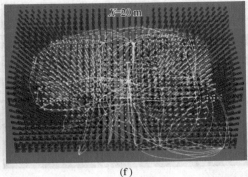

图 5-32　反演结果(a)和射线(b)；反演结果的 $Y=31$ m 切片(c)和射线(d)；
反演结果的 $X=20$ m 切片(e)和射线(f)

扫码看彩图

5.5.3　充填体顶板监测中的应用

为了验证层析成像技术在监测充填体顶板应力变化的可行性，在金川二矿区采场进行了现场实验。根据微震源、爆破源和传感器的分布情况，得到微震监测系统的范围约为 100 m×190 m。本书将基于不同时间段的成像结果，以研究充填体顶板波速在采场生产活动下的变化。监测范围内初始层析模型的速度设定为 3000 m/s，对应于岩体的速度。

（1）2023 年 2 月 13 日~19 日，1018 水平 6 盘 4 分层作业活动分布如图 5-33 所示，2 月 6 日~13 日的爆破作业位于 13 号、16 号进路，当前爆破作业位于 2 号、6 号、10 号、

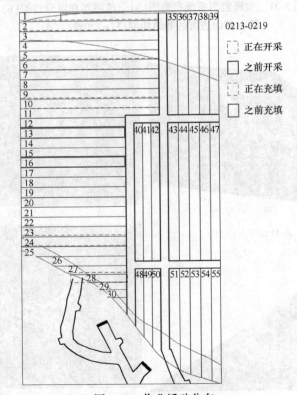

扫码看彩图

图 5-33　作业活动分布

28 号进路，充填作业位于 24 号进路。地声智能监测系统本周共人工处理信号 495 个，其中微震信号 362 个，爆破信号 133 个。处理过后的地声事件空间分布与巷道三维结构关系如图 5-34（a）所示。

从图 5-34 中可以看到，地声事件主要分布于 1 号穿脉道和 1 号沿脉道的交会处以及部分正在开采的进路处，其中震级较大的地声事件多位于 6 号、10 号、28 号进路处，经初步分析，震级较大的爆破事件定位位置与采区爆破作业日志记录位置基本吻合，震级较小的地声事件多位于 1 号穿脉道和 1 号沿脉道的交会处，整体上地声事件较为分散，主要由爆破等开采活动和顶板对下方岩体压紧影响所产生。

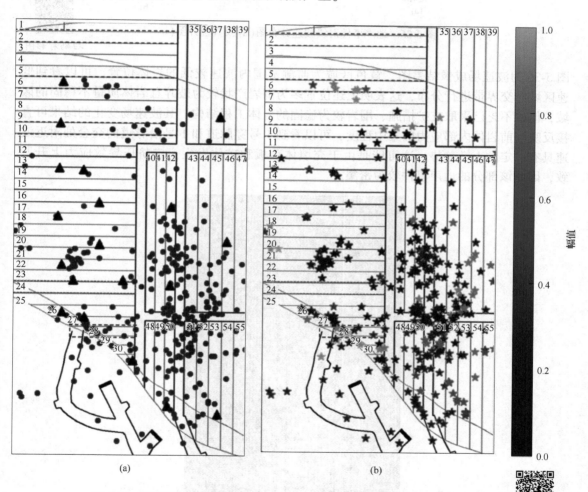

图 5-34　地声事件空间分布与巷道三维结构关系图(a)及其对应震级大小(b)

扫码看彩图

图 5-35 为地声事件射线波速分布图及其统计图，可以从图中看到地声事件中各射线的平均波速，并基于此可对充填体顶板的平均波速进行大致的判断，射线的平均波速约为 2688 m/s，标准差为 1046 m/s，下四分位波速和上四分位波速分别为 1873 m/s 和 3325 m/s，顶板波速总体上属于正常波速范围 1500~4500 m/s 内，这表明顶板质量整体上完整稳固。

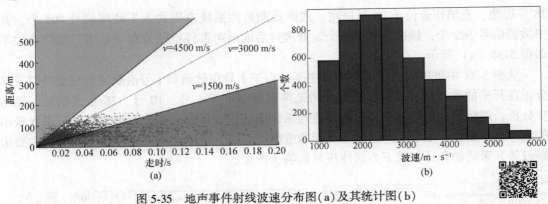

图 5-35　地声事件射线波速分布图(a)及其统计图(b)

扫码看彩图

图 5-36 为波速场成像结果图,黄色区域为监测范围内波速较低的岩体位置,可以看到低速区域沿交界带进行分布,这表明上述位置多为围岩产状较为破碎且岩体质量不稳固的区域,但也不乏已采取支护措施、围岩较为稳固的岩体工程结构,其波速场变化的结果可直接反映当前岩体内部应力的集中程度,可以看到 1 号穿脉道和 1 号沿脉道的交会处附近波速具有一定的上升趋势,这可能是由于充填体顶板和矿体发生一定挤压导致应力上升所致,因此该部分的地声事件较为密集。

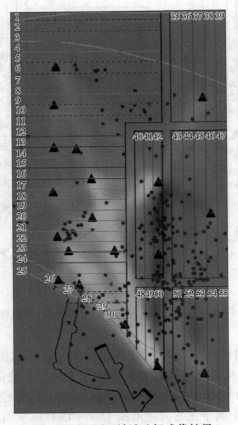

扫码看彩图

图 5-36　监测区域波速场成像结果

（2）2023年3月3日~11日，1018水平6盘4分层作业活动分布如图5-37所示，2月24日~3月3日的充填作业位于13号、28号进路，当前爆破作业位于2号、10号、17号、21号、36号进路，充填作业位于6号、25号进路。地声智能监测系统本周共人工处理信号764个，其中微震信号636个，爆破信号128个。处理过后的地声事件空间分布与巷道三维结构关系如图5-38（a）所示。

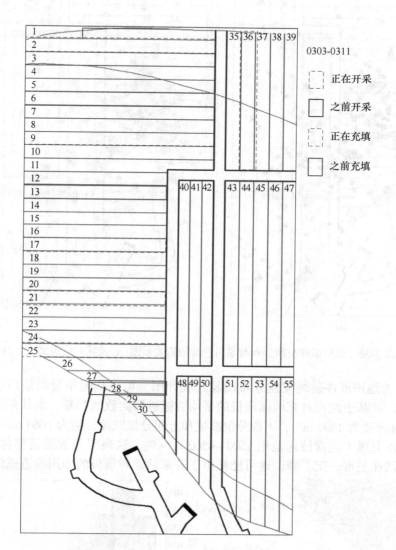

0303-0311

⬚ 正在开采

⬛ 之前开采

⬚ 正在充填

⬜ 之前充填

扫码看彩图

图5-37 作业活动分布

从图5-38中可以看到，地声事件主要分布17号与25号进路附近，少部分地声事件分布于10号与36号进路附近，其中震级较大的地声事件多位于2号、10号、17号、21号、36号进路处，经初步分析，震级较大的爆破事件定位位置与采区爆破作业日志记录位置基本吻合，震级较小的地声事件多位于17号与25号进路，整体上地声事件较为聚集，主要由爆破等开采活动影响所产生。

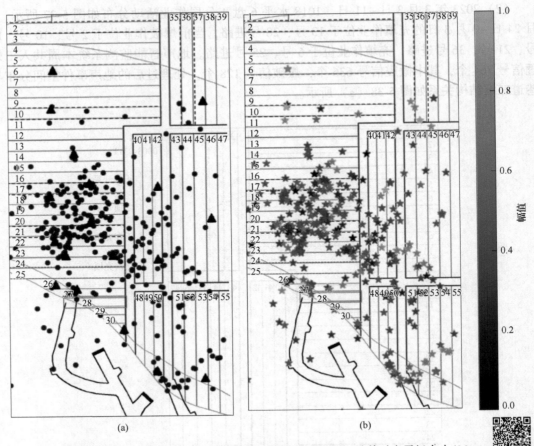

(a)

(b)

图 5-38　地声事件空间分布与巷道三维结构关系图（a）及其对应震级大小（b）

扫码看彩图

　　图 5-39 为地声事件射线波速分布图及其统计图，可以从图中看到地声事件中各射线的平均波速，并基于此可对充填体顶板的平均波速进行大致的判断，射线的平均波速约为 2500 m/s，标准差为 1080 m/s，下四分位波速和上四分位波速分别为 1660 m/s 和 3096 m/s，顶板波速总体上属于正常波速范围 1500～4500 m/s 内，这表明顶板质量整体上完整稳固，但相较之前波速呈现一定下降，这可能是由于开采活动对顶板的作用所造成的。

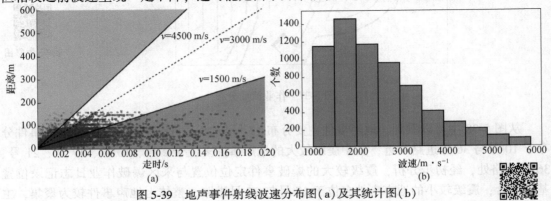

(a)

(b)

图 5-39　地声事件射线波速分布图（a）及其统计图（b）

扫码看彩图

图 5-40 为波速场成像结果图，黄色区域为监测范围内波速较低的岩体位置，可以看到低速区域沿交界带向 17 号与 25 号进路扩散，这表明上述位置多为围岩产状较为破碎且岩体质量不稳固的区域，受 17 号与 25 号进路爆破开采作业影响，该区域内的地声事件分布聚集，且其顶板波速明显下降，此外可以看到 1 号穿脉道与联络道之间的波速有一定程度上升，且该区域内也有一些地声事件聚集，可能是由于顶板、交界带与联络道之间的岩体应力较大所致。

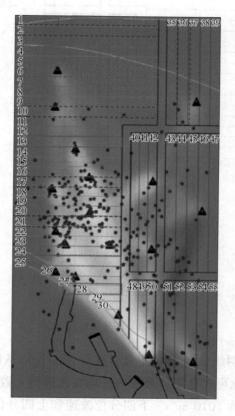

扫码看彩图

图 5-40　监测区域波速场成像结果

（3）2023 年 3 月 17 日~27 日，1018 水平 6 盘 4 分层作业活动分布如图 5-41 所示，3 月 10 日~17 日的充填作业位于 2 号、6 号、13 号、28 号进路，当前爆破作业位于 10 号、17 号、36 号、45 号、53 号进路，充填作业位于 21 号进路。地声智能监测系统本周共人工处理信号 661 个，其中微震信号 545 个，爆破信号 116 个。处理过后的地声事件空间分布与巷道三维结构关系如图 5-42（a）所示。

从图 5-42 中可以看到，地声事件主要分布较为分散，其中震级较大的地声事件多位于 10 号、36 号、45 号、53 号进路处，经初步分析，震级较大的爆破事件定位位置与采区爆破作业日志记录位置基本吻合，震级较小的地声事件多位于 21 号与 28 号进路之间，整体上地声事件较为聚集，主要由充填活动影响所产生，此外 1 号穿脉道与联络道之间也有一些地声事件聚集。

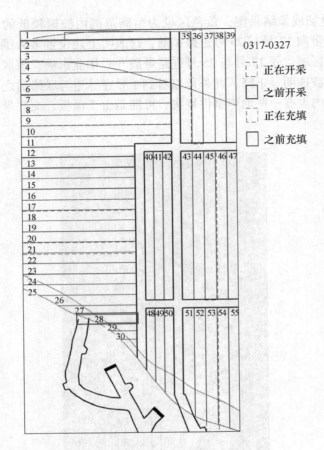

0317-0327

□ 正在开采（虚线框）

■ 之前开采

□ 正在充填（虚线框）

■ 之前充填

图 5-41　作业活动分布

扫码看彩图

　　图 5-43 为地声事件射线波速分布图及其统计图，可以从图中看到地声事件中各射线的平均波速，并基于此可对充填体顶板的平均波速进行大致的判断，射线的平均波速约为 2397 m/s，标准差为 1010 m/s，下四分位波速和上四分位波速分别为 1630 m/s 和 2937 m/s，顶板波速总体上属于正常波速范围 1500~4500 m/s 内，这表明顶板质量整体上完整稳固，但相较之前波速呈现一定下降，这可能是由于开采活动对顶板的作用所造成的。

　　图 5-44 为波速场成像结果图，黄色区域为监测范围内波速较低的岩体位置，可以看到低速区域沿交界带向 21 号与 30 号进路扩散，该区域内仍处于充填作业中，进路内部仍为空区或尚未凝固的充填浆液，因此该区内岩体波速仍较低。此外可以看到 1 号穿脉道与联络道之间的波速异常上升，且该区域内也有一些地声事件聚集，可能是由于顶板、交界带与联络道之间的岩体应力较大所致，图 5-45 为 1 号穿脉道与联络道交接处照片，可以看到该处已经搭建了拱形支架，且用于支撑的圆形木柱和钢拱架受压严重，周围岩壁有一定程度破碎，可以判断该区域的岩体应力程度较高，与成像分析中高波速区域相一致。

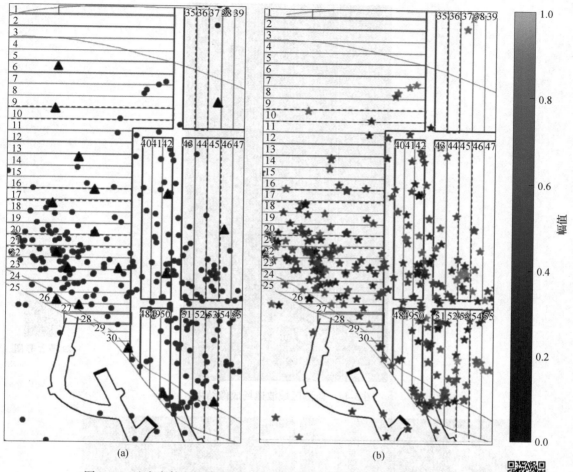

图 5-42 地声事件空间分布与巷道三维结构关系图(a)及其对应震级大小(b)

扫码看彩图

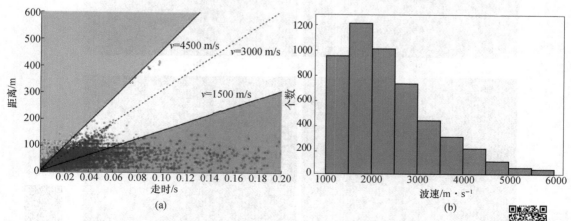

图 5-43 地声事件射线波速分布图(a)及其统计图(b)

扫码看彩图

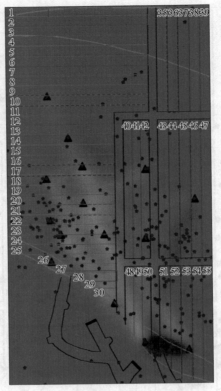

图 5-44　监测区域波速场成像结果

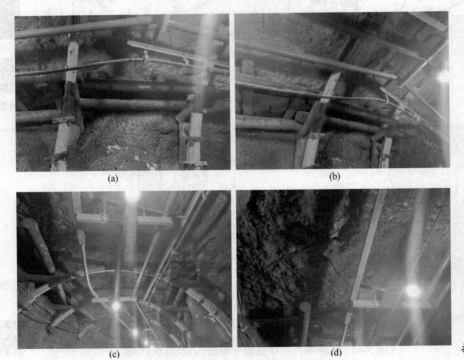

图 5-45　1 号穿脉道与联络道交接处

5.6　本章小结

　　本章节主要探讨了岩体多源声学成像在地质环境智能透明成像中的应用。通过观察岩石波速的变化，可以了解工程结构的完整性和异常地质体。主动震源和被动震源层析成像技术相结合，可以提供关于岩石及地下结构的详细信息和特征，帮助工程师评估和优化地下工程设计，预测地下沉降、断层活动、地下水涌出等可能影响地下工程安全和稳定性的风险，从而制定相应的预防和控制措施。

　　介绍了两种地震波走时计算方法：最短路径射线追踪法和线性插值法。这两种方法在地震波走时计算中都有广泛应用。此外，通过对影响地震波走时层析成像精度的因素进行分析，可以进一步提高成像结果的准确性。地震层析成像技术在智能采矿中具有重要意义。

　　在陕西某铅锌矿山进行现场实验，使用微震监测系统收集数据并进行成像。结果表明，添加微震信号可以改善道路分布的识别，填充了射线覆盖不足和分散的问题。微震信号可以反映岩体中微观裂缝演化活动，其分布比爆破信号更加多样化和不同。

　　本研究针对稀土矿山边坡进行了现场实验和层析成像分析。结果表明，矿山边坡的反演结果与实际情况一致，可以指导稀土矿山边坡的稳定性分析。

　　在金川二矿区采场，对充填体顶板进行了地声事件监测，结果表明地声事件主要分布于爆破作业附近，震级较大的地声事件与采区爆破作业日志记录位置基本吻合。此外，研究还提供了作业活动分布图、地声事件空间分布与巷道三维结构关系图等，为理解地声事件提供了更多信息。

习题与思考题

扫码获得
数字资源

5-1　什么是微震层析成像？简要解释其原理和应用。

5-2　在微震层析成像中，什么是震源定位，它为什么重要？

5-3　解释微震层析中的逆问题并阐述逆问题在微震层析中的重要性。

5-4　微震层析成像在地质勘探中有哪些应用？提供一个实际案例。

5-5　什么是速度模型在微震层析中的作用，为什么速度模型很重要？

5-6　微震层析成像和地震层析成像有什么相似之处，有何不同？

5-7　微震层析中，什么是反射和折射，它们如何影响成像结果？

5-8　微震层析成像中，数据预处理的步骤有哪些，为什么需要进行数据预处理？

5-9　微震层析在城市地下基础设施勘探中有何优势？提供一个实际案例。

5-10　微震层析技术存在哪些挑战，如何解决这些挑战？

参 考 文 献

［1］　董陇军. 岩体多源声学及应用［M］. 北京：科学出版社，2023.

［2］　Dong L，Hu Q，Tong X，et al. Velocity-free MS/AE source location method for three-dimensional hole-containing structures［J］. Engineering，2020，6：827-834.

［3］ Dong L, Tong X, Hu Q, et al. Empty region identification method and experimental verification for the two-dimensional complex structure ［J］. Journal of Rock Mechanics and Mining Sciences, 2021, 147: 104885.

［4］ Asakawa E, Kawanaka T. Seismic ray tracing using linear traveltime interpolation ［J］. Geophysical Prospecting, 1993, 41 (1): 99-111.

［5］ Vinje V, Iversen E, Gjøystdal H. Traveltime and amplitude estimation using wavefront construction ［J］. Geophysics, 1993, 58 (8): 1157-1166.

［6］ Vidale J. Finite-difference calculation of travel times ［J］. Bulletin of the Seismological Society of America, 1988, 78 (6): 2062-2076.

［7］ Popovici A M, Sethian J A. 3-D imaging using higher order fast marching traveltimes ［J］. Geophysics, 2002, 67: 604-609.

［8］ Lelièvre P G, Farquharson C G, Hurich C A. Computing first-arrival seismic traveltimes on unstructured 3-D tetrahedral grids using the fast marching method ［J］. Geophysical Journal International, 2011, 184 (2): 885-896.

［9］ Zhao H. A fast sweeping method for eikonal equations ［J］. Mathematics of Computation, 2005, 74 (250): 603-627.

［10］ Dong L, Tong X, Ma J. Quantitative investigation of tomographic effects in abnormal regions of complex structures ［J］. Engineering, 2021, 7: 1011-1022.

［11］ Sethian J A. A fast marching level set method for monotonically advancing fronts ［J］. Proceedings of the National Academy of Sciences, 1996, 93 (4): 1591-1595.

［12］ Sethian J A, Popovici A M. 3-D traveltime computation using the fast marching method ［J］. Geophysics, 1999, 64 (2): 516-523.

［13］ Rawlinson N, Sambridge M. Multiple reflection and transmission phases in complex layered media using a multistage fast marching method ［J］. Geophysics, 2004, 69 (5): 1338-1350.

［14］ Leung S, Qian J. An adjoint state method for three-dimensional transmission traveltime tomography using first-arrivals ［J］. Communications in Mathematical Sciences, 2006, 4 (1): 249-266.

［15］ Schubert F. Basic principles of acoustic emission tomography ［J］. Journal of Acoustic Emission, 2004, 58: 575-585.

［16］ Hosseini N, Oraee K, Shahriar K, et al. Passive seismic velocity tomography on longwall mining panel based on simultaneous iterative reconstructive technique (SIRT) ［J］. Journal of Central South University, 2012, 19 (8): 2297-2306.

［17］ Tarantola A. Inversion of seismic reflection data in the acoustic approximation ［J］. Geophysics, 1984, 49: 1259-1266.

［18］ Hestenes M R, Stiefel E L. Methods of conjugate gradients for solving linear systems ［J］. Journal of Research of the National Bureau of Standards (United States), 1952, 49 (6): 409.

［19］ Santosa F, Symes W W, Raggio G. Inversion of band-limited reflection seismograms using stacking velocities as constraints ［J］. Inverse Problems, 1987, 3 (3): 477.

［20］ Shanno D F. Conditioning of quasi-Newton methods for function minimization ［J］. Mathematics of Computation, 1970, 24 (111): 647-656.

［21］ Nakanishi I, Yamaguchi K. A numerical experiment on nonlinear image reconstruction from first-arrival times for two-dimensional island arc structure ［J］. Journal of Physics of the Earth, 1986, 34: 195-201.

6 电磁辐射技术在智能采矿中的应用

岩石电磁辐射（rock electromagnetic radiation）现象是指岩石在受到外力作用，特别是在压力、拉力或剪切力的影响下，会产生微弱的电磁信号。这些信号的产生可能源自岩石内部的电荷重新分布或矿物晶格结构的变化。岩石电磁辐射的特性为一定频率范围内的电磁波信号，通常是以微伏至毫伏级别的微弱电压信号的形式出现，这些信号在持续一段时间内其强度和频谱特性可能随着外部应力的变化而发生变化。通过对岩石电磁辐射现象的深入研究，科学家们希望能够发展出可靠的监测和预警技术，以提高对地震、岩爆等地质灾害的预测能力，并为相关领域的工程实践提供更有效的监测手段。近年来，随着对采矿地球物理现象认识的不断深化和监测技术的进步，岩石电磁辐射研究逐渐成为采矿地球物理学领域的热点之一。

6.1 岩石电磁辐射现象的产生

6.1.1 岩石电磁辐射现象简介

岩石破裂过程的电磁辐射变化现象研究可追溯到 20 世纪 30 年代，1933 年俄国 A. B. 斯捷潘诺夫发现岩盐塑性变形时出现带电现象。20 世纪 70 年代至 20 世纪 80 年代，美国、日本、俄罗斯等国的科学家陆续开展了针对岩石电磁辐射的实验研究。其中，美国科学家 J. Lockner 和 W. Brace 使用实验室模拟方法研究了岩石电磁辐射与岩石断裂的关系，发现断裂过程中会产生明显的电磁辐射信号。早期的实验表明，在岩石发生破裂前，其周围会产生异常的电磁活动。随着科学技术的进步，研究者们开始通过实验室模拟和野外观测来深入探究这一现象。他们致力于理解岩石电磁辐射的物理机制、监测方法以及其在地质灾害预测和岩石工程中的应用。

20 世纪 90 年代以后，随着科学技术的进步，针对岩石电磁辐射的研究得到了大幅度提升和深化。科学家们利用高精度的测量仪器和数据处理技术，对电磁辐射信号进行了更为详细和准确的观测和分析，揭示了其与岩石力学性质、地质灾害等方面的关系，并探索了其在地球物理勘探、岩石工程等领域的应用前景。研究岩石电磁辐射现象的意义主要包括以下几个方面：

（1）地质灾害预测：岩石电磁辐射现象与岩体发生破裂、地震等地质灾害事件有关，研究岩石电磁辐射现象有助于提高对地质灾害的预测能力。通过监测岩石电磁辐射信号，可以提前识别地质灾害的发生风险，并采取相应的预防和措施，减少灾害损失。

（2）岩石工程施工：在岩石工程施工中，岩石电磁辐射现象也具有重要的应用价值。通过监测岩石电磁辐射信号，可以及时发现岩石受到的应力变化以及其内部结构的变化情况，从而评估岩石的稳定性，并采取相应的安全措施，保证工程施工的顺利进行。

（3）岩石力学研究：岩石电磁辐射现象的研究也为岩石力学领域的发展提供了新的思路和方法。通过分析岩石电磁辐射信号的特征，可以深入了解岩石受力变形的机理和规律，揭示其内部结构和物理性质的变化情况，从而推进岩石力学理论的发展和应用。

（4）地球物理勘探：岩石电磁辐射现象也被广泛应用于地球物理勘探领域。通过对岩石电磁辐射信号进行监测和分析，可以获取地下岩石结构和成分的信息，为资源勘探、地震预测、地下水资源等领域提供重要的科学依据和技术支持。

比较常用的岩石电磁辐射监测技术主要包括以下几种：

（1）微波干涉法：利用干涉仪对岩石表面微弱的电磁信号进行检测，测量出岩石中产生的微波信号的相位变化和振幅变化，从而推断出岩石内部应力变化情况。

（2）微震电磁法：通过检测岩石表面或近场微震信号的电磁响应，分析微震信号的频谱特征，推断出岩石内部结构和物理性质的变化情况。

（3）同步检测法：采用高灵敏度的电磁传感器对岩石表面电磁辐射信号进行实时同步检测，建立起岩石电磁辐射与应力变化之间的定量关系。

6.1.2　岩石电磁辐射的特征规律

岩石的变形破裂过程中会伴随着电磁辐射的产生，电磁辐射监测系统的基本构成如图6-1所示，通常使用电磁天线或电容式传感器来感知材料变形破裂产生的电磁信号，采集存储后以便监测分析。

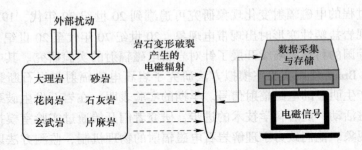

图6-1　电磁辐射采集系统

电磁辐射信号的典型特征可通过频率、振幅、信号上升时间、衰减时间和信号能量等参数来描述。电磁辐射信号的基本波形通常不受加载方式的影响，理想情况下单个裂纹引发的电磁脉冲波形可如图6-2所示。随着裂纹的持续扩展和扩展终止，电磁信号呈现出振荡式上升和衰减。在不同的加载方式下，产生的电磁脉冲数和信号频率存在显著差异。单轴压缩、摩擦和冲击破坏通常导致出较多的电磁脉冲，且信号频带较宽。相比之下，蠕变破坏的电磁信号呈现出阶段性变化。与稳态和衰减阶段相比，加速阶段的电磁脉冲数明显增加，信号频率也随之提高。

岩石电磁辐射的特点包括微弱性、瞬时性、复杂性等。

微弱性：所产生的电磁辐射信号强度通常很低，需要借助灵敏的检测仪器来进行监测。

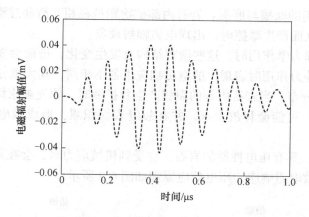

图 6-2　理想电磁脉冲波形

瞬时性：电磁辐射信号的产生通常与岩石破裂的瞬间过程相关，持续时间较短。

复杂性：岩石电磁辐射的信号形态和强度受多种因素影响，具有较大的不确定性。

由于岩石电磁辐射与岩石的破坏过程紧密相关，因此通过监测电磁辐射信号的变化，可以对岩石内部的应力状态和破裂过程进行评估。

6.2　岩石电磁辐射产生机理

研究岩石电磁辐射产生机理对于理解地壳应力状态变化、监测和预警地质灾害具有重要意义。当岩石在地壳内部由于构造运动等原因发生断裂时，会在断裂带附近产生电磁场变化，这一变化可以作为地震前兆的一种监测手段。此外，岩石电磁辐射的研究对于矿山开采中的安全生产同样具有重要作用，通过监测电磁辐射信号的异常变化，可以有效预测矿山动力灾害如岩爆、瓦斯爆炸等的发生，从而保障矿工的生命安全和矿山的稳定运行。

6.2.1　岩石微观结构变化与电磁响应

目前，有多种不同的物理机制来解释电磁辐射的产生，然而受到材料性质的限制，至今仍未出现一个统一理论能够解释这一现象。由于电磁辐射受到多种影响因素的作用，单一的机理往往难以解释各种不同特征的电磁辐射现象，实际情况可能是多种机理综合作用的结果，而这些机理又受到材料性质的制约。岩石的电磁响应是指岩石在一次电磁场激发下，产生的二次电磁场强度随频率的变化关系或随时间的衰减关系。岩石是由多种矿物颗粒组成的固体，其内部包含着大量的孔隙、裂缝和晶界等微观结构。岩石微观结构的变化会产生不同的电磁辐射，与电磁响应之间存在着复杂的关系，岩石微观结构发展和变化主要分为以下几类：

（1）孔隙和裂缝的变形与扩展：外部应力作用下，岩石内部的孔隙和裂缝可能发生闭合、扩展或新的生成。这些变化会导致岩石内部的应力集中，从而诱发更多的微裂纹产生。

（2）晶体结构的调整：一些矿物晶体在受到应力时可能会发生晶格畸变或相变，这些微观层面的结构调整可以改变材料的电磁属性。

（3）矿物颗粒间的摩擦与磨损：岩石内部矿物颗粒在相互滑动过程中产生摩擦，可能会导致电荷分离，从而产生摩擦电，出现电磁辐射现象。

当岩石受到外部力学作用时，这些微观结构会发生变化，进而会发生电磁响应。不同类型的岩石在受到外力作用时表现出的电磁响应也各不相同，其大概分为以下几类：

（1）电荷重新分布：当岩石内部的裂缝产生和扩展时，原先被束缚在矿物晶体中的电荷（如电子或离子）可能会释放出来，并在裂缝表面积累，形成微电流，进而产生电磁辐射。

（2）压电效应：具有压电性质的岩石，在受到机械应力时，会在其内部产生电场，这种效应可以直接导致电磁响应，压电效应原理如图6-3所示。

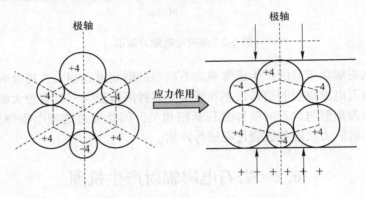

图6-3 压电效应原理

（3）磁效应：某些岩石中含有铁磁性矿物，当这些矿物在应力作用下重新排列或改变磁化状态时，也会引起磁场的变化。

由于岩石的微观结构和组成复杂多样，因此，研究岩石微观结构变化与电磁响应之间的关系对于理解岩石电磁辐射现象具有重要意义。

6.2.2 裂纹扩展过程的电磁效应

裂纹在岩石中的扩展是一个复杂的物理过程，伴随着多种电磁效应的产生，通常认为产生电磁辐射的关键是裂纹扩展过程中的电荷分离。

岩石损伤与破裂初始阶段，当岩石内部的应力超过岩石的强度极限时，会导致裂纹的形成和扩展。由于裂纹表面存在较高的表面能，它会吸引周围的带电粒子（如离子、电子等），导致电荷在裂纹两侧积累。这种电荷积累可以形成局部的电偶极子，并产生微弱的电场。

在裂纹扩展过程中，岩石内部裂纹表面和裂纹面之间自由电荷的产生和电荷重新排布出现电磁辐射现象。岩石内部裂纹扩展过程中因电荷移动和排布规律产生电磁辐射通常会有以下几种表现方式：

（1）摩擦电产生：岩石内部不同矿物颗粒的相对滑动会因接触电势差异而产生电荷交换。这种摩擦电效应会在岩石不同部位造成正负电荷的重新分布，从而形成局部电场和电流。

（2）电磁感应：裂纹扩展时产生的电荷运动（如由于电荷积累形成的微电流）会在周围空间产生变化的磁场。根据法拉第电磁感应定律，这种变化的磁场会诱导出电磁场的变化，进而产生感应电流。

（3）空间电荷极化与电导率变化：裂纹扩展改变了岩石的介电性质，可能会引起空间电荷的极化。同时，裂纹的发展也会影响岩石的电导率，因为裂纹的增加会降低岩石的整体连通性，减少电荷的传导路径。

（4）流变电变化：在更深的地质条件下，温度和压力较高，岩石流变行为可能伴随着电荷迁移。裂纹在这些条件下的扩展可能会导致流体（水或其他流体）的迁移，进而引起电荷重新分布。

（5）化学电效应：裂纹扩展可能暴露新的表面，与地下水反应产生化学变化，这些化学反应可能引起电子和离子的释放或吸附，导致电荷重新分布。

（6）热效应：裂纹的快速扩展可能伴随着温度的局部变化，这种热效应可能影响岩石内部的电荷载体（如电子）的迁移速率，从而影响电磁响应。

这些自由电荷的产生和电荷重新排布可能会以电磁波的形式向外辐射，通过地面上的电磁监测设备可以探测到这些信号。对这些电磁信号的监测和分析，可以作为识别岩石破裂和预警地质灾害（如岩爆、滑坡和地震）的手段之一。然而，由于岩石的异质性和复杂性，以及地下环境的复杂多变，这些电磁信号往往具有较大的不确定性，因此需要通过实验研究和现场观测来进一步验证和完善相关的理论模型。

6.2.3 岩石电磁辐射的理论模型综述

对于岩石电磁辐射的理论模型，目前有几种不同的解释和模型，主要包括以下几个方面：

（1）微裂纹模型：这种模型基于岩石内部微裂纹在受力时的扩展、闭合和摩擦滑动。这些微裂纹的变化会引起岩石内部电荷的重新分布。裂纹表面可能吸附离子，形成电偶极子。当裂纹扩展或闭合时，这些电偶极子的变化会产生电磁辐射。

（2）压电效应模型：在含有压电矿物（如石英）的岩石中，应力作用会导致岩石内部压电材料发生电极化，从而产生电荷分离和电磁辐射。这种模型解释了为什么某些特定类型的岩石在受力时会产生更强的电磁信号。

（3）摩擦电效应模型：当岩石内部的矿物颗粒在变形和破裂过程中相互滑动时，会因接触电势差异而产生电荷交换，形成摩擦电。这些电荷的积累和释放可以产生电磁波辐射。

（4）流变电效应模型：在高温高压条件下，岩石的流变行为可能伴随着电荷迁移。由于岩石内部结构和组成的变化，伴随着电子或离子的迁移，可能会引起电磁辐射。

（5）电磁感应模型：根据法拉第电磁感应定律，岩石内部电荷运动（如裂纹扩展产生的微电流）在周围空间产生的变化磁场，可以诱导出电场和电流的变化，进而产生电磁辐射。

（6）空间电荷极化模型：在岩石的孔隙、晶界和裂纹等处，存在的空间电荷可能会因为外界应力的改变而重新分布。这种极化的空间电荷的位移和重组可以产生电磁辐射。

（7）化学电效应模型：裂纹扩展暴露新的岩石表面，与地下水等流体反应产生化学变化，这些化学反应可能引起电子和离子的释放或吸附，以及局部电荷的重新分布，从而产生电磁辐射。

（8）综合模型：由于岩石的多相性和复杂的内部结构，实际情况可能是上述多种机制的共同作用。综合模型试图将微裂纹扩展、压电效应、摩擦电效应、流变电效应等因素结合起来，以更全面地解释岩石在受力过程中的电磁辐射现象。

岩石电磁辐射的理论模型还在不断发展之中，对于实际的岩石电磁信号，往往需要结合实验数据和现场观测结果来进行分析和解释。

6.2.4　影响岩石电磁辐射特性的因素

6.2.4.1　岩石类型与组成

岩石的类型和组成是地质学中的基本概念，同种类的岩石由于其不同的成分、结构和密度会表现出各自独特的电磁辐射特性，按其形成过程可以分为三大类：火成岩、沉积岩和变质岩。

（1）火成岩（igneous rocks）是由岩浆冷却凝固形成的岩石。根据岩浆在地表或地下冷却的位置，火成岩又可分为深成岩（侵入岩）和浅成岩（喷出岩）。

1）深成岩：在地壳深处缓慢冷却形成，因此晶体有足够的时间生长，通常结晶较为完整。典型的深成岩有花岗岩和辉长岩。

2）浅成岩：在地表或地表附近迅速冷却形成，晶体生长时间短，晶粒细小。典型的浅成岩包括玄武岩和安山岩。

（2）沉积岩（sedimentary rocks）是以前存在的岩石风化、侵蚀后形成的沉积物或生物遗骸堆积并经过压实、胶结形成的岩石。沉积岩通常分为碎屑沉积岩、化学沉积岩和生物沉积岩。

1）碎屑沉积岩：由岩石碎片或矿物颗粒组成，如砂岩、泥岩等。

2）化学沉积岩：由水中溶解的矿物质沉淀形成，如石灰岩、白云岩等。

3）生物沉积岩：由生物遗骸或活动产生的物质构成，如珊瑚礁石灰岩、磷灰石等。

（3）变质岩（metamorphic rocks）是由火成岩、沉积岩或旧的变质岩在地壳深部高温高压的环境下发生物理和化学变化而形成的岩石。变质作用会导致原岩的矿物重新结晶或生成新的稳定矿物，常见的变质岩有片麻岩、片岩和大理石等。

每种岩石类型都有其特定的矿物组成和结构特征，这些特征与岩石的形成条件密切相关。例如：

1）花岗岩：主要由石英、长石和云母组成，结构粗粒。

2）玄武岩：主要由斜长石和辉石组成，结构细粒。

3）砂岩：主要由石英或长石颗粒组成，粒度从细到粗不等。

4）石灰岩：主要由方解石或者生物碎片组成。

5）片麻岩：由片状矿物如云母组成，具有明显的片理结构。

岩石的类型和组成反映了地球历史、地壳运动、资源分布和环境变化等信息，表6-1为部分岩石单轴压缩产生的电磁信号强度与频率统计。

表 6-1 部分岩石单轴压缩产生的电磁信号强度与频率统计

材料类型	电磁信号强度	电磁信号频率
花岗岩、大理岩等	0.1~5 V	100 Hz~5 MHz
石灰岩	0.2~2 mV	15 kHz~10 MHz
煤	0.2~3 mV	3 kHz~2 MHz
砂岩	0.1~4 V	0.8~13 kHz
组合煤岩	0.1~3 V	0~600 kHz

6.2.4.2 环境条件（温度、湿度、压力等）

岩石的形成和性质受到环境条件的影响，其中温度和压力是最为重要的环境因素之一，同时也会影响岩石的电磁辐射特性。

（1）温度：岩石受到不同温度条件下的影响。其内部结构和矿物组成可能会发生变化。高温环境下，岩石中的矿物可能发生熔融、晶体结构改变等过程，这会对岩石的电磁辐射特性产生影响。

（2）压力：是指岩石所受到的外部应力情况，不同的压力条件下会导致岩石的密度、结构等发生变化。压力的变化也会影响岩石的导电性能，从而影响岩石的电磁辐射特性。

6.2.4.3 应力状态与加载速率

应力状态和加载速率是岩石行为和力学性质的重要因素。不同的应力状态和加载速率会导致岩石内部结构的改变，这种结构改变可能会影响岩石中的电荷分布情况，进而影响岩石的电磁辐射。应力状态是指岩石受到的应力状态是指施加在岩石上的力对岩石产生的作用。不同的应力状态会对岩石的变形和破坏产生不同的影响，如表 6-2 所示。

表 6-2 应力状态和加载速率对岩石变形和破坏产生的影响

影响因素	分类	释 义
应力状态	压应力状态	压应力状态下，岩石会受到压缩变形，岩石内部的孔隙可能被闭合，岩石变密实。这种应力状态可以使岩石更加坚硬和稳定
	拉应力状态	拉应力状态下，岩石会发生拉伸变形。岩石内部可能会出现裂隙和断裂，岩石的强度可能会降低
	剪应力状态	剪应力状态下，岩石会发生剪切变形。岩石内部会发生滑动、屈曲和断裂，岩石的强度和稳定性会受到影响
加载速率	慢加载速率	在慢加载速率下，岩石会有足够的时间进行塑性变形，岩石变形较为均匀和连续，强度相对较高
	快加载速率	在快加载速率下，岩石会发生更明显的弹性变形和断裂，岩石的强度可能会降低，易破裂

6.2.4.4　岩石损伤与裂纹发展

（1）岩石损伤：岩石在应力加载下可能会发生损伤，损伤是指岩石内部的微小裂纹、孔隙或断裂等缺陷形成和扩展的过程。损伤可以导致岩石强度和刚度的下降，并影响岩石的稳定性。

（2）微观损伤：微观损伤是指岩石内部的微小裂纹、孔隙等缺陷的形成和扩展。这些微观损伤会导致岩石强度的下降和变形的不可逆性。

（3）宏观损伤：宏观损伤是指岩石中裂纹和断裂的形成和扩展。宏观损伤表现为岩石的开裂、断裂和破碎等现象。

（4）裂纹发展：裂纹发展是指岩石内部裂纹的扩展过程。岩石中的裂纹可以分为两种类型：张裂纹和剪裂纹。

1）张裂纹：张裂纹是指垂直于加载方向的裂纹，其扩展与拉伸应力有关。张裂纹的扩展会导致岩石的开裂和断裂。

2）剪裂纹：剪裂纹是指与加载方向平行或近似平行的裂纹，其扩展与剪切应力有关。剪裂纹的扩展会导致岩石的滑动、屈曲和断裂。

裂纹发展对岩石的强度和稳定性产生重要影响。当裂纹扩展到一定程度时，岩石可能会失去强度，发生破碎和断裂，因此会产生电磁响应，影响岩石电磁辐射特性。

6.2.5　岩石电磁辐射检测技术

6.2.5.1　检测方法概述

岩石电磁辐射检测技术是一种利用岩石自身的电磁辐射特性进行岩石勘探和检测的方法。这种技术可以用于地质勘探、矿产勘查、岩体稳定性监测等领域。以下是岩石电磁辐射检测的一般方法：

（1）自然电磁辐射检测：岩石在地下受到地球自然电磁场的影响，会产生自然电磁辐射。这种辐射可以受到地下矿产、地下水、地质构造等因素的影响而发生变化。通过对自然电磁辐射的检测和分析，可以推断地下岩石或矿产的性质和分布情况。

（2）人工激发电磁辐射检测：为了增强信号和探测深度，可以采用人工激发电磁辐射的方法。通过向地下发送特定频率的电磁波，激发地下岩石的电磁响应，然后检测并分析反射回来的电磁信号，从而获取地下岩石的信息。

（3）电磁探测仪器：用于岩石电磁辐射检测的仪器包括电磁感应测量仪、地电法仪器、地磁法仪器等。这些仪器能够测量地下岩石的电阻率、介电常数、磁化率等物理参数，从而揭示地下岩石的特征和构造。

（4）数据处理和解释：采集到的电磁数据需要经过处理和解释才能得出有用的地质信息。这包括数据滤波、反演处理、成像和解释等步骤，最终形成地下岩石结构的模型和图像。

岩石电磁辐射检测技术在地质勘探和工程地质领域具有重要的应用价值，可以帮助地质工作者更好地理解地下岩石构造和性质，指导矿产勘查和工程设计。同时，这项技术也在地震前兆监测等领域有着潜在的应用前景。

6.2.5.2　仪器设备介绍

岩石电磁辐射检测技术需要使用特定的仪器设备来进行数据采集和分析。以下是一些常见的用于岩石电磁辐射检测的仪器设备介绍。

（1）电磁感应测量仪：电磁感应测量仪是用于测量地下岩石对电磁波的响应的仪器。它可以测量地下岩石的电磁导率和磁化率等参数，从而获取地下岩石的电磁特性信息。

（2）地震仪：地震仪也可以用于岩石电磁辐射检测中，通过记录地下地震波的传播情况，可以推断出地下岩石的构造和性质。

（3）数据处理系统：采集到的电磁数据需要通过数据处理系统（见图6-4）进行处理和解释，这可能涉及地球物理学方法、信号处理算法以及地质模型的构建。

扫码看彩图

图 6-4　德国安诺尼强固型便携实时频谱仪 V6 XFR PRO

以上仪器设备是岩石电磁辐射检测中常用的设备，它们的使用可以帮助我们了解地下岩石的性质和构造，为地质勘探和工程地质提供重要的支持。

6.2.5.3　数据处理与分析

岩石电磁辐射检测技术的数据处理与分析是非常重要的环节，可以帮助从采集到的原始数据中提取出有用的地质信息。以下是岩石电磁辐射检测技术中常见的数据处理与分析方法流程，如图6-5所示。

图 6-5　数据处理与分析方法流程

数据处理与分析是岩石电磁辐射检测技术中不可或缺的环节，它能够为地下岩石的勘探、资源评价和工程设计提供重要的支持。通过合理的数据处理方法和准确的数据分析，可以揭示地下岩石的特征，为地质工作者做出准确的决策和判断提供依据。

6.2.5.4　技术优势与局限

岩石电磁辐射检测技术是一种无损、非侵入式的地球物理勘探技术，具有以下优势：

（1）探测深度较大：岩石电磁辐射检测技术可以探测较深的地下物质，探测深度可达数百米至千米，远高于传统的地球物理勘探技术。

（2）非侵入性：与钻探等传统勘探技术相比，岩石电磁辐射检测技术不需要在地下进行钻孔或爆破等破坏性操作，对环境和地质资源的保护更加友好。

（3）数据解释简单：岩石电磁辐射检测技术所获取的数据直接反映了地下物质的物理特征，数据解释相对简单、直观。

（4）适用范围广：岩石电磁辐射检测技术适用于矿产勘探、水文地质、地质灾害预警、环境监测等领域。

然而，岩石电磁辐射检测技术也存在局限性：

（1）数据解释存在复杂性：岩石电磁辐射检测技术的数据解释需要结合地质背景知识，数据解释相对复杂，需要具备一定的专业知识。

（2）受地质条件影响较大：岩石电磁辐射检测技术对地质条件的依赖性较强，如地下含水量、矿物成分等因素会对数据采集和解释产生影响。

（3）成本较高：岩石电磁辐射检测技术所需要的设备和人员技术水平都比较高，因此成本相对较高。

6.3 电磁辐射能量计算

电磁辐射是电磁场波动的传播，它可以以波或量子（被称为光子）的形式存在。电磁辐射包含了从非常短波长的伽马射线和 X 射线到非常长波长的无线电波的电磁波谱的所有形式。电磁辐射的特性由其波长（或频率）决定，不同波长的电磁辐射在能量、穿透力和与物质的相互作用方面有所不同。电磁辐射能量计算的重要性体现在通信、医学、能源、科学研究、日常生活、安全、环境监测多个方面。电磁辐射的研究背景源远流长，从 19 世纪麦克斯韦提出的电磁理论，到赫兹实验验证电磁波的存在，再到爱因斯坦对光电效应的解释和量子化理论的发展，电磁辐射的研究一直是物理学中最为活跃的领域之一。随着技术的发展，人们不仅能够更深入地理解电磁辐射的本质，还能够将这些知识应用于各种实际问题和技术创新中。

6.3.1 电磁辐射的基本原理

6.3.1.1 电磁波谱

电磁波谱是描述电磁辐射按照频率或波长排列的全貌。电磁波谱涵盖了从极低频的无线电波到极高频的伽马射线的所有类型的电磁辐射。如图 6-6 所示，电磁波谱通常分为以下几个主要部分：

（1）无线电波（radio waves）：这是波谱中波长最长的部分，波长从一毫米到数千公里不等。无线电波用于广播、电视传输、手机通信和雷达等。

（2）微波（microwaves）：微波的波长比无线电波短，为 1 mm～1 m。微波被广泛应用于微波炉、某些无线通信技术（如 Wi-Fi 和蓝牙），以及卫星通信等。

（3）红外线（infrared radiation）：红外线的波长比微波短，为 700 nm～1 mm。红外线被用于遥控器、热成像摄像头，以及一些加热设备。

（4）可见光（visible light）：波长介于 400～700 nm 的电磁辐射，是人眼可以感知的唯

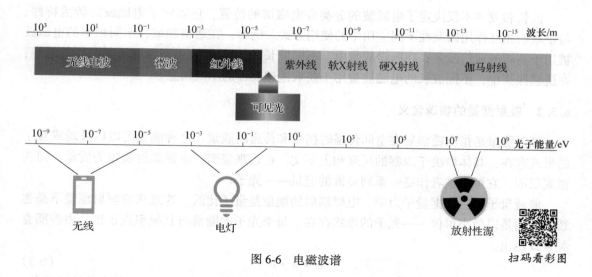

图 6-6　电磁波谱　　扫码看彩图

一部分。可见光是日常生活中最熟悉的电磁辐射形式，用于照明、摄影和视觉观察等。

（5）紫外线（ultraviolet radiation）：紫外线的波长短于可见光，为 10～400 nm。紫外线用于消毒、荧光检测，以及太阳灯等。

（6）X 射线（X-rays）：X 射线的波长比紫外线还要短，从 0.01 nm 到 10 nm 不等。X 射线广泛用于医学成像和材料分析。

（7）伽马射线（gamma rays）：波长小于 0.01 nm 的电磁辐射，属于波谱中能量最高的部分。伽马射线主要来源于核反应和宇宙射线，用于癌症治疗、天文观测和核物理研究。

电磁波谱中不同类型的辐射具有不同的物理特性和生物效应。它们与物质的相互作用方式也各不相同，包括反射、折射、吸收、散射和穿透等。正是这些特性使得电磁辐射能够在各种不同的科学、技术和工业领域中发挥作用。了解电磁波谱对于开发新技术、提高现有技术的性能以及保护人类健康和安全都至关重要。

6.3.1.2　波长和频率

波长 λ 和频率 ν 是描述电磁波特性的两个基本物理量，它们之间存在密切的关系，并共同决定了电磁辐射的能量。

（1）波长 λ：波长是指在电磁波传播过程中，相邻两个相位相同的点（如两个波峰或两个波谷）之间的最短距离。波长通常以米（m）作为单位，但也可以使用更小的单位如纳米（nm）、微米（μm）等，取决于讨论的电磁波的频段。

（2）频率 ν：频率是指单位时间内波峰经过某一固定点的次数，反映了电磁波振动的快慢。频率的单位是赫兹（Hz）。

能量与频率的关系：根据量子力学，电磁辐射的能量与其频率成正比，这一关系由普朗克关系式给出：

$$E = h \cdot \nu \tag{6-1}$$

式中，E 为单个光子的能量；h 为普朗克常数，大约是 6.626×10^{-34} J/s。这表明高频电磁波（如伽马射线、X 射线）携带的能量比低频电磁波（如无线电波、微波）要大。

波长和频率不仅决定了电磁波的分类和电磁谱的位置，还影响了电磁波的传播特性、与物质的相互作用以及在不同应用中的使用方式。例如，在通信领域，不同频率的电磁波被用于不同的通信服务；在医学成像中，不同波长的 X 射线被用来探测不同类型的组织；在遥感探测中，不同波长的电磁波被用于获取地球表面的不同信息。

6.3.2 辐射能量的物理含义

辐射能量是指电磁辐射在空间传播时携带和传递的能量。这种能量可以以波动或粒子的形式存在，具体取决于观察的尺度和上下文。在宏观层面，电磁辐射表现为波动，而在微观层面，它可以被看作是一系列离散的能量——光子。

能量量子化：根据量子力学，电磁辐射的能量是量子化的。这意味着辐射能量不是连续的，而是以最小单位——光子的形式存在。每个光子的能量与其频率成正比，由普朗克关系式给出。

$$c = \lambda \cdot \nu \tag{6-2}$$

式中，c 为电磁波在真空中的传播速度，即光速，大约是 3×10^8 m/s。这意味着波长越长，频率就越低；反之，波长越短，频率就越高。

电磁波的传播：电磁辐射以电磁波的形式在空间中传播。电磁波是由振荡的电场和磁场组成的，这些场在互相垂直的方向上变化，并以光速在真空中传播。电磁波的传播不需要介质，因此它可以在真空中传输能量。

与物质的相互作用：当电磁辐射遇到物质时，它可以被物质吸收、反射、折射或散射。吸收过程中，辐射能量转化为物质的内能，通常表现为热能或导致电子能级跃迁等。例如，太阳辐射被地球大气和表面吸收后转化为热能，驱动地球上的天气系统和气候变化。

能量守恒：在辐射能量的相互作用过程中，能量守恒定律始终成立。这意味着辐射能量在与物质相互作用时不会消失，只是从一种形式转换为另一种形式。

6.3.3 电磁辐射能量的计算方法

6.3.3.1 麦克斯韦方程组

麦克斯韦方程组是电磁学中非常重要的基本定律之一，它可以用于解决许多与电流和磁场相关的问题。组成麦克斯韦方程组的四个方程分为：描述静电的高斯电场定律（6-3）、描述静磁的高斯磁场定律（6-4）、描述磁生电的法拉第定律（6-5）和描述电生磁的安培-麦克斯韦定律（6-6）的积分形式。其中，高斯电场定律表明穿过闭合曲面的电通量正比于这个曲面包含的电荷量。高斯磁场定律表明穿过闭合曲面的磁通量恒等于 0。法拉第定律表明穿过曲面的磁通量的变化率等于感生电场的环流。安培-麦克斯韦定律表明穿过曲面的电通量的变化率和曲面包含的电流等于感生磁场的环流。

$$\oint E \cdot \mathrm{d}S = \frac{Q}{\varepsilon} \tag{6-3}$$

$$\oint B \cdot \mathrm{d}S = 0 \tag{6-4}$$

$$\oint E \cdot dl = - \iint_S \frac{\partial B}{\partial t} \cdot dS \qquad (6\text{-}5)$$

$$\oint B \cdot dl = -\mu_0 \left(\iint_S \frac{\partial E}{\partial t} \cdot dS + I \right) \qquad (6\text{-}6)$$

式中，$\oint$ 为沿着回路的环路积分；Q 为闭合曲面内包含的电荷总量；ε 为真空介电常数；dS 为回路中的微小面积，m^2；B 为磁场强度；E 为回路电场强度；dl 为回路上的微小位移；μ_0 为真空中的磁导率；I 为通过回路的电流，A。

6.3.3.2 斯特藩-玻耳兹曼定律

斯特藩-玻耳兹曼定律（Stefan-Boltzmann law）是描述黑体辐射的物理定律。该定律表明，一个黑体单位面积在单位时间内辐射的总能量与其绝对温度的四次方成正比。

斯特藩-玻耳兹曼定律可以用以下公式表示：

$$P = \varepsilon A T^4 \qquad (6\text{-}7)$$

式中，P 为单位面积黑体辐射的总能量；ε 为斯特藩-玻耳兹曼常数，约为 5.67×10^{-8} W/($m^2 \cdot K^4$)；A 为黑体的表面积；T 为黑体的绝对温度。

这个定律说明了黑体辐射强度与温度之间的关系。根据斯特藩-玻耳兹曼定律，随着黑体温度的升高，它所辐射的能量也会大幅增加。这就是为什么高温物体（如炉子或恒星）呈现出明亮的发光现象。

斯特藩-玻耳兹曼定律的应用非常广泛，不仅限于研究黑体辐射，还可用于计算天体物理学、热辐射和能源转换等领域的问题。该定律对于理解热力学和能量传递过程具有重要的意义。

6.3.3.3 黑体辐射

黑体辐射是指一个理想化的物体，它能够完全吸收所有射入它的电磁辐射，并以最大效率地重新发射出来。这个物体不会反射、透射或散射任何辐射，而是将所有能量都通过辐射的方式释放出来。

黑体辐射是热辐射的一个重要现象，它可以用来解释许多与热学和量子物理相关的现象。根据黑体辐射的研究，人们得出了斯特藩-玻耳兹曼定律、普朗克辐射定律和维恩位移定律等重要的物理规律。

根据斯特藩-玻耳兹曼定律，黑体单位面积在单位时间内辐射的总能量与其绝对温度的四次方成正比。普朗克辐射定律则描述了黑体辐射的频谱分布，它表明辐射功率与频率成正比，并与绝对温度有关。维恩位移定律则指出，黑体辐射的峰值频率与其绝对温度成反比。

这些定律对于理解热辐射和能量传输非常重要，并在物理学、天体物理学、热力学和能源领域有广泛的应用。黑体辐射的研究也为量子理论的发展提供了重要的实验基础，对于解释光电效应、原子和分子能级跃迁等现象具有重要意义。

6.3.4 温度与辐射能量的关系

温度与辐射能量之间存在着密切的关系。根据斯特藩-玻耳兹曼定律，辐射能量与温度的关系是一个四次方关系。斯特藩-玻耳兹曼定律表明，一个黑体单位面积在单位时间内辐射的总能量与其绝对温度的四次方成正比。如公式（6-7）所示，当温度升高时，黑体辐射的能量也会随之增加。换句话说，高温物体相比低温物体会辐射出更多的能量。

这个关系可以解释为，温度的增加导致了黑体内部分子和原子的热运动增强，从而增加了辐射能量。温度越高，分子和原子的平均能量也就越大，因此它们以更高的频率和更高的能量发射光子。

6.4　岩石破裂突变与电磁辐射的对应关系

岩石的破裂是地球内部动力学活动的直接表现，其过程涉及能量的迅速释放和物质结构的改变。在自然界中，岩石破裂常常与地震活动紧密相关，而在工程领域，如矿山开采、隧道掘进等，岩石的稳定性直接关系到工程的安全性。岩石破裂与电磁辐射的研究不仅具有重要的科学价值，也有着广泛的社会应用前景。

6.4.1　岩石破裂与电磁辐射的基本理论

岩石力学性质是指岩石在外力作用下的物理和力学反应特性，这些性质会影响岩石的电磁辐射现象。在与电磁辐射相关的岩石力学性质中，包括弹性模量、泊松比、抗压强度、抗拉强度、剪切强度等相关参数介绍已在第 2 章中叙述，这里不再展开介绍。此外，其还包括疲劳性质与断裂韧性：

（1）疲劳性质（fatigue properties）：岩石在循环载荷作用下的损伤累积和破坏行为。疲劳性质对于评估长期工程稳定性非常重要。

（2）断裂韧性（fracture toughness）：岩石抵抗裂纹扩展的能力，是衡量岩石破裂前能够吸收的能量的指标。

实验研究表明，对于花岗岩、砂岩等抗拉强度低、矿物颗粒大的岩石，岩石破裂产生的电磁辐射主要由拉伸开裂引起。对于抗拉强度相对较高、矿物颗粒小的大理石、玄武岩等岩石，岩石破裂产生的电磁辐射主要由剪切开裂引起。岩石电磁辐射包含两种特征波形，即低频小振幅连续波和变频大振幅脉冲波。低频连续波的振幅与开裂模式、岩石强度和矿物成分有关。压剪压裂产生的主频为 $1 \sim 10$ kHz，而无压剪裂隙的岩石中产生的电磁辐射没有明显的主频，主频范围为 $0 \sim 600$ kHz。

6.4.2　岩石破裂机制

岩石破裂机制是指岩石在受力作用下从微观裂纹萌生、扩展到最终宏观破裂的整个过程。这一机制涉及多个层面的物理现象，包括但不限于岩石内部的应力分布、裂纹的形态演化以及岩石材料的本构关系等。以下是几种主要的岩石破裂机制：

（1）弹性破裂（elastic fracture）：当岩石中的应力超过其抗拉强度时，会产生新的裂纹或使原有裂纹扩展。这一过程通常是突发性的，伴随着能量的迅速释放。

（2）塑性变形（plastic deformation）：在某些条件下，岩石可能通过塑性流动或滑移来适应外界应力，而不立即发生断裂。这种情况下，岩石的变形是在分子或晶体结构层面上的永久性变化。

（3）脆性-塑性转换（brittle-ductile transition）：随着温度和压力的变化，岩石的破裂行为可以从脆性断裂转变为塑性流动。在地壳深部，高温高压条件下，岩石更倾向于塑性变形而非脆性破裂。

（4）应力腐蚀破裂（stress corrosion cracking）：这是一种由化学反应和应力共同作用导致的裂纹扩展机制。在岩石中，水或其他化学物质可以渗透到裂纹尖端，加速裂纹的扩展。

（5）疲劳破裂（fatigue fracture）：长期的、重复的应力循环可能导致岩石材料逐渐损伤并最终破裂。这种破裂是累积性的，通常表现为裂纹的逐步扩展。

（6）热破裂（thermal fracture）：温度变化引起的热应力也可以导致岩石破裂。快速的温度变化特别容易造成岩石内部应力不均，进而诱发裂纹。

破裂机制对于研究岩石在不同环境下的破裂行为至关重要。这些机制不仅影响岩石的破裂模式，还可能影响岩石破裂时伴随的电磁辐射特性。例如，脆性破裂往往伴随着突发的能量释放，可能会产生较强的电磁信号；而塑性变形可能导致较弱或不同特性的电磁信号。

6.4.3 岩石破裂与电磁辐射

岩石破裂与电磁辐射之间的联系是一个复杂且多方面的问题，涉及物理、地质、材料科学等多个学科。岩石破裂过程中产生电磁辐射可能存在多种机制，以下是电磁辐射的一些基本原理：

（1）电荷重新分布：岩石破裂过程中，原本被束缚在岩石内部的电荷可能会因为裂纹的形成和扩展而重新分布。这种电荷的分离和运动可以产生电磁场的变化，从而导致电磁辐射的发生。

（2）摩擦电效应：岩石断裂时，不同矿物的接触和相对滑动可以通过摩擦电效应产生电荷。这些电荷的积累和释放可能会导致短暂的电磁信号。

（3）压电效应：某些类型的岩石（如石英）具有压电性质，即在受到机械压力时能够产生电荷。岩石破裂过程中的应力重新分布可能会激发压电效应，从而产生电磁辐射。

（4）微裂纹模型：岩石内部的微裂纹在受到外部应力作用下会发生开闭和扩展，这些微观层面上的变化可能会伴随着电荷的释放和电磁辐射的产生。

（5）磁性变化：岩石破裂还可能影响岩石内部的磁性矿物，改变磁畴结构或磁化强度，这种磁性变化也可能伴随着电磁辐射的产生。

（6）流体运动：在岩石破裂的过程中，如果涉及流体（如水）的运动，流体的流动可能会在岩石的裂隙中产生电动势，进而生成电磁信号。

（7）热释电效应：岩石破裂时产生的热量可能导致岩石内部某些矿物发生热释电效应，即温度变化引起的电荷分离，这也可能产生电磁辐射。

6.4.4 案例研究

6.4.4.1 地震前兆中的电磁异常现象

地震前兆中的电磁异常现象是指在地震发生前，地球电磁场参数出现不同寻常的变化。这些异常通常被认为与地壳应力和岩石破裂过程有关。虽然地震预测领域仍然存在很多挑战，但研究者已经观测和记录了一些与地震相关的电磁异常现象。

（1）地电阻率变化：地震前，地下岩石破裂导致的裂隙发展和流体运动可能会改变岩石的电导率，从而引起地电阻率的变化。

（2）地磁场变化：地震前岩石的压力累积和断层活动可能会影响地磁场的分布和强度，造成局部或区域性的磁场异常。

（3）地震电磁信号（seismo-electromagnetic signals）：这种信号包括在地震前后观测到的各种频率范围内的电磁波形，如极低频（ELF）波、甚低频（VLF）波等。

（4）离子层扰动：地震前的岩石活动可能会产生电离层扰动，影响无线电波的传播，这种效应可以通过无线电通信技术检测到。

（5）自然电场变化：地震前由于岩石内部电荷重新分布或裂纹中的流体运动，可能会导致地表自然电场的异常变化。

（6）地震光现象：在某些地震中，目击者报告了所谓的"地震光"现象，即在地震前或同时出现的奇异光线。这可能与地壳应力变化引起的电荷分离和电磁辐射有关。

（7）暂态电磁场异常：地震前可能会出现短暂的电磁场变化，这些变化可能与断层带中的应力调整和岩石破裂过程有关。

电磁异常现象在理论上与地震活动有关联，但地震预测仍然是一个极其复杂的问题。首先，地震过程本身极其复杂，涉及多种物理机制。其次，电磁异常信号往往不稳定且易受环境噪声干扰，因此很难进行精确的识别和解释。尽管已经有一些案例研究和统计分析支持地震前兆中电磁异常的存在，但这些异常的普遍性、可重复性以及与地震直接因果关系的确立仍然是科学界争论的焦点。因此，电磁前兆现象提供了一个潜在的地震预测途径，但它们目前还不能作为可靠的地震预报工具。

6.4.4.2 矿山崩塌事故中的电磁信号监测

矿山崩塌是采矿活动中常见的一种严重事故，它通常突然发生并具有极大的破坏性。由于岩石破裂与电磁信号之间存在理论联系，矿山安全监测领域的研究者和工程师尝试利用电磁信号监测技术来预警矿山崩塌和其他地下灾害。在矿山崩塌事故中，岩石的破裂和移动可能伴随着电磁异常。

（1）电磁辐射监测：岩石破裂时，可能会产生瞬态的电磁辐射。监测这些辐射可以提供有关岩石应力状态和潜在破裂的信息。使用特殊的传感器，如电场传感器和磁场传感器，可以在地面或地下监测到这些信号。

（2）电阻率成像：岩石的电阻率随着裂缝的产生和扩展而变化。电阻率成像技术（如电阻率层析成像）可以用来监测这些变化，从而推断岩体的稳定性。

（3）自然电位监测：岩石的破裂和流体的运动可能引起地下电位的变化。通过监测自然电位的长期变化，可能能够探测到矿山崩塌前的异常信号。

（4）电磁波法：使用电磁波探测技术，如地质雷达（GPR），可以探测到岩石内部结构的变化，这有助于识别潜在的危险区域。

（5）电磁感应法：通过电磁感应技术，可以测量岩石中的电磁场响应，从而评估岩石的导电性和裂缝发展情况。

（6）无线电频谱监测：岩石破裂过程中可能会影响无线电频谱的传播特性。监测这些变化可以提供岩石破裂和滑移的证据。

这些监测技术可以单独使用，也可以与其他地质监测方法（如声波监测、地震监测等）结合起来，以提高预警的准确性和可靠性。然而，电磁信号监测同样存在挑战，包括信号的干扰问题、设备的灵敏度、数据处理和解释的复杂性等。尽管目前还没有一种能够广泛且有效预警矿山崩塌的电磁监测技术，但这个领域的研究仍在不断进步。

6.5 电磁辐射技术在智能采矿中的应用

当前，智能工业革命高潮到来，矿山管理智能化是为适应中国当代科技信息产业发展趋势，确保矿产能源高效供应、促进国内采矿工业高质量发展的核心。运用信息技术、智能装备制造机器人技术和人工智能技术领域的研究成果，实现对矿物的安全、高效、绿色循环开采和科学利用，实现采矿系统智能化，已成为今后采矿工业科技发展的必由之路。当前，围绕智能采矿生产和矿山智能及无人值守采矿中的关键技术需求，突破行业领域的核心问题，加快我国智能、安全、高效优质矿物加工生产新系统的建设，已成为国家的主要建设目标。

6.5.1 电磁辐射在智能采矿中的应用

电磁辐射技术在智能采矿中的应用是多样且广泛的。它可以用于地下矿藏的探测，提高采矿效率；同时，它还可以用于地下矿井的通信，实现实时监测和指导。通过充分利用电磁辐射技术，可以实现智能采矿，提高采矿效率和安全性。电磁辐射在智能采矿中的应用具体如下：

（1）电磁辐射技术在勘探中的应用。在采矿过程中，勘探是非常重要的一环。传统的勘探方法往往需要大量的人力和物力投入，效率低下。而利用电磁辐射技术进行勘探可以大大提高勘探效率。例如，通过使用电磁辐射技术，可以快速准确地探测到地下矿藏的位置和规模。因此，采矿公司可以更加精确地确定采矿区域，避免资源浪费和环境破坏。

（2）电磁辐射技术在安全监测中的应用。采矿过程中，安全问题一直是工程师们关注的焦点。电磁辐射技术在安全监测中的应用可以帮助工程师及时发现潜在的安全隐患。例如，通过使用电磁辐射技术，可以实时监测矿井内部的气体浓度和温度变化，及时预警并采取相应的措施，保障矿工的安全。

（3）电磁辐射技术在设备监控中的应用。智能采矿中，设备监控是一个重要的环节。利用电磁辐射技术可以实现对设备状态的实时监测和故障诊断。例如，通过使用电磁辐射技术，可以对采矿设备的振动、温度、电流等参数进行监测，及时发现设备故障并进行维修，避免因设备故障导致的生产中断和安全事故。

（4）电磁辐射技术在环境保护中的应用。智能采矿不仅要追求高效率和高产量，还要注重环境保护。电磁辐射技术在环境保护中的应用可以帮助采矿公司及时发现和处理环境污染问题。例如，通过使用电磁辐射技术，可以监测采矿过程中产生的废水和废气的排放情况，及时采取措施减少对环境的影响。

电磁辐射技术在智能采矿中具有广泛的应用前景。它可以在提高勘探效率、加强安全监测、实现设备监控和保护环境等方面发挥重要作用。随着科技的不断进步，相信电磁辐射技术在智能采矿中的应用将会越来越广泛，为采矿行业带来更多的便利和效益。

6.5.2　冲击煤岩电磁辐射规律

　　煤岩在各种应力状态下的变形和破裂过程中会伴随着电磁辐射信号的产生。这些信号的强度与施加在岩石上的应力大小相关，即应力越大，电磁辐射越强。在大部分试样中，主要破坏前的电磁辐射以及其变化率都呈现显著的增强。在矿岩试样发生冲击性破坏之前，电磁辐射强度通常保持在某个值以下，而在冲击破坏发生时，电磁辐射强度会突然增加。因此，可以将煤岩体在承受载荷作用下冲击破坏的最大应力的80%作为矿岩体冲击破坏的应力预警区域。根据电磁辐射与煤岩应力之间存在的对应关系，可以得出煤岩体冲击破坏的应力预警区域对应的电磁辐射预警值。通过确定这个预警值，可以进行煤岩体冲击破坏的预报。实验研究表明，煤岩电磁辐射脉冲累计数 N 与载荷 P 之间存在一定的关系，如图 6-7 所示。通过以上研究，可以利用煤岩体在不同应力状态下的电磁辐射特性来预测其冲击破坏。这项研究有助于提供煤矿安全预警和监测手段，为保障矿工的安全提供重要参考。结果表明煤岩体电磁辐射的脉冲数随着载荷的增大及变形破裂的增强而增大，即煤岩体应力越大，变形破裂越强，电磁辐射信号也越强。

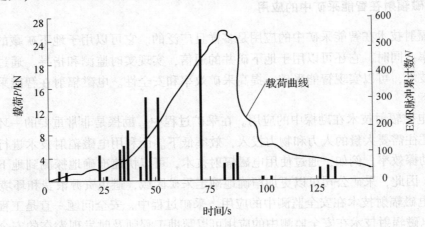

图 6-7　电磁辐射脉冲累计数 N 与载荷 P 关系图

6.5.3　井下综合监测系统布置应用

　　声发射和电磁辐射综合监测系统图如图 6-8 所示。该系统利用 KJ 系列矿井环境与安全监测系统作为通信平台，通过将声发射监测仪和电磁辐射监测仪连接到 KJ 系列分站，将监测到的声发射和电磁辐射信号传送至计算机监测中心。

　　在计算机监测中心，通过终端机的监测和相关分析软件的数据处理，系统可以对煤岩动力灾害的声发射和电磁辐射信号进行采集、分析和预报。这样可以实现对较大范围内的整体监测以及对某一具体危险区域的连续监测。该综合监测系统结合现场情况和矿压显现规律，能够提供预警提示。当危险程度增加时，系统会发出提醒，以促使采取相应的防治措施，从而确保采矿作业人员的安全，并保障矿井的连续生产。通过声发射和电磁辐射的综合监测，系统可以实时监测和预警采掘工作面或巷道的区域和动态性，为矿井安全管理提供有力支持。

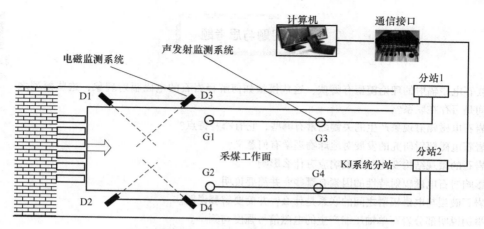

图 6-8 声发射与电磁辐射综合监测系统图

6.5.4 电磁辐射信号在金属矿岩中的传播

岩石中含有金属硫化物（如黄铁矿、黄铜矿、方铅矿等）的矿物通常会释放较强的电磁辐射信号。然而，接收天线与岩石标本之间的距离对信号强度有很大影响。在一些观测点，几乎无法探测到电磁信号，这很可能与岩石的高电导率相关。李夕兵等根据金属矿岩中波矢量的改变，得到了两种纵波条件下金属矿岩中电场的表达式。

$$E_2 = ce^{-\eta x}e^{-\alpha \cdot x}e^{i(\omega t - \beta x)} \tag{6-8}$$

计算结果表明：电场随着电导率、传播距离和初始损伤增大而不断减小。在电导率为 10^{-8} S/m 量级时，电导率对电场的衰减作用并不明显，当电导率增加到 10^{-4} S/m 量级时，电导率对电场的衰减逐渐增强。当电导率到达 10^{-2} S/m 时，电导率对电场的衰减作用十分显著。当电导率低于 10^{-3} S/m 量级时，电导率对电场的衰减作用相比于初始损伤显得"弱"一些。当电导率增大到近 10^{-2} S/m 时，电导率对电场的衰减作用越来越"强"。

6.6 本章小结

本章主要介绍了岩石中电磁辐射的特点、产生机制以及在智能采矿中的应用。通过麦克斯韦方程组，可以描述电磁波在岩石中的传播过程。岩石中的电磁辐射受到岩石的电导率、磁导率以及电磁波的频率等因素的影响。本章还介绍了岩石中电磁辐射的应用，通过对岩石中的电磁辐射进行观测和分析，可以获取地下结构信息、寻找矿产资源、监测地质灾害等。目前有多种理论模型解释岩石电磁辐射现象的发生，包括微裂纹模型、滑移模型、电荷分离模型等。岩石自身的电磁辐射可以进行地壳结构研究、矿产资源勘探、地震活动监测等多个领域的研究。

岩石中的电磁辐射是智能采矿地球物理学研究和勘探领域中一种重要的手段，通过对电磁波的测量和分析，可以获得地下介质的重要信息。随着科学技术的不断发展，岩石中电磁辐射方法也在不断创新和演进，为勘探资源、保护环境和预防自然灾害等提供了更加精确和全面的手段。

习题与思考题

6-1 岩石电磁辐射的理论模型有哪些，这些模型如何解释岩石的电磁辐射现象，这些模型之间是否存在联系？

6-2 岩石电磁辐射现象产生的关键因素有哪些，它有哪些特点？

6-3 岩石电磁辐射研究的发展对地球物理学有何意义？

6-4 岩石的微观结构变化对电磁响应有什么影响？

6-5 影响岩石电磁辐射特性的因素有哪些？并简要说明。

6-6 岩石破裂与电磁辐射之间的联系是什么？并简要解释说明。

6-7 举例说明部分岩石单轴压缩产生的电磁信号强度与频率。

6-8 岩石电磁辐射预警系统在地震灾害中的应用案例有哪些？

6-9 岩石电磁辐射的频谱特性如何用于地下水资源勘探和管理？

6-10 岩石电磁辐射的研究对于了解地球内部物质运动和地球动力学有何贡献？

参 考 文 献

［1］ 吴立新，刘善军，吴育华. 遥感-岩石力学引论：岩石受力灾变的红外遥感 ［M］. 北京：科学出版社，2007.

［2］ 吴立新，毛文飞，刘善军，等. 岩石受力红外与微波辐射变化机理及地应力遥感关键问题 ［J］. 遥感学报，2018，22 （S1）：146-161.

［3］ Brady B T, Rowell G A. Laboratory investigation of the electrodynamics of rock fracture ［J］. Nature, 1986, 321 （6069）：488-492.

［4］ Lv X, Pan Y, Xiao X, et al. Barrier formation of micro-crack interface and piezoelectric effect in coal and rock masses ［J］. International Journal of Rock Mechanics and Mining Sciences, 2013, 64 （12）：1-5.

［5］ Mastrogiannis D, Antsygina T N, Chishko K A, et al. Relationship between electromagnetic and acoustic emissions in deformed piezoelectric media: Microcracking signals ［J］. International Journal of Solids & Structures, 2015, 56-57：118-125.

［6］ Wei M, Song D, He X, et al. New approach to monitoring and characterizing the directionality of electromagnetic radiation generated from rock fractures ［J］. Journal of Applied Geophysics, 2023, 211：104925.

［7］ Keitaro, Horikawa, Keiko, et al. Impact compressive and bending behaviour of rocks accompanied by electromagnetic phenomena ［J］. Philosophical Transactions of the Royal Society Mathematical Physical & Engineering Sciences, 2014, 372 （2）：20130292.

［8］ Li X. Study on the characteristics of coal rock electromagnetic radiation （EMR） and the main influencing factors ［J］. Journal of Applied Geophysics, 2018, 148：216-225.

［9］ Kaneko H N T. Rectifying characteristics of semiconductor minerals: a model on seismo-electromagnetic radiation mechanism from ore bodies ［J］. Physics of the Earth and Planetary Interiors: A Journal Devoted to Obsevational and Experimental Studies of the Chemistry and Physics of Planetary Interiors and Their Theoretical Interpretation, 2021, 315 （1）：106694.

［10］ 何学秋，韦梦菡，宋大钊，等. 煤岩电磁辐射理论与技术新进展 ［J］. 煤炭科学技术，2023，51：168-190.

［11］ Ogawa T, Oike K Miura T. Electromagnetic radiations from rocks ［J］. Journal of Geophysical Research: Atmospheres, 1985, 90: 6245-6249.

［12］ Nardi A, Caputo M. Monitoring the mechanical stress of rocks through the electromagnetic emission produced by fracturing ［J］. International Journal of Rock Mechanics and Mining Sciences, 2009, 46: 940-945.

［13］ 何学秋, 孙晓磊, 殷山, 等. 岩石破坏过程磁场效应实验研究及其对地震预报的意义 ［J］. 地球物理学报, 2023, 66 (11): 4609-4624.

［14］ 谢和平. 电磁辐射法预测煤岩动力灾害技术及装备 ［J］. 设备管理与维修, 2003, 9: 46-47.

［15］ Lin P, Wei P, Wang C, et al. Effect of rock mechanical properties on electromagnetic radiation mechanism of rock fracturing ［J］. Journal of Rock Mechanics and Geotechnical Engineering, 2021, 13: 798-810.

［16］ 王立凤, 王继军, 陈小斌, 等. 岩石破裂电磁辐射 (EMR) 现象实验研究 ［J］. 地球物理学进展, 2007, 22 (3): 715-719.

［17］ 窦林名. 采矿地球物理学矿山震动 ［M］. 徐州: 中国矿业大学出版社, 2016.

［18］ 窦林名. 采矿地球物理理论与技术 ［M］. 北京: 科学出版社, 2014.

［19］ 聂百胜, 何学秋, 何俊, 等. 矿井工作面应力状态电磁辐射监测技术研究 ［C］. 全国岩石力学与工程学术大会, 2006, 5: 253-257.

［20］ 曹振兴, 彭勃, 王长伟, 等. 声发射与电磁辐射综合监测预警技术 ［J］. 煤矿安全, 2010, 41: 58-60.

［21］ 万国香, 王其胜, 李夕兵, 等. 电磁辐射信号在金属矿岩中的传播 ［J］. 中国钨业, 2019, 34 (3): 7-11.

[1] Ogawa T, Oike K, Miura T. Electromagnetic radiations from rocks [J]. Journal of Geophysical Research: Atmospheres, 1985, 10 (6245-62.6).

[12] Yamada S, Comninou M. Mantle anelasticity and growth laws from the migration processes [M]. Geophysics 1999, 18 (105-27): Q0: 015.

[13] 李学军, 郑灿堂, 杨杰, 等. 基于微波照射下煤岩裂隙发育规律及其影响因素 [J]. 煤炭学报, 2022, 66 (17): 1609-6622.

[17] 赵文彬, 郭保华等. 边坡岩体加固机理 [M]. 北京: 冶金工业出版社.

[18] 童立元等. 深部巷道围岩控制技术 [M]. 北京: 科学出版社, 2011.

[19] 董书宁, 杨志斌, 等. 巷道围岩应力监测系统研究 [C]. 全国防治水学术会议, 2006, 3: 255-257.

[20] 常庆粮, 赵斌, 王汉军等. 煤层开采地面沉降与地下水联合监测 [J]. 北京大学出版社, 38: 60.

[21] 万国香, 王君, 李萍, 等. 中铁科技在岩溶中的应用 [C].

7 重力法在智能采矿中的应用

矿山工业的发展历史悠久，其在人类文明中的作用不容忽视。自古以来，人类便开始开采地球的自然资源以满足生产与生活的需求。随着技术的发展与对资源需求的增长，传统的勘探方法已不能满足当代的矿业勘查需求。因此，地球物理勘探技术成为了矿业工程开发的重要工具之一。在所有的地球物理勘探技术中，重力法因其独特的优势成为矿山勘查中不可或缺的一部分。

7.1 重力的产生

7.1.1 重力与重力加速度

7.1.1.1 重力

在地球表面和其周围空间，物体都具有一种被称为重量的属性，这是由于受到重力的影响所产生的。物体的质量代表着其惯性和对引力的响应能力。尽管重量和质量有着紧密联系，但它们之间也存在一些差异。物体所经历的重力，是来自地球以及其他天体质量对其施加的引力，同时也包括了物体随着地球自转所产生的惯性离心力。

设想在地表有一个物体 A（见图 7-1），它由于地球质量所形成的万有引力 F 作用，方向大致指向地中央。物体 A 因地球自转而产生的惯性离心力记为 C，其方向垂直于地球自转轴 NS 并指向外部。那么引力和惯性离心力的合力 G 即为重力，其方向随着位置的不同而略有变化，但总体趋向地心。在地表上，物体 A 所受的重力方向即为当地的（铅）垂线方向。以上这些力可以用数学公式来表示为：

$$G = F + C \tag{7-1}$$

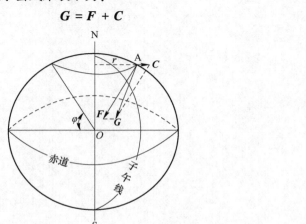

图 7-1 地球的重力

7.1.1.2 重力加速度

重力对物体的作用与物体本身的质量直接相关。在重力场中，单位质量的物体所受的引力称为重力场强度。当物体只受到重力的作用，没有其他外力影响时，它将自由地垂直下落；这种自由下落的加速度被称为重力加速度（用 g 表示）。重力加速度与物体所受重力的关系可以用以下方式表达：

$$G = mg \tag{7-2}$$

式中，m 为物体的质量；g 为重力加速度。

$$\frac{G}{m} = g \tag{7-3}$$

在克、厘米、秒单位制中，重力加速度的单位称为"伽"，用"Gal"表示，即

$$1 \text{ cm/s}^2 = 1 \text{ Gal（伽）}$$

在国际单位制（SI）中，重力的单位是 kg·m/s^2，而重力加速度的单位是 m/s^2。国际通用重力单位（gravity unit）被规定为 10^{-6} m/s^2，简写成"g.u."，即

$$1 \text{ m/s}^2 = 10^6 \text{ g. u.}$$

并有下列关系：

$$1 \text{ Gal（伽）} = 10^4 \text{ g. u.} = 10^{-2} \text{ m/s}^2$$
$$1 \text{ mGal（毫伽）} = 10^{-3} \text{ Gal} = 10 \text{ g. u.} = 10^{-5} \text{ m/s}^2$$
$$1 \text{ μGal（微伽）} = 10^{-3} \text{ mGal} = 10^{-2} \text{ g. u.} = 10^{-8} \text{ m/s}^2$$

7.1.2 重力位及正常重力公式

7.1.2.1 重力的数学表达式

选择直角坐标系，将原点设在地心。使得 Z 轴与地球的自转轴重合，而 X 和 Y 轴则在赤道面内，如图 7-2 所示。根据牛顿的万有引力定律，地球质量对其外部的任一点 $A(x, y, z)$ 处的单位质量所产生的引力 F 为：

$$F = G \int_M \frac{\mathrm{d}m}{\rho^2} \frac{\boldsymbol{\rho}}{\rho} \tag{7-4}$$

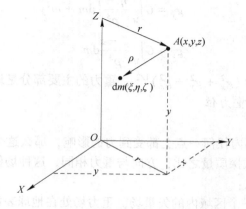

图 7-2　计算地球重力的坐标系

在公式（7-4）中，G 是万有引力常数，实验测定其值为 $6.672×10^{-11}\,\mathrm{m^3/(kg \cdot s^2)}$；$\mathrm{d}m$ 表示地球内部的质量元，其坐标为（ξ，η，ζ）；ρ 则表示点 A 到质量元 $\mathrm{d}m$ 的距离，即

$$\rho^2 = (\xi - x)^2 + (\eta - y)^2 + (\zeta - z)^2$$

$\dfrac{\boldsymbol{\rho}}{\rho}$ 为 A 点到 $\mathrm{d}m$ 方向的单位矢量。式（7-4）的积分应遍及地球的所有质量 M。

在 X、Y、Z 三个坐标轴方向引力的分量分别为：

$$F_x = F \cdot \cos(F,\ X) = G\int_M \frac{\xi - x}{\rho^3}\mathrm{d}m$$

$$F_y = F \cdot \cos(F,\ Y) = G\int_M \frac{\eta - y}{\rho^3}\mathrm{d}m \qquad (7-5)$$

$$F_z = F \cdot \cos(F,\ Z) = G\int_M \frac{\zeta - z}{\rho^3}\mathrm{d}m$$

式中，$\cos(F,\ X)$、$\cos(F,\ Y)$、$\cos(F,\ Z)$ 分别为引力 F 与 X、Y、Z 三个坐标轴夹角的方向余弦。

地球自转的角速度为 ω，自转轴到点 A 的矢径为 $\boldsymbol{r}$，其大小表示为 $r = (x^2 + y^2)^{1/2}$，方向由自转轴经过点 A 向外。因此，随着地球的自转，引起的单位质量的惯性离心力 C 可表示为：

$$C = \omega^2 r \qquad (7-6)$$

在 X、Y、Z 三个坐标轴的方向的分量分别是：

$$C_x = C \cdot \cos(C,\ X) = \omega^2 x$$

$$C_y = C \cdot \cos(C,\ Y) = \omega^2 y \qquad (7-7)$$

$$C_z = C \cdot \cos(C,\ Z) = 0$$

式中，$\cos(C,\ X)$、$\cos(C,\ Y)$、$\cos(C,\ Z)$ 分别为惯性离心力与 X、Y、Z 三个坐标轴夹角的方向余弦。

由式（7-1）可以得出重力 g 在 X、Y、Z 三个坐标轴方向的分量：

$$g_x = G\int_M \frac{\xi - x}{\rho^3}\mathrm{d}m + \omega^2 x$$

$$g_y = G\int_M \frac{\eta - y}{\rho^3}\mathrm{d}m + \omega^2 y \qquad (7-8)$$

$$g_z = G\int_M \frac{\zeta - z}{\rho^3}\mathrm{d}m$$

因此重力 g 的大小为 $(g_x^2 + g_y^2 + g_z^2)^{1/2}$，重力的主要部分是地球质量的引力。

7.1.2.2　重力场及重力位

A　重力场

如果一质点放在空间内任何一点上都受到力的影响，那么这个空间内就存在力场，其场强度 G 等于重力 f 与试探质量之比，方向与重力相同，这种场称为重力场。

重力场具有以下特点：

（1）重力场是空间一个区域内的矢量场，重力场处在地球表面的一些点处；

（2）重力场是空间坐标（x，y）的函数；

（3）重力场作用在空间中任何点处；

（4）重力测量是测量重力场的变化。

B　重力位

可以基于场论的知识找到一个单值连续函数，其在不同坐标方向上的导数恰好表示了该方向上的重力分量。这个函数被称为重力场的位函数，通常简称为重力位，用 $W(x, y, z)$ 表示。

利用偏导数求原函数的方法，很容易由式（7-8）得到：

$$W(x, y, z) = G\int_v \frac{\sigma dv}{\rho} + \frac{1}{2}\omega^2(x^2 + y^2) \tag{7-9}$$

不难证明

$$\frac{\partial W}{\partial x} = g_x, \quad \frac{\partial W}{\partial y} = g_y, \quad \frac{\partial W}{\partial z} = g_z \quad 或 \quad g = \mathrm{grad}W \tag{7-10}$$

若以 V 和 U 分别表示（7-9）右端第一项及第二项，即

$$V(x, y, z) = G\int_v \frac{\sigma dv}{\rho} \tag{7-11}$$

$$U(x, y, z) = \frac{1}{2}\omega^2(x^2 + y^2) \tag{7-12}$$

则

$$\frac{\partial V}{\partial x} = F_x, \quad \frac{\partial V}{\partial y} = F_y, \quad \frac{\partial V}{\partial z} = F_z,$$

$$\frac{\partial U}{\partial x} = C_x, \quad \frac{\partial U}{\partial y} = C_y, \quad \frac{\partial U}{\partial z} = C_z \tag{7-13}$$

V 表示引力位，U 是惯性离心力位。重力位等于引力位与离心力位之和：

$$W = V + U \tag{7-14}$$

由式（7-10）可知，重力沿 s 任意方向的方向导数等于该方向上的重力分力，即

$$\frac{\partial W}{\partial s} = g_s = g\cos(g, s) \tag{7-15}$$

式中，(g, s) 为 g 与 s 之间的夹角。

假设 s 与 g 垂直，则有 $\frac{\partial W}{\partial s} = 0$，所以

$$W(x, y, z) = C(常数) \tag{7-16}$$

在由这个方程确定的曲面上，重力位在各点都保持常数，因此该曲面被称为重力等位面。明显来说，水准面即为一个重力等位面。在一系列由不同数值决定的水准面中，那个与平均海洋面相匹配的水准面被称为大地水准面（geoid），被认为是地球的基本形状。

假设 s 和 g 平行时，即

$$\frac{\partial W}{\partial s} = -\frac{\partial W}{\partial n} = g \tag{7-17}$$

式中，∂n 为重力等位面上沿外法线方向的位移。此式表明，等位面上各点的重力值，等于等位面上该点沿内法线方向的梯度，或沿外法线方向的负梯度。若将式（7-17）换成有限量，则得

$$g \cdot \Delta n = -\Delta W \tag{7-18}$$

$$g \cdot \Delta n = 常数 \tag{7-19}$$

公式（7-19）指出，两个水准面之间的距离 Δn 与表面上的重力值 g 成反比。如果等位面上的某一点的重力值较大，那么该点附近两个相邻等位面的法向间距较小；反之，如果重力值较小，那么相邻等位面的法向间距较大。由于水准面上的 g 并不在所有点处都相等，因此水准面并非处处平行。由于各点的 g 值都是有限的，因此 Δn 永远不会等于零。因此，两个水准面无论相隔多么近，总是不能相交或相切，而是一个单值函数。

　　C　正常重力公式

如果了解地球的形状和内部物质密度分布，可以使用重力位函数公式（7-9）计算地球表面上任意点的重力位。然而，地球表面的形状非常复杂，且对地球内部的密度分布了解有限，因此直接使用公式（7-9）计算地球的重力位变得不切实际。为了解决这个问题，引入了一个近似大地水准面形状的正常椭球体，代替真实的地球。假设椭球体内部物质的密度均匀或呈现同心层状分布。根据这一理论模型，可以利用椭球体的形状、大小、质量、密度、自转角速度以及位置等因素，使用理论公式计算该球体表面上各点的重力位。在这种情况下，得到的重力位被称为正常重力位，对应计算出的重力值则被称为正常重力值。确定正常重力位的方法很多，现在用以下两种方法进行说明：

（1）拉普拉斯方法：通过将地球的引力位按球谐函数展开，选取偶阶带谐前几项之和，并加上惯性离心力位，从而得到正常椭球面。在这个方法中，正常椭球面呈现为一个旋转的扁球面。

（2）斯托克斯方法：通过考虑地球总质量 M、地球旋转角速度 ω、地球椭球的长半轴 a 以及地球扁率 ε，确定椭球面上及其外部的重力位。在这个方法中，正常椭球面表现为一个严格的旋转椭球面。

正常重力位所推算出的在正常椭球面（水准椭球面）上的重力公式被称为正常重力公式。其基本形式如下：

$$g_\varphi = g_e(1 + \beta \sin^2\varphi + \beta_1 \sin^2 2\varphi) \tag{7-20}$$

$$\beta = \frac{g_p - g_e}{g_e} \tag{7-21}$$

$$\beta_1 = \frac{1}{8}\varepsilon^2 + \frac{1}{4}\varepsilon\beta \tag{7-22}$$

式中，g_φ 为计算点的地理纬度 φ 处的正常重力值；g_e 为赤道重力值；g_p 为两极重力值；β 为地球的力学扁率；ε 为地球扁率。

不同学者采用不同的参数值会导致计算出不同的正常重力值公式。在这方面存在多种方法和理论，学者们使用不同的数据和假设来估算这些参数值，因此获得的正常重力公式也会有所不同。这反映了在地球物理学和大地测量学领域中对于这些参数值的精确性和一致性的不断追求和研究。

（1）1901~1909 年赫尔默特公式：

$$g_\varphi = 9.78030(1 + 0.005342 \sin^2\varphi - 0.000007 \sin^2 2\varphi)\,\text{m/s}^2 \tag{7-23}$$

（2）1930 年卡西尼国际正常重力公式：

$$g_\varphi = 9.78049(1 + 0.0052884 \sin^2\varphi - 0.0000059 \sin^2 2\varphi)\,\text{m/s}^2 \tag{7-24}$$

（3）1979 年国际地球物理及大地测量联合会推荐的正常重力公式：

$$g_\varphi = 9.780327(1 + 0.0053024 \sin^2\varphi - 0.000005 \sin^2 2\varphi)\,\text{m/s}^2 \tag{7-25}$$

7.2 重力异常

7.2.1 重力异常概念

重力异常是指实测的地球引力场与某个平均地球引力场之间的差异，这个平均地球引力场通常被称为参考重力场或正常重力场。重力异常通常是重力勘探中非常关键的观测数据，因为它能够揭示地下地质结构的差异。

当针对某一特定区域进行重力测量时，所得到的是该点的绝对重力值。然而，这个值会受到许多不同的因素影响，比如地球的旋转、纬度的不同、地形的影响、地球表层质量分布的不均匀性等。为了消除这些已知的系统效应并揭示更深层次地质结构的信息，需要从实际观测值中减去一个理论计算或是经验确定的正常重力场的值。

参考重力场是一个理想化的模型，它是根据假定地球是一个完美的、物质分布均匀的椭球体计算出来的。实际地球的形状和内部结构都远非完美和均匀，所以真实的地球引力场与正常重力场（参考重力场）之间会存在差异。这种差异即是重力异常，它反映了地下密度分布的非均匀性。

根据测得的重力异常数据，地质学家和地球物理学家可以推断出相应的地质构造、寻找矿藏位置或是了解地壳运动等。重力异常通常分为两类：

（1）布格重力异常（bouguer anomaly）：在考虑了自由空气校正（高程对重力的影响）和布格校正（地表以下物质对重力的影响）后得到的重力异常。

（2）自由空气重力异常（free-air anomaly）：仅考虑高程差造成重力变化部分的重力异常，主要用于考察快速高度变化的影响，如山脉或海沟。

重力异常数据的分析可以透露地下结构，因此是油气、矿产资源勘查以及地壳结构研究等领域中不可或缺的一项工具。

测得的重力值和由正常重力公式计算得到的理论重力值之间的差异被称为重力异常。即

$$\Delta g = g - \gamma$$

式中，g 为测点上的实测重力值；γ 为该点上的正常重力值。

7.2.2   重力异常原因

造成重力异常的主要原因有：

（1）地球表面的自然起伏不平，与大地水准面不同；

（2）地球内部介质密度分布不均匀，其中一部分不均匀性是由地质构造和矿产引起的。

7.2.3   重力异常理论计算

重力异常的理论计算：要计算某个地质体引起的重力异常，首先可以根据牛顿的万有引力公式计算地质体的剩余质量引起的引力势能，接着求出引力势能在重力方向上的导数，从而得到重力异常。

以地面上某一点 O 作为坐标原点，Z 轴铅垂向下，即沿重力方向，X、Y 轴在水平面内，如图 7-3 所示。

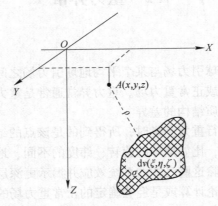

图 7-3   地质体重力异常的计算

若地质体与围岩的密度差（即剩余密度）为 σ，地质体内某一体积元 $dv = d\xi d\eta d\zeta$，其坐标为（ξ，η，ζ），它的剩余质量为 dm，有 $dm = \sigma dv = \sigma d\xi d\eta d\zeta$。

则由引力位公式可得地质体的剩余质量对 A 点的单位质量所产生的引力位为：

$$V(x，y，x) = G\iiint_{v} \frac{\sigma d\xi d\eta d\zeta}{[(\xi - x)^2 + (\eta - y)^2 + (\zeta - z)^2]^{1/2}} \tag{7-26}$$

该地质体在 A 点产生的重力异常为：

$$\Delta g = \frac{\partial V}{\partial z} = V_z = G\iiint_{v} \frac{\sigma(\zeta - z) d\xi d\eta d\zeta}{[(\xi - x)^2 + (\eta - y)^2 + (\zeta - z)^2]^{3/2}} \tag{7-27}$$

如果地质体在某水平方向上的形状和埋藏深度保持不变，并且该方向是无限延伸的，这种地质体被称为二度地质体。假设其延伸方向为 Y 轴方向，这种情况下，重力异常可以简化为式（7-26）。

$$\Delta g(x，z) = 2G\sigma\iint_{S} \frac{(\zeta - z)}{(\xi - x)^2 + (\zeta - z)^2} d\xi d\zeta \tag{7-28}$$

式中，S 为二度体的横截面积。

7.3 矿山重力测量

7.3.1 重力测量仪器

重力法的适用范围取决于所采用的测量设备。理论上，几乎任何与重力相关的物理现象都可以进行重力测量。重力测量通常可分为两种方法：动力法和静力法。动力法通过观察物体的运动状态来确定整体重力值，而静力法则通过检测物体的平衡状态来确定两点之间的重力差异。与这两种方法对应的测量设备分别被称为绝对重力仪和相对重力仪。

7.3.1.1 绝对重力仪

最早的绝对重力仪是摆，后来又有了根据自由落体定律而制作的自由下落法绝对重力仪和上抛法绝对重力仪。绝对重力测量的精度已由最初的 10^{-4} Gal 级达到了 10^{-6} Gal 数量级。我国是当今少数几个进行绝对重力测量的国家之一。

自由落体测定重力加速度的原理是根据

$$h = h_0 + v_0 t + \frac{1}{2} g t^2 \tag{7-29}$$

式中，h_0 为落体的起始高度；t 为从起始高度起计算下落时间；v_0 为下落时初速度；g 为重力加速度。

7.3.1.2 相对重力仪

相对重力仪种类丰富多样，通常可分为平移式和旋转式两大类。根据制作材料和工作原理的不同，还可以分为石英弹簧重力仪、金属弹簧重力仪、振弦重力仪和超导重力仪等多种类型。虽然不同种类的相对重力仪在具体形式上可能存在差异，但它们的基本原理和系统结构都很相似。

A 基本原理

各种相对重力仪利用不同类型的力或力矩（如弹性力、电磁力等）来抵消被测量物体的重力或重力矩变化，从而进行测量。观察物体的平衡状态，可以测量出重力的变化或两点之间的重力差异。根据被测物体发生位移的形式，重力仪通常可以分为平移式和旋转式两大类。例如，家用弹簧秤是一种常见的平移式重力仪。假设弹簧的原始长度为 S_0，弹簧的弹性系数为 k，当挂上质量为 m 的物体后，重量 mg 与弹簧形变所产生的弹力大小相等（方向相反）时，重物处于某一平衡位置上，其平衡方程式为：

$$mg = k(S - S_0) \tag{7-30}$$

式中，S 为平衡时弹簧的长度。如果将该系统分别置于重力加速度值为 g_1 和 g_2 的两点上，则弹簧的伸长量不同，平衡时弹簧的长度分别为 S_1 和 S_2，由此可得同式（7-30）一样的两个方程式，将它们相减便有：

$$\Delta g = g_2 - g_1 = \frac{k}{m}(S_2 - S_1) = C \cdot \Delta S \tag{7-31}$$

可见，只要 k 与 m 不变，两点间的重力加速度差 Δg 就与重物的线位移差 ΔS 成正比。比例系数 C 就称为重力仪的格值，用它就可以将重物的位移量换算成重力加速度差。

B 系统结构与读数机制

各种类型的重力仪具有不同的结构，但它们通常由两个基本组成部分构成：静力平衡系统（也称为灵敏系统）和测读机构。静力平衡系统是重力仪的核心部分，用于感知重力变化。当重力发生变化时，系统中的平衡体（也称为重荷）会发生位移。测读机构用于观察平衡体的位移并测量其大小。通过分析平衡体的位移，可以推断重力的变化情况。图7-4为美制 LaCoste&Romberg 重力仪的弹性系统结构。

灵敏系统需要具有高灵敏度，以便捕捉微小的重力变化。而测读机构需要具备足够的放大能力，以区分平衡体微小的位移，并能够测量较大范围内的重力变化。同时，读取的数值与重力变化之间的计算方法应简单易行。

测读机构主要包括放大部分（如光学、光电或电容放大器等设备）和测微部分（测微读数器或自动记录系统）。现代重力仪通常使用补偿法进行观测和读数，即零点读数法。该方法的基本原则是选取平衡体的某一平衡位置作为测量重力变化的起始点（即零点位置）。在重力变化后，通过放大装置观察平衡体相对于零点位置的偏移，并使用其他力来补偿重力变化，即通过测微装置将平衡体调整回零点位置。通过观察测微器上的读数变化来记录重力的变化。

这种读数方法的优点在于，它拓展了直接测量的范围，减小了仪器的体积，并确保在不同测量点具有相同的灵敏度。此外，该方法使得读数转换更容易实现线性化等方面的要求。

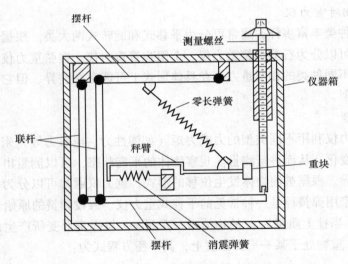

图 7-4 美制 LaCoste&Romberg 重力仪弹性系统结构图

C 影响重力仪精度的因素及消除影响的措施

测量过程中，影响重力仪精度的因素很多，最主要的有温度、气压、电磁力、安置状态不一致和零点漂移等。

（1）温度影响。温度变化会导致重力仪各部件受热胀冷缩影响，进而使得各着力点间的相对位置发生变化。同时，弹簧的弹力系数和空气的密度（与平衡体所受浮力有关）也受温度的影响。为了消除这些影响，当前采用了以下措施：研制和选用对温度变化影响较小的材料作为仪器的弹性元件，附加自动温度补偿装置，以及采用电热恒温控制使得仪器内部温度基本保持稳定。

（2）气压影响。气压变化会使空气密度改变而使平衡体所受的浮力发生变化，并在仪器内腔形成额外的气流。通常采用真空装置或气压补偿装置来消除这种影响。

（3）电磁力影响。如果重力仪的平衡系统中使用绝缘材料，其运动可能会产生静电，导致平衡体受到附加的静电力。为了解决这个问题，通常会在平衡体附近放置适量的放射性物质，以使空气离子化并导走静电荷。另外，如果平衡体含有铁磁性材料，则会受到地磁场变化的影响。为此，需要对弹性系统进行消磁处理，并使用磁屏进行屏蔽。在野外观测时，应尽量使平衡系统的摆杆顺着地磁场方向摆动。

（4）安置状态不一致的影响。由于重力仪在不同的测点上无法完全相同地布置，这导致平衡体的摆杆与重力方向之间产生角度差，从而引起测量结果的误差。为了避免这种误差，重力仪通常配备有纵向和横向水准器以及对应的调平脚螺丝。有些重力仪还配备有更高灵敏度的电子水泡和自动调节系统。

（5）零点漂移。由于重力仪的弹性元件在受力长期作用下会产生不同程度的永久形变，因此重力仪在单一观测点存在读数随时间变化的现象，即零点漂移。为了消除这一影响，在制造仪器时应选择合适的材料并进行时效处理，以尽量减小零点漂移并努力使其成为时间的线性函数。在野外工作中，需要在已知重力值的重力基准点网控制下进行测量，这样才能进行零点校正。

7.3.2 重力测量野外工作方法

重力勘探工作的整个过程可以大致分为三个阶段：首先是根据承担的地质任务进行现场踏勘和编写技术设计；第二阶段是进行野外测量，收集各种相关数据；最后是对实测数据进行必要的处理、解释，编制成果图和报告。本节将介绍重力勘探可以解决的地质任务，以及编写技术设计的一些基本原则和野外测量中的主要方法和技术。

根据测量所处的空间位置不同，重力测量可分为以下几类：地面重力测量、地下（包括坑道和井中）重力测量、海洋重力测量、航空重力测量和卫星重力测量。本节将主要介绍地面重力测量。

7.3.2.1 重力测量的地质任务与技术设计

A　重力测量的地质任务

随着重力测量仪器精度的提高和测量范围的扩展，各种校正方法逐步完善，资料处理和解释方面引入了新的方法和技术。因此，重力勘探在完成地质任务方面的能力和效果正在不断提高，其应用范围也在不断扩大。在不同的地质勘探阶段，可以进行适当比例尺的重力测量工作，以应对不同的地质任务。

根据重力测量或重力勘探承担的地质任务和勘探对象的不同，可以大致分为以下几类：区域重力调查；能源重力勘探；矿产重力勘探；水文及工程重力测量；天然地震重力测量等。在不同的勘探阶段，重力方法可以解决各种不同类型的地质问题。

（1）区域重力调查可以研究地球深部构造、断裂的展布，研究大地及区域地质构造，划分构造单元，探测、圈定与围岩有明显密度差异的隐伏岩体或岩层，划分成矿远景区。

（2）能源重力勘探可以在沉积覆盖区迅速、经济的圈出对寻找石油、天然气或煤有远景的盆地；在圈定的盆地内研究沉积层的厚度及内部构造，寻找有利于储存油气或煤的各种局部构造。条件有利时，还可以研究非构造油气藏（如岩性变化、地层的推覆、古潜山及生物礁块储油构造等），并直接探测与储油气层有关的低密度体。

（3）矿产重力测量包括金属及非金属矿产的重力测量。它多与其他物探方法配合，用于圈定成矿带，在条件有利时，可以探测并描述控矿构造，或圈定成矿岩体。

（4）在水文及工程地质方面，利用重力资料可以研究浮土下基岩面的起伏和有无隐伏断裂、空洞，寻找水源，可以对危岩、滑坡体进行监测。在地热田的勘测开发过程中，利用重力勘探技术可以发现热源岩体，监测地下水的升降以及水蒸气的补给情况。

（5）天然地震重力测量可分为台站重力测量和流动重力测量两种形式。其主要任务是研究重力场在台站点上或在某一地震活动带、沿一条测线或一块面积的重力随时间的变化。在台站上的观测结果是临震预报的依据之一；在固定测点之间进行的流动重力观测结果是中长期预报地震的依据之一。

B　重力测量的技术设计

技术设计的核心思想在于通过尽可能少的工作来圆满完成承担的地质任务。其主要关注点包括确定工作比例尺、精度要求以及误差分配等问题。

工作比例尺反映了工作的详尽程度，即提交的重力异常图的比例尺。工作比例尺应根据地质任务、探测对象的大小及其异常特征来确定。区域重力调查可以选用较小的比例尺，而高精度重力测量则应选用较大的比例尺。

重力异常的精度一般用异常的均方误差来衡量，包括重力观测值的均方误差和对重力观测值进行校正时各项校正值的均方误差。重力异常的均方误差应根据地质任务和工作比例尺来确定。

重力测量的方式包括路线测量、剖面测量及面积测量。路线测量一般用于概查或普查阶段；剖面测量多用于详查或专门性测量，剖面线方向应垂直地质体走向；面积测量是重力测量的基本形式，可以提供工区内重力异常的全貌。

7.3.2.2　仪器的检查与各项试验

在野外施工之前和施工过程中，为确保获取准确可靠的测量数据，需严格按照技术规定要求，定期对所使用的重力仪进行认真的检查、校准和调整，以保证仪器的性能达到标准要求。

仪器的检查主要涉及测程、面板位置、水准器位置、亮线灵敏度等方面。而仪器性能的试验包括静态试验、动态试验和一致性试验。通过这些试验，可以测试仪器的零点漂移情况，确保校准仪器的格值。

静态试验旨在了解仪器静态零点漂移是否呈线性变化；动态试验则旨在了解仪器动态工作状态下的零点漂移速率、可能达到的精度、最佳工作时间范围以及最大线性零点漂移时间间隔。若在工作区域需要使用两台或更多的仪器，应进行一致性试验以保证它们的测量结果一致。任何超出精度要求的仪器都不应投入生产使用。

7.3.2.3　基点网的布设与观测

重力仪的零点漂移无法消除，并随着观测时间的延长而累积增加。零点漂移通常不呈线性关系，因此，在使用重力仪进行测量时，需要基于精度更高且已知重力值的点来进行控制。这些点称为基点，它们形成了一个封闭的基点网。重力普通点的观测应从基点开始，以基点结束。

基点网的作用有两方面：一是控制重力普通点的观测精度，避免误差的积累；二是检查重力仪在一段工作时间内的零点漂移，以确定相应的零点漂移校正系数。基于基点网的测量，可以推算出全区域重力测点的相对重力值或绝对重力值。

一般情况下，基点的精度要求比普通点高出1倍以上。基点应布置在交通干线上，周围无震源，地物地貌标志明显，地基稳固，并且按规定进行编号并建立永久或半永久性标记。为了确保基点网测量的精度，应尽可能采用高精度的重力仪器，使用快速的交通工具，并尽量减小仪器的零点漂移和日变影响等因素的影响。

基点网的观测方式以能对观测数据进行可靠的零点漂移校正，能满足设计提出的精度要求为原则。常用的观测方式有：

（1）单向循环重复顺序是：$1 \rightarrow 2 \rightarrow 3 \rightarrow \cdots \cdots 1 \rightarrow 2 \rightarrow 3 \rightarrow \cdots \cdots$；

（2）往返重复顺序是：$1 \rightarrow 2 \rightarrow 3 \cdots \cdots 3 \rightarrow 2 \rightarrow 1$；

（3）三重小循环顺序是：$1 \rightarrow 2 \rightarrow 1 \rightarrow 2 \rightarrow 3 \rightarrow 2 \rightarrow 3 \rightarrow 4 \rightarrow 3 \rightarrow 4 \cdots \cdots$。

7.3.2.4 普通点、检查点的布设与观测

普通点是测区内为获得探测对象引起的重力异常而布置的观测点，它们应按设计书中提出的测网形状、点线距等均匀布设在全区。

普通点的观测一般可采用单次观测，但都必须在规定时间内起止于基点上，以便按时间测定重力仪的零点漂移，准确地对各观测点进行零点校正。当基点网质量不够要求，或基点密度过小而不能在理想时间间隔内对基点进行一次观测时，应采用重复观测方法。

普通观测之后，为检查观测质量，应抽取一定数量的点作为检查点进行检查观测。检查点的布设与观测应做到：检查点的布置应在时间上与空间上都大致均匀；检查观测要遵循"一同三不同"的原则（即：同一点位，不同仪器、不同操作员、不同时间）。检查点一般应占普通点总数的5%。

当在施工过程中发现了重力异常，或可能是寻找的目标异常时，有时需要加密观测点，进行补充观测。

7.3.2.5 测地工作

为了进行重力测量的进行和对测量结果进行各项校正，需进行一定的测地工作，它是野外重力测量的先行环节。测地工作的内容包括：

（1）按照技术设计要求布设重力测网，提供在野外的重力测点位置；

（2）确定重力测点的坐标，以便对重力测量结果进行正常场校正和展点绘图；

（3）确定重力测点的绝对或相对高程，以便对重力测量结果进行高度校正和中间层校正；

（4）当测区内地形起伏较大，地形影响不能忽略时，为了进行地形校正，需作相应比例尺的近区地形测量。

7.3.3 野外观测资料的整理与重力异常的计算

根据野外观测得到的重力数据获得重力异常的过程，包括下列两步：（1）通过观测数

据的初步整理得到各个测点的相对重力值；（2）相对重力值经过地形、中间层、高度及纬度校正便得到重力异常。

7.3.3.1　基点网平差

理想情况下，对一个基点网闭合环路的观测时，各相邻点重力增量之和应为零。实际上，这是不可能的，因为重力观测和校正中存在各种不可避免的误差，使得增量之和不为零，这个不为零的数就称为基点网的闭合差。基点网平差就是将闭合差按照一定的规律分配到各观测点上，使新的闭合差为零。

如果只有一个环路，该环闭合差为 V，每边上观测的平均时间为 t_i，在按各边观测时间长短来分配闭合差时，其平差系数为：

$$k = \frac{V}{\sum t_i}$$ (7-32)

则第 i 边上的平差值为：

$$\delta g_i = - kt_i$$ (7-33)

这样，该闭合环满足了 $V + \sum \delta g_i = 0$ 的条件。

当基点网是由多个环路组成，每个环上都有一个或多个公共边时，就要求用每个环的闭合差所求得的 k_i 来进行平差，并使同一公共边上两侧的平差值大小相等而符号相反。具体的平差方法有求解线性方程组法和波波夫逐次渐近平差法两种。

7.3.3.2　观测资料的初步整理

整理数据的目的在于确定在消除仪器的零点漂移后，各测点相对于基准点的相对重力值。

仪器的零点漂移可以被视为随时间变化的函数。严格意义上来说，它仅指由弹性元件疲劳等原因引起的读数变化，也被称为纯零点变化。然而，实际观测数据除了零点漂移外，还可能包括重力日变化（重力固体潮）和温度变化的残余影响。通常习惯上将这些因素叠加在一起通称为混合零点漂移。对于中、小比例尺的重力测量，这种校正过程称为混合零点校正；而对于大比例尺的详细调查和高精度测量，则一般先进行固体潮校正，再对剩余的纯零点漂移和温度影响进行零点校正。

下面简单介绍普通点单次观测资料的混合零点校正方法。设观测点起于基点 G_1，闭合于终点 G_2，对于其间的第 i 个测点的零点漂移值由式（7-34）计算。

$$\Delta g_i = k(t_i - t_1)$$ (7-34)

式中，k 为校正系数，其值为：

$$k = - \frac{\Delta g'_{G_2-G_1} - \Delta g_{G_2-G_1}}{t_2 - t_1}$$ (7-35)

式中，$\Delta g'_{G_2-G_1}$ 为作普通点观测时求得的 G_1 与 G_2 两基点间的重力差；$\Delta g_{G_2-G_1}$ 为该两基点经平差后的已知重力差；t_1、t_2 和 t_i 分别为在第 1 个、第 2 个和第 i 个测点上的观测时刻。

用各个测点的重力读数减去零点漂移值，即进行零点校正，便得到该点的相对重力值。

7.3.3.3　重力异常值的计算

经过零点校正后的重力观测结果显示各测点相对于总基点的相对重力值。这些值受地下密度不均匀的地质体引起的异常影响，也受周围地形、纬度和海拔高度等因素的影响。为了比较各测点的重力异常大小，需要对各测点的相对重力值进行统一标准的校正。这些校正能够得出不同地质和地球物理意义的重力异常。

A 地形校正

测点 A 周围起伏的地形对 A 点观测值的影响可以通过图 7-5 来说明。图中 A 为观测点，曲线 S 代表地面。与地形平坦的情况相比，高于 A 点的地形质量（图中 M 区）对 A 点产生的引力，其铅垂方向的分力会使 A 点的重力值减小；低于 A 点的地形（图中 N 区），由于缺少物质，也会使 A 点的重力值降低。所以，不管 A 点周围地形是高还是低，相对于 A 点周围地形是平坦的情况下，其地形影响值都将使 A 点的重力值变小，故地形校正值总是正的。

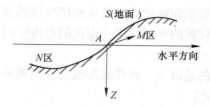

图 7-5 地形影响示意图

目前，进行地形校正的具体技术有多种，但它们的原理基本相同。通常的做法是将测点周围的地形分成多个小区域，计算每个小区域地形对测点重力的影响，然后将这些影响值累加求和，得出该点的地形影响值。

基于测点周围地形分块的形状，这些方法可以分为两种：一种是扇形分区法，涉及手动计算地形校正量的方法，通常使用地形校正量板，但目前已较少使用；另一种是方形域法，这是一种利用计算机快速进行计算的方法，目前更为普遍地应用。

B 中间层校正

经地形校正后，相当于将测点周围的地形"夷为平地"。但测点与总基点之间会存在一个密度为 σ、厚度为 h 的物质层（称为中间层）的引力作用（测点比总基点低 h 时则补上这部分影响），由于各测点高度不同，所以受中间层引力铅垂分量影响的大小也不等，为此，必须进行中间层校正，以消除这一物质层对测点重力值的影响。

C 高度校正和布格校正

高度校正又称为自由空间校正，即消除测点与总基点之间纯因高差产生的影响。校正公式为：

$$\Delta g'_h = 3.086(1 + 0.0007\cos2\varphi)h - 7.2 \times 10^{-7}h^2 \tag{7-36}$$

式中，φ 为测点的纬度；h 单位为 m，当测点高于总基点时 h 为正，反之为负。

通常都是将中间层校正与高度校正合并进行，称为"布格校正"，用 Δg_b 表示。

D 正常场（纬度）校正

上述三项校正已将测点重力值归算到了总基点所在的水准面上，但还存在着纬度不同带来的影响，必须设法消除。在大面积的测量中，采用的方法是将测点的纬度 φ，代入式 (7-23) 中计算出正常重力值，再从观测值中减掉它即可。

在小面积的重力测量中，常常是求测点相对于总基点纬度变化所带来的重力正常值的变化，并予以校正，称为纬度校正。可由式（7-23）得出近似纬度改正公式：

$$\Delta g'_\varphi = 8.14\sin2\varphi \cdot D \qquad\qquad (7\text{-}37)$$

式中，D 为测点到总基点间纬向（南北向）距离，km。在北半球，当测点位于总基点以北时 D 取正号，反之取负号；φ 为总基点纬度或测区的平均纬度。

7.3.3.4　各种异常及其含义

A　自由空间重力异常（Δg_F）

观测值仅作高度校正 Δg_h 和正常场校正所得结果为自由空间重力异常，设经零点漂移校正后的观测重力值设为 g_k，观测点的正常重力值为 g_φ，则

$$\Delta g_F = g_k + \Delta g_h - g_\varphi \qquad\qquad (7\text{-}38)$$

它反映的是实际地球的形状和物质分布与大地椭球体的偏差。大范围内负的自由空间重力异常，说明该区域下方物质的相对亏损，而正的自由空间重力异常则表明有物质的相对盈余。

若在自由空间重力异常的基础上，再作地形校正，所得异常称为法耶异常。

B　布格重力异常（Δg_b）

这是勘探部门应用最为广泛的一种重力异常，它是对观测值进行地形校正、布格校正（高度校正与中间层校正）和正常场校正后获得的，即

$$\Delta g_b = g_k + \Delta g_T + \Delta g_h + \Delta g_\sigma - g_\varphi \qquad\qquad (7\text{-}39)$$

显然，布格异常包含了壳内各种偏离正常密度分布的矿体与构造的影响，也包括了地壳下界面起伏而在横向上相对上地幔质量的巨大亏损（山区）或盈余（海洋）的影响，所以布格重力异常除有局部的起伏变化外，从大范围来说，在陆地，特别在山区，是大面积的负值区；而在海洋区，则是大面积的正值区。

C　均衡异常

根据实测重力异常显示，高山下部似乎存在某种物质的亏损，而低洼地带如湖泊和海洋则呈现物质富余的迹象。这一现象的解释涉及两种假说：普拉特（J. H. Pratt，1855）假说和艾里（G. B. Airy，1855）假说。

（1）普拉特假说假设地下某一深度以下（称为补偿深度）的物质密度是均匀的，但在此以上的物质，同样截面的柱体保持相同的总质量，因此随着地形升高，密度会降低。地壳密度在横向上是变化的。

（2）艾里假说认为地壳类似于较轻的均质岩石柱体，漂浮在较重的均质岩浆之上，在静力平衡状态下。山地愈高，会深入岩浆形成所谓的山根，而海洋愈深则表现为物质缺失，岩浆则会上涌并形成所谓的反山根。艾里假说与普拉特假说不同，不是处在同一深度，而是呈现起伏的曲面。

在进行地形校正时，将大地水准面以上多余的物质，按照正常地壳密度分布回填到大地水准面以下至均衡补偿面之间，计算出这种回填物质对测点的影响，被称为均衡校正值。对布格异常进行均衡校正可以得到均衡重力异常。

在完全均衡的条件下，均衡异常接近于零，但如果补偿不足或过剩，就可能出现正或负的均衡异常。

7.3.3.5 重力异常的图示

为了对异常进行识别、分析和解释，通常使用各种图件来表示异常，统称为异常图。显示重力异常的图件主要有平面图、剖面图和平面剖面图（平剖图）三种。平面图类似于地形等高线图，使用异常等值线来表示重力异常的形态及变化；剖面图反映某一剖面线上异常变化的情况；平剖图是将多个异常剖面图按测线的实际位置和方向展布在同一平面上所得的图件。

7.3.4 矿山重力递减法

7.3.4.1 重力递减法的概念

在地球物理勘探中，尤其是在重力勘探领域，Bouguer 递减（Bouguer correction）是一项常用的改正方法，目的是从测得的重力数据中移除地球表面以外的质量造成的影响，从而更准确地反映地表以下的地质结构所造成的重力异常。

矿山重力法是一种应用重力勘探技术在矿山开采过程中进行地下结构分析的方法。经过 Bouguer 改正的重力数据可以用来确定矿体的大小、形态和分布，从而指导开采活动。

Bouguer 递减或 Bouguer 改正可以分为以下步骤：

（1）自由空气改正（free-air correction）。旨在使得重力观测与海平面上的观测值相一致，用以改正地球半径变化的影响。每上升一定高度（通常为 100 m），重力值就会减少一个固定的值（约 0.3086 mGal）。

（2）Bouguer 板改正（bouguer plate correction）。这一步骤是为了修正重力读数，排除观测点以上岩石质量的影响。计算上述质量效应的方法是假设从观测点直至海平面之间存在一块无限大、厚度相等的岩石板，并计算出这块岩石板对于重力值的影响。厚度即观测点的高度，岩石板的密度通常假设为 2.67 g/cm³。

（3）地形改正（terrain correction）。因地形起伏对重力值的影响而进行的改正。这是因为不规则的地表可能会引起质量分布的不均匀，从而导致测量的重力值产生误差。根据周围的地形特征，可能需要计算附近山体或谷底对重力测量值的影响，并对此进行修正。

进行所有这些改正后，得到的结果被称为 Bouguer 重力异常，它可以更准确地反映地下岩石密度分布的变化。矿业勘探人员可以使用这些数据识别矿产资源的潜在位置，为进一步勘探和钻探提供依据。

值得注意的是，这些改正的准确度会受到所采用密度值的准确度、地形模型和数据处理技术等因素的影响。随着技术的进步，如用于地形改正的详细数字高程模型（DEM）和更复杂的数据处理软件，这些改正方法的准确度也在不断提高。

7.3.4.2 重力递减法的理论计算

为了同一平面观测到的重力进行相互比较，采用 Bouguer 递减法，如图 7-6 所示。假设巷道的观测点处于所取平面的最低高度。

$$\Delta g_{BB} = \frac{2g_0}{R}(h_d + h_s) - 2\pi G\rho h_d + 2\pi G\rho h_g + \Delta g_t + \Delta g_g$$

$$= 0.3086(h_d + h_s) + 0.04187(\rho_g h_g - \rho_d h_d) + \Delta g_t + \Delta g_g \tag{7-40}$$

式中，g_0 为地球表面的平均重力值；R 为地球的平均半径（6370 km）；G 为引力常数；h_d 为测量点距约定水平的高度；h_s 为测量仪器的高度，精确到 0.01 mm；h_g 为从地表平均高度起距测量点的深度；ρ_g、ρ_d 为岩层 h_g 和 h_d 的平均密度；Δg_t 为地表重力修正值；Δg_g 为井下井巷中观测点的重力修正值。

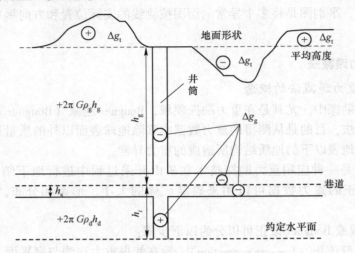

图 7-6　测量重力变化示意图

在重力差法的测量中，地表的重力修正值 Δg_t 是个常数，而实际岩石的平均密度值为 2.6×10^3 kg/m³，因此，所测点的 Bouguer 递减的微重力异常为：

$$\Delta g = \Delta g_0 + \Delta g_{BB} - \gamma_0 \tag{7-41}$$

重力微异常为差的异常，计算第 i 次测量与第一次测量之差（$\Delta g_i - \Delta g_1$）或相邻两次之差（$\Delta g_i - \Delta g_{i-1}$）或第 i 次与所选的某次之差（$\Delta g_i - \Delta g_k$），式中 $1 < k \leqslant i$。

7.4　重力法在智能矿山的应用

7.4.1　重力法原理和探矿与空区探测

重力法是一种重要的智能采矿地球物理勘探方法之一。它利用地球引力场的变化来探测地下可能存在的矿产资源。这种方法基于物质密度的不同而产生重力场差异。

重力法原理主要包含密度差异和测量重力变化两个方面。

（1）密度差异：不同类型的岩石和矿物具有不同的密度。矿产资源通常具有比周围岩石更高或更低的密度，这种密度差异会在地下形成微小的重力场变化。

（2）测量重力变化：通过在地表上放置重力计或使用空中或卫星测量设备，可以测量并记录不同地点地球引力的微小变化。这些变化可能暗示着地下存在矿藏或空区。

在智能矿山空区探测中，重力法在空区探测和资源评估中发挥着关键作用。这种方法利用地球的重力场变化来探测地下不同密度的岩石和矿体，为矿藏的发现和评估提供了重要信息。在空区探测方面，重力法可以帮助确定矿藏可能存在的地点。通过测量地表上不同点的重力场，可以推断地下岩石的密度差异。这种密度差异常常与矿藏的存在相关联。

重力法能够揭示地下潜在矿藏的位置，为后续的勘探提供重要线索。

重力法还能提供有关矿藏规模和形态的初步评估。通过分析重力异常的大小、形状和分布，可以推断地下矿体的大致形态和规模。这有助于工程师初步了解矿藏的潜在价值和规模，指导后续的详细勘探和开采规划。

在资源评估方面，重力法也扮演着重要角色。通过对重力数据进行建模和解释，可以估计矿藏的储量和品位。结合其他地质、地球物理数据，可以更准确地评估矿藏的价值和开发潜力，为矿业投资和开发决策提供重要参考。

然而，重力法也有其局限性，如对地下复杂结构的解释能力有限以及深度限制等。因此，通常需要结合其他地球物理方法和地质调查来综合评估矿藏。

总体而言，重力法在智能矿山空区探测中对于确定潜在矿藏位置、初步评估矿藏规模和形态，以及资源评估都具有重要意义。它为矿业工程提供了宝贵的初步信息，为后续的勘探和开发提供了有力支持。

7.4.2 案例研究与实践结果

某市是一座典型的资源型城市，以煤炭工业为支柱产业。然而，随着煤矿开采的进行，该地区面临严重的地质环境问题，其中煤矿采空区成为最为突出的挑战，威胁着周边居民的生命和财产安全。地下煤层的开采导致上覆岩层失去支撑，破坏平衡状态，引发地表或地下的大范围地面沉陷、岩移、地裂缝和矿震等地质灾害。

目前，国内主要采用高密度电法、电磁法和地震法进行采空区的探测和评价，而重力法虽然使用较少，但在效果上表现较好。研究区位于某市东部的老虎台和原龙凤煤矿采空区范围，地形包括丘陵地带和老虎台沟谷，受到浑河断裂带的影响，这对构造地质环境产生了显著的影响，如图 7-7 所示。某煤田处于新华夏构造体系的第二隆起带上，受到多条深大断层的控制，其中 F_{1A}（F_1）断层由于喜马拉雅运动的影响形成了复杂的构造地质条件。

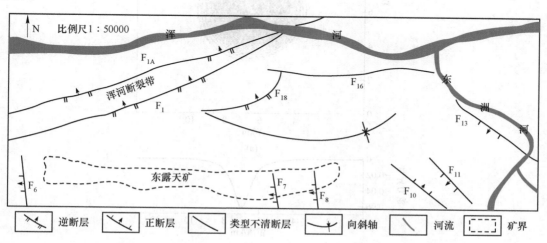

图 7-7　某市区浑河断裂带展布略图

该地区的地层从太古界鞍山群至第四系，煤层主要分布于古城子组，平均埋深约为

700 m，煤层厚度平均约 60 m，最深处达到 1000 m。尽管该研究区域的煤矿具有悠久的历史，但对于采空区边界和塌陷情况尚不清楚。由于采空区与煤层围岩存在显著的密度差异，密度差异范围为 $-0.5\sim-3.3$ g/cm³，现代高精度重力勘探具备区分地质体密度差异为 ±0.1 g/cm³ 的能力，因此，该区域适合进行高精度重力测量。

在某煤矿采空区的探测中，采用了高精度重力测量方法，旨在确定某煤矿采空区的位置、深度和分布范围。考虑到城市环境对物探方法的影响，首次在该地区采用了高精度重力测量方法进行采空区的探测。研究过程包括对采空区的物性差异进行分析，建立理论模型进行正演计算，以预先研究重力方法的适用性。接着，在研究区域进行了大比例尺面积性的高精度重力测量工作，通过对布格重力异常进行位场分离、三维视密度反演和边界识别计算，从而推断了煤矿采空区的位置、深度、边界以及该区域内的构造分布。

为建立模型，根据已知采空区的大致埋深、规模和物性差异，选择了一个长方体，顶板埋深为 700 m，长 1000 m×宽 100 m×高 60 m。考虑到煤层采空区和松散填充物的密度为 $0\sim1.0$ g/cm³，选取平均密度 0.5 g/cm³，使得密度差的最小值为 -1.0 g/cm³。模型线距为 100 m，点距为 40 m，线长为 13 km，共有 131 条线。采用长方体重力异常计算公式进行计算，结果显示该模型在地面引起的重力异常绝对值最大为 61.5×10^{-8} m/s²，如图 7-8 所示。正演计算结果表明，在所选用的重力仪探测精度范围内，测区内采空区引起的重力异常为本次高精度重力勘探提供了可靠的保证。

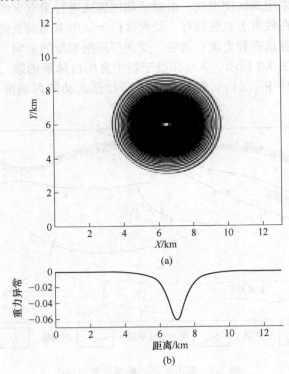

(a)

(b)

图 7-8　模型正演重力异常结果

（a）重力异常平面等值线；（b）过模型中心处的剖面异常

工区主要位于某市东部的煤矿采空区，位于东露天矿的北侧和东侧，具体位置如图7-9所示。在图中的粉色线框区域内，进行了 1 万比例尺的高精度重力勘探，总面积达 20 km²。测线间距为 100 m，测点间距为 40 m，设计时采用了由西到东的测线号和由南向北递增的测点号的方式。选择了 CG-5 型高精度重力仪进行测量。

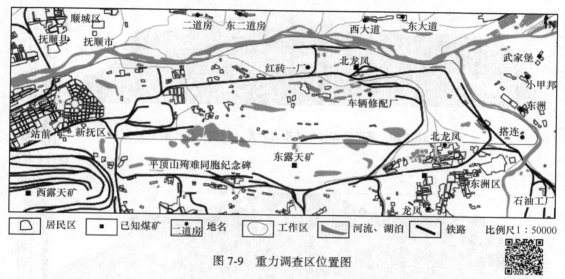

图 7-9　重力调查区位置图

扫码看彩图

由于测区内存在多种影响因素，部分测点在测量过程中发生了偏移或者被舍弃。最终，完成了 4765 个重力测点的布设，布格重力异常总精度达到了 0.022×10⁻⁵ m/s²。这表明本次重力测量结果是可靠的。

通过观察某工区的布格重力异常（见图 7-10），可以看到测区内的重力背景场变化相对简单，呈现出外高、内低的异常分布特征。在西北部和东北部，重力场梯度发生明显变化，这可能表明存在深部断裂。测区内的重力低异常区域与煤田及采空区相对应。通过应用窗口滑动平均法，提取出了剩余重力异常（见图 7-11），其中显示重力负异常主要集中在测区中南部，与已知的煤层范围相一致。

基于物性参数，进行了重力三维物性反演分析，发现视密度差值在不同深度范围内的分布情况。推测测区可能存在沉降塌陷区和深部煤层。这些分析结果与重力负异常的位置相一致，进一步证明了处理方法的可靠性。

为确定测区内构造分布和采空区边界，本书采用位场归一化差分法。该方法具有强大的地质体边界识别能力和高定位精度，特别擅长识别线性构造，取得了理想效果。通过 0.2 km 的差分半径和二阶归一化差分处理，成功识别了测区内地质体边界和采空区位置。处理结果显示了地质断裂的清晰反映，尽管有些已知断裂未显示，但通过重力异常对未显示的断裂进行了推断。

基于处理结果和地质资料，主要线性构造与已知地质资料相符，从而推测出采空区的大致位置和边界。剩余重力异常和构造信息提供了采空区域的综合推断图。通过三维视密度反演，确定了采空区的深度范围，为评价某煤矿采空区提供了地球物理资料基础。

从图 7-12 可见，工区主要包括三个一级线性构造：中西部的两条北东向线性构造和中东部的东西向线性构造。次级构造主要为北东向与北西向，形成年代晚于一级构造，且延伸不大，但对煤层及地层产生破坏作用。本区推断的主要线性构造基本与已知地质资料吻合。剩余重力异常结果图显示 F_{16}、F_{1A} 断裂两侧高低重力异常明显，推断采空区平面位置，F_{16} 和 F_{1A} 为煤矿采空区的北部边界，向南西延伸为中部采空区的边界。基于剩余重力异常及构造信息，获得了本区的综合推断图（见图 7-13），三维视密度反演结果提供了采空区的埋深信息，基本都在 $500 \sim 1300$ m。这为某煤矿采空区的评价提供了基础的地球物理资料。

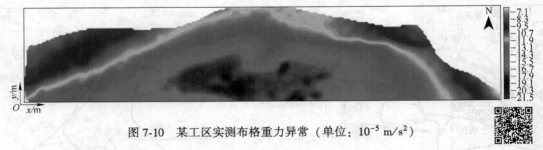

图 7-10 某工区实测布格重力异常（单位：10^{-5} m/s²）

扫码看彩图

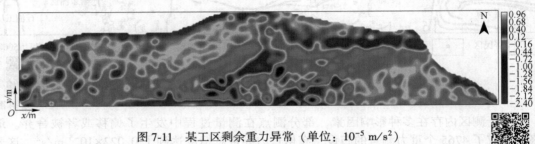

图 7-11 某工区剩余重力异常（单位：10^{-5} m/s²）

扫码看彩图

图 7-12 某工区重力异常推断构造图

扫码看彩图

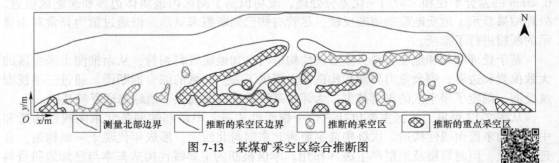

图 7-13 某煤矿采空区综合推断图

扫码看彩图

在进行重力法测量之前，首先对现有资料进行分析，建立理论模型进行正演计算。这一步骤是验证采空区所引起的重力异常是否在所选重力仪探测精度范围内，这一验证是重力法勘探的理论基础且十分必要。高精度的重力测量方法结合有效的数据处理方式，被证实在城市煤矿采空区的探测中非常有效。采用位场分离、三维视密度反演和边界识别处理方法，成功推断出煤矿采空区的位置、深度和边界。推断结果与已知的地质资料相当吻合，从而验证了数据处理方法的有效性。然而，煤和采空区与周围岩石相比都是低密度体，因此需要进一步研究以定量地区分煤和采空区所产生的异常。研究结果显示，高精度重力测量方法结合有效的数据处理方式，可以在城市煤矿采空区的探测中发挥重要作用。

7.4.3 面临的挑战与发展方向

重力法在智能矿山应用中面临一些挑战，这些挑战可能会影响其准确性、适用性和效率，主要包括以下几个方面：

（1）深部矿藏探测难度：重力法在探测深部矿藏时存在限制，因为地下深处的重力场变化微弱，难以准确测量。这导致了对深层矿藏的精确定位和表征的困难。

（2）地质环境复杂性：地质环境的复杂性影响了重力法的解释和准确性。当地下地质环境复杂、地层变化大、岩石类型多样时，重力数据的解释变得更加困难。

（3）设备精度与成本：高精度的重力计和设备成本高昂，这可能限制矿业公司或勘探团队采用高精度重力测量设备，尤其是对于中小型矿业公司或特定项目的挑战性地质勘探。

（4）数据处理与解释困难：重力测量数据的处理和解释需要专业知识，尤其是在解释异常的来源时需要经验丰富的地球物理学家。数据的处理和解释可能会受到主观因素的影响，导致结果的不确定性。

（5）地表覆盖和地形限制：部分矿山区域地表覆盖物或复杂的地形可能限制重力测量设备的布置和数据采集，影响了数据的全面性和准确性。

（6）解决这些挑战的关键在于技术的不断改进和创新，以及综合多种地球物理勘探方法的使用。未来的发展方向可能包括研发更先进、精确的重力测量设备、开发更智能化的数据处理和解释工具，以及探索多种地球物理技术的融合应用，以提高矿山勘探的准确性和效率。

重力法在智能矿山中有着广阔的发展空间，未来的发展方向可能包括以下几个方面：

（1）技术改进与仪器创新：不断改进和创新重力测量仪器和技术，提高测量精度和解析度。发展更精密、更灵敏的重力计和传感器，提高数据采集和处理的精度。

（2）多物理方法整合应用：结合多种地球物理勘探技术，如电磁法、地震波法等，进行综合应用，提高勘探的全面性和准确性。多种技术的综合使用有助于补充重力法在特定条件下的局限性，提高勘探效果。

（3）智能化与自动化应用：结合智能化技术，如人工智能、机器学习等，使得重力测量设备能够更快速、更准确地收集和解析数据，并提供实时的地质信息。智能算法和自动化系统有望提高数据处理效率和准确性。

（4）成本效益与便携性提升：降低设备成本、提高设备便携性，使得更多规模和预算有限的矿业公司能够采用重力法进行勘探。开发更经济实惠、便于携带的设备有助于扩大重力法的应用范围。

（5）环境友好与社会责任：在重力法应用中，注重减少对环境的影响，提高勘探过程的环境友好性。遵循社会责任原则，在勘探过程中考虑当地社区和环境的利益。

重力法作为一种非侵入性、广泛应用的地球物理勘探方法，其在矿山勘探中的应用前景十分广阔。通过技术创新和方法综合应用，可以进一步提高其在矿山勘探中的效率和可靠性。

7.5　本章小结

本章详细阐述了重力法在矿山勘探中的原理、方法、应用案例以及其所面临的挑战和未来发展前景。重力法勘探基于牛顿的万有引力定律，利用精密的重力测量仪器来探测地球表面不同点的重力差异，从而推断地下结构。地球内部的不同地质结构，例如矿石、岩层和洞穴，由于密度不同，对地球的引力作用也不同，而重力法正是借此差异来"透视"地下，了解其内部构造。在矿业领域中，重力法可追踪矿床的延伸，了解其形态和规模，为矿山的规划、设计和开发提供指导，最大化资源利用，同时减少环境影响。随着现代重力监测传感器技术和数据处理技术的进步，重力法在矿业勘探中的精确度和解释结果的准确性显著提升，对于探测地下矿产资源具有日益重要的作用。本章针对某煤矿采空区的位置、深度和分布进行了研究，考虑了城市中影响物探方法的因素，在该地区采用了高精度重力测量方法进行了探测。推断结果与已知的地质资料较为一致，验证了数据处理方法的有效性。重力法作为一种非侵入性、广泛应用的地球物理勘探方法，在智能矿山中有着广泛的应用前景。通过技术创新和方法综合应用，能进一步提高其在矿山勘探中的效率和可靠性。

扫码获得
数字资源

习题与思考题

7-1　重力法在矿山勘探中的主要用途是什么？

7-2　物体所经受的重力来自哪里？

7-3　重力场具有哪些特点？

7-4　如何确定正常重力位？

7-5　重力异常的概念是什么？及其原因。

7-6　矿山重力测量通常可分为哪些方法以及对应的测量设备分别被称为什么？

7-7　重力法的原理是什么？

7-8　重力法的主要用途是什么？

7-9　重力法在矿山应用中面临的挑战及发展方向是什么？

7-10　Bouguer 递减法的步骤是什么？

参 考 文 献

[1] 鞠建华，韩见，鞠方略. 中国智能矿山发展趋势与路径分析 [J]. 中国矿业，2023，32（5）：1-7.

［2］ 樊杰. 我国煤矿城市产业结构转换问题研究［J］. 地理学报, 1993, 48（3）: 218-226.

［3］ Nan S, Zhang J, Guo X. Study of safety mining technology on ore body adjacent to water-bearing crushed zone and fault［J］. Disaster Advances, 2010, 3（4）: 428-431.

［4］ Geng H, Zhang K, Zhang H. Research on sustainable development of resource-based small industrial and mining cities: A case study of yangquanqu town, Xiaoyi, Shanxi Province, China［J］. Procedia Engineering, 2011, 21: 633-640.

［5］ 郇恒飞, 高铁, 赵海卿, 等. 高精度重力测量在抚顺煤矿采空区探测中的应用［J］. 煤田地质与勘探, 2019, 47（6）: 194-200.

［6］ 杨建军, 吴汉宁, 冯兵, 等. 煤矿采空区探测效果研究［J］. 煤田地质与勘探, 2006, 34（1）: 67-70.

［7］ 石刚, 屈战辉, 唐汉平, 等. 探地雷达技术在煤矿采空区探测中的应用［J］. 煤田地质与勘探, 2012, 40（5）: 82-85.

［8］ 郭恩惠, 刘玉忠, 赵炯, 等. 综合物探探测煤矿采空塌陷区［J］. 煤田地质与勘探, 1997, 25（5）: 8-10.

［9］ 程建远, 孙洪星, 赵庆彪, 等. 老窑采空区的探测技术与实例研究［J］. 煤炭学报, 2008, 33（3）: 251-255.

［10］ 韩术合, 张寿庭, 郭宇飞, 等. 多种物探方法在采空区勘查中的应用［J］. 有色金属工程, 2017, 7（1）: 76-81.

［11］ 温来福, 郝海强, 刘志远, 等. 综合物探在山西省某煤矿采空区探测中的应用［J］. 工程地球物理学报, 2014, 11（1）: 112-117.

［12］ 张善法, 孟令顺, 杜晓娟, 等. 高精度重力测量在金矿采空区探测中的应用研究［J］. 地球物理学进展, 2009, 24（2）: 590-595.

［13］ 张旭, 杜晓娟, 苏超, 等. 辽源煤矿采空区重力异常解释研究［J］. 工程地球物理学报, 2015, 12（6）: 755-759.

［14］ 王延涛, 潘瑞林. 微重力法在采空区勘查中的应用［J］. 物探与化探, 2012, 36（增刊1）: 61-64.

［15］ 明圆圆, 王春辉, 牛雪, 等. 重力勘探在阳泉煤炭采空区中的应用［J］. 煤炭技术, 2018, 37（9）: 136-139.

［16］ 曾启雄, 陆立, 邹积亭, 等. Lacoste-Romberg（G）型重力仪数学模型［J］. 地球物理学报, 1994, 37（A02）: 612-615.

［17］ Vajda P, Foroughi I, Vaniček P et al. Topographic gravimetric effects in earth sciences: Review of origin, significance and implications［J］. Earth-Science Reviews, 2020, 211: 103428.

［18］ Zhang X, Zhou H, Jiang Y, et al. First acceptance testing of multiple A10 absolute gravimeters in China and analysis of the comparison results［J］. Geodesy and Geodynamics, 2023, 14（4）: 401-410.

［19］ Afshar A, Norouzi G H, Moradzadeh A, et al. Application of magnetic and gravity methods to the exploration of sodium sulfate deposits, case study: Garmab mine, Semnan, Iran［J］. Journal of Applied Geophysics, 2018, 159: 586-596.

［20］ Lo Y T, Ching K E, Yen H Y, et al. Bouguer gravity anomalies and the three-dimensional density structure of a thick mudstone area: A case study of southwestern Taiwan［J］. Tectonophysics, 2023, 848: 229730.

8 光与光纤技术在智能采矿中的应用

8.1 概　述

光是一种电磁辐射，它既可以表现出波动性，也可以表现出粒子性。光的波动性使其能够以电磁波的形式传播，而光的粒子性则体现在光量子（被称为光子）。光是一种能量的传递方式，在宏观尺度上常见到的光源有太阳、灯泡、激光等。光的能量以波动的方式传播，其频率范围构成了所谓的电磁波谱，从长波的无线电波到短波的紫外线和伽马射线，都属于电磁波的不同能量区间。光在空气中的传播速度非常快，约为每秒 30 万公里，但在其他介质中传播时会有不同的速度，因为光在不同介质中的传播会受到折射和反射的影响。光的研究和应用相当广泛，涉及多种学科领域，其在采矿领域的应用也相当广泛。

8.1.1 光的反射

光的反射是指光线在与表面接触时发生的方向改变的现象。当光线从一种介质传播到另一种介质，并且与介质之间的界面相遇时，一部分光被反射回原来的介质，这种现象就是光的反射，如图 8-1 所示。光的反射遵循两个主要原理：入射角等于反射角和法线。以下是这两个原理的解释：（1）入射角等于反射角：入射角是指光线与法线（垂直于表面的线）之间的夹角，而反射角是指反射光线与法线之间的夹角。根据光的反射定律，当光线从一种介质传播到另一种介质时，入射角等于反射角。（2）法线：法线是垂直于表面的一条线，它垂直于表面并指向远离表面的方向。在光的反射中，入射光线、反射光线以及法线都位于同一平面内。光的反射可以分为两种类型：镜面反射和漫反射。镜面反射：当光线与光滑的表面接触时，光线以相同的角度反射，形成清晰的镜面像。这种反射在镜子、金属表面等光滑物体上常见。漫反射：当光线与粗糙的表面接触时，光线以不同的角度反射，形成散乱的反射。这种反射在毛织物、糊糊墙壁等粗糙表面上常见。光的反射在

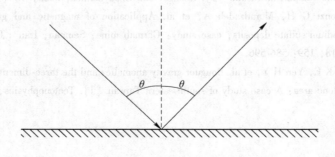

图 8-1　光的反射示意图

日常生活中有着广泛的应用。例如，反射光使我们能够看到自己的形象，反射还被用于反光衣、反光标识等安全装置中，以增加可见度。此外，反射还在光学器件如镜子、望远镜、激光等的设计和制造中发挥着重要作用。

8.1.2　光的折射

光的折射是指光线从一个介质进入另一个介质时，由于介质的不同密度或折射率的不同，光线的传播方向发生改变的现象。当光线从一种介质传播到另一种介质时，它会以不同的速度传播，导致光线的传播方向发生改变，如图 8-2 所示。光的折射遵循斯涅尔定律，该定律描述了入射角、折射角以及两个介质的折射率之间的关系。斯涅尔定律可以用以下方式表示：

$$n_1 \sin\theta_1 = n_2 \sin\theta_2 \tag{8-1}$$

其中，入射角是入射光线与法线之间的夹角，折射角是折射光线与法线之间的夹角，折射率是介质对光的传播速度的度量。重要的是要注意，当光从一个折射率较高的介质（如空气）进入到一个折射率较低的介质（如玻璃）时，入射角度越大，折射角度也会随之增大。然而，当入射角度超过一个特定值（临界角）时，光将完全发生反射，称为全反射。光的折射是在许多实际应用中发挥重要作用的现象，包括光学透镜、眼镜、棱镜、光纤通信等。光的折射能够对光的传播和聚焦进行控制，扩展了光学技术的应用范围。

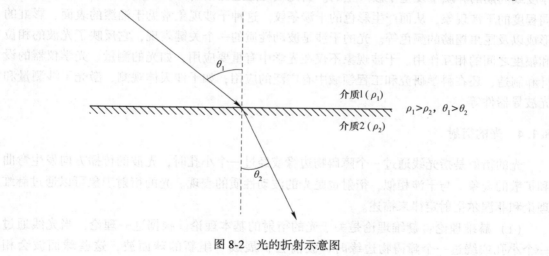

图 8-2　光的折射示意图

8.1.3　光的干涉

光的干涉是指两束或多束光线相遇并产生相干的现象。当光线在空间中的不同路径传播时，它们会相互干涉，导致干涉条纹的形成。光的干涉现象可以通过两个主要的干涉类型来解释：相干干涉和干涉色。

（1）相干干涉：相干干涉发生在两束或多束具有相同频率、相同波长、相干的光线相遇时。相干性是指光波的波峰和波谷在时间和空间上保持固定的关系。在相干干涉中，当两束相干光线相遇时，它们会相互加强或相互抵消，形成明暗相间的干涉条纹。著名的双缝干涉实验就是相干干涉的一个例子，如图 8-3 所示。

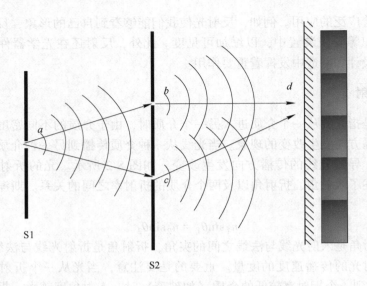

图 8-3　光的双缝干涉示意图

（2）干涉色：干涉色是由于光线在光学薄膜（如油膜、气泡）或者光栅等具有不同厚度或周期的介质中发生干涉产生的。当光线经过这些结构时，不同波长的光线会发生不同程度的干涉现象，从而产生彩色的干涉条纹。这种干涉现象常见于油漆的表面、彩虹的形成以及昆虫翅膀的颜色等。光的干涉是波动性质的一个关键表现，它反映了光波的相位和幅度之间的相互作用。干涉现象不仅在光学中有重要应用，如光的测量、光学仪器的设计和制造，还在科学研究和工程领域中有广泛的应用，如干涉天体观测、激光干涉测量和光波导器件等。

8.1.4　光的衍射

光的衍射是指光线通过一个障碍物边缘或经过一个小孔时，光波的传播方向发生弯曲和扩散的现象。与干涉相似，衍射也是光的波动性质的表现。光的衍射现象可以通过赫维理论和菲涅尔衍射定律来描述。

（1）赫维理论：赫维理论是关于光的衍射的基本理论。根据这一理论，当光线通过一个小孔或绕过一个障碍物边缘时，波前会扩展成一组新的球面波，这些球面波会相互干涉形成衍射图案。衍射图案的特征取决于光线的波长和障碍物或小孔的大小和形状。

（2）菲涅尔衍射定律：菲涅尔衍射定律描述了光线经过一个障碍物边缘时的衍射现象。根据这一定律，当光线通过一个有限大小的障碍物边缘时，衍射现象将产生中央明暗带以及一系列交替的明暗环或条纹，如图 8-4 所示。这些明暗条纹的形状和分布可由具体的几何形状和大小计算得出。光的衍射现象在日常生活中也有许多实际应用。例如，光的衍射在光学显微镜中起着关键作用，它使我们能够观察到微小物体的细节。衍射还被用于光栅、激光干涉仪、天线和光波导等光学器件的设计和制造中。总结来说，光的衍射是光波通过障碍物边缘或小孔时发生的弯曲和扩散现象。

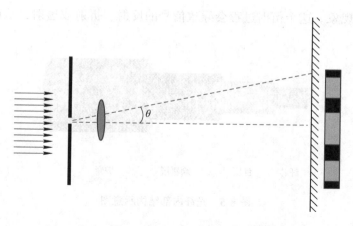

图 8-4　光的单孔衍射示意图

8.1.5　激光

激光是一种特殊的光源，具有高度的单色性、方向性和相干性。激光能够通过光的放大和受激辐射等过程产生高度聚焦的、高亮度的光束。激光的产生基于三个主要原理：受激辐射、光放大和光反馈。

（1）受激辐射：当处于激活状态的原子、离子或分子受到外部能量刺激时，会发生受激辐射过程。在这个过程中，受激粒子从高能级跃迁到较低能级，并以光子的形式释放出能量。

（2）光放大：在激光器中，受激辐射仅在通过放大介质时才得以放大。放大介质通常是具有特定能级结构的材料，如激光晶体、气体或半导体。通过将能量源输入放大介质，激发更多的原子或离子，从而产生更多的受激辐射。

（3）光反馈：光反馈是指在激光器中通过光的反射或反馈将一部分光重新注入放大介质中。光反馈通过反射镜或光栅等光学元件实现。这种反馈使部分光子返回放大介质，引发更多的受激辐射和光放大，从而增强激光输出。

激光的特性使其在许多领域有重要应用，如科学研究、医学、通信、材料加工、测量和仪器等。在医学中，激光可用于激光手术、眼科手术和皮肤治疗。在通信中，激光被用于光纤通信传输信息。在材料加工中，激光可用于切割、焊接和打印等过程。

8.2　光纤光栅感知技术

8.2.1　光纤光栅感知原理

光纤光栅感知技术的原理是基于光纤光栅的工作原理。光纤光栅是一种在光纤中引入了周期性折射率变化的器件，它可以通过调制光纤的折射率来实现对光信号的感知和测量。光纤光栅一般由两部分组成：光纤和光栅。光纤内部结构如图 8-5 所示。光栅是在光纤的护套或芯部中插入了周期性的折射率变化结构，通常采用光纤中掺入一些特殊材料或通过光纤中的光干涉制造。当光信号通过光纤光栅时，会与光纤光栅中的折射率变化相互作用，发生衍射现象。这个衍射过程会导致信号的反射、折射或透射，从而改变了光信号的传输特性。

纤芯　　　包层　　　涂覆层　　　护套

图 8-5　光纤内部结构示意图

光纤光栅感知技术通过监测光信号的特性变化来实现对环境参数的测量。当环境参数发生变化时，例如温度、应变、压力等，会引起光纤光栅中折射率的变化，进而影响光信号的衍射行为。通过测量光信号的反射、折射或透射特性的变化，可以间接地获得与环境参数变化相关的信息。光纤光栅感知技术可以通过监测光信号的功率、相位、频率等参数来实现对环境参数的测量。这些参数的变化与环境参数的变化存在一定的关联性，通过建立合适的数学模型和算法，可以将光信号的变化与环境参数进行定量的关联和计算。光纤光栅感知技术利用光纤光栅的特殊结构和光信号的衍射现象，实现了对环境参数的感知和测量，具有高灵敏度、长距离、抗干扰和实时性好等优点。

8.2.2　光纤光栅传感基本特征

光纤光栅传感具有高灵敏度、长距离监测、分布式测量、抗干扰性强、实时性好以及多参数测量等基本特征，使其在各种领域的传感应用中具有广泛的应用前景。

（1）高灵敏度：光纤光栅传感可以对微小的环境参数变化具有高灵敏度的检测能力。通过监测光纤光栅中光信号的特性变化，可以实现对微弱信号的测量和监测。

（2）长距离监测：光纤光栅传感技术能够实现对长距离范围内的物理参数进行监测。由于光纤本身具有较小的损耗和良好的传输特性，使得光纤光栅传感技术可以应用于需要覆盖大面积的监测场景。

（3）分布式测量：光纤光栅传感可以实现分布式测量，即在一个光纤上安装多个光栅，每个光栅相互独立地对环境参数进行测量。这样的特点使得光纤光栅传感技术能够同时获取多个位置上的参数信息，方便对多个区域进行监测和分析。

（4）抗干扰性强：光纤光栅传感技术不受电磁干扰的影响，具有较高的抗干扰能力。传感信号在光纤中传输，不会受到外界电磁场的影响，因此可以提供稳定可靠的测量结果。

（5）实时性好：光纤光栅传感技术可以实时监测环境参数的变化，并及时产生响应。通过实时采集和处理光信号，可以实现对环境变化的快速响应和实时监测。

（6）多参数测量：光纤光栅传感技术可以同时测量多个参数，如温度、应变、压力、位移等。通过在光纤光栅中引入不同的测量机制或通过多光栅的组合，可以实现对多个参数的测量。

8.2.3　光纤光栅感知传递模型

光纤光栅感知传递模型描述了光信号在光纤光栅中传输和衍射的物理过程，并与环境参数的变化相互作用的数学模型。该模型可以用于建立光纤光栅传感系统的工作原理和参数之间的关系。光纤光栅感知传递模型的核心是将环境参数的变化与光信号的特性变化进行关联。一般情况下，该模型包括以下几个关键要素：

（1）光纤光栅结构：光纤光栅的结构参数是模型的重要组成部分，包括光栅周期、光栅长度、光纤光栅的折射率变化等。这些结构参数决定了光纤光栅对光信号的敏感性和衍射特性。

（2）光信号的传输特性：光纤光栅传感模型需要考虑光信号在光纤中传输的影响，包括光纤的传输损耗、色散特性、传输模式等。这些因素会影响到信号的强度、相位等特性。

（3）环境参数的影响：模型还需要考虑环境参数对光纤光栅的影响，例如温度、应变、压力等参数。这些参数会引起光纤光栅中折射率的变化，从而改变光信号的衍射特性。

（4）数学描述：根据光纤光栅的结构和光信号的传输特性，可以使用适当的数学方程和算法来描述光信号在光纤光栅中的传输和衍射过程。常见的数学描述包括折射率耦合理论、光纤传输方程、Maxwell 方程等。

通过建立光纤光栅感知传递模型，可以将光信号的特性变化与环境参数的变化相对应，实现对环境参数的定量测量和监测。这种模型可以用于优化传感系统的设计、提高测量精度，并为实际应用提供准确的传感结果。需要指出的是，具体的光纤光栅感知传递模型会根据不同的应用场景和具体参数而有所差异，需要根据实际情况进行具体建模和分析。

8.2.4　光纤技术在采矿中的应用

8.2.4.1　光纤技术在采矿工程中的主要应用

目前光纤技术在采矿工程中主要应用于：

（1）数据通信：光纤传输技术可以提供高速、可靠的数据通信网络，用于采矿场地内各个设备和系统之间的数据传输。例如，将传感器数据、监控视频、设备状态信息等通过光纤传输到控制中心，实现远程监控和管理。

（2）视频监控：采矿现场需要进行大范围的视频监控，以确保安全和监测作业情况。光纤传输技术可以提供高清、稳定的视频传输通道，使监控系统能够实时接收和传输视频信号，同时减少图像质量的损失和延迟。

（3）传感器网络：采矿作业中需要大量的传感器来监测和检测不同的参数，如温度、湿度、气体浓度、位移、应力、加速度等。光纤传输技术可以提供可靠的传感器网络连接，将传感器数据准确地传输到数据采集和分析系统中，帮助采矿过程进行实时监测和分析。

（4）矿井安全：光纤传输技术还可以用于矿井安全监测系统。通过在矿井中布置光纤传感器，可以实时监测温度、氧气浓度、有害气体等参数，及时预警并采取相应的措施，确保工作人员的安全。

（5）通信支持：采矿场地通常位于偏远地区，电信网络覆盖不完善。光纤传输技术可以提供独立的通信网络，用于语音通信和数据传输，解决通信困难和延迟问题，提高工作效率和安全性。

8.2.4.2　光纤在采矿工程中的适用范围

在采矿工程测试中应用光纤传感技术具有明显的优越性，主要可以应用于以下环境：

（1）光纤抗腐蚀性强、防水防潮，适于采矿（尤其是地下采矿）过程中在地下水丰富的环境中进行监测。

（2）光纤传感器以光为媒介体，无电火花，适于用在煤矿这种存在瓦斯的环境中进行监测。

（3）光纤可挠曲，可长距离传送，适于对岩层弱面或构造破坏地带的冒落和滑移、顶板下沉、采矿崩落区域和松动区域及爆破振动区空气冲击波等进行遥测。

（4）适于露天采矿中受地下水和爆破振动作用的边坡表面变形监测和深部滑移面的确定。

8.2.4.3　一些适用于采矿工程测试的光纤传感器

A　强度调制型光纤传感器

该类型传感器主要是利用被测量的变化引起光纤内光强发生变化的原理，结构如图8-6所示。而导致光纤内光强变化的原因有：改变光纤微弯状态、改变光纤外包层折射率，以及改变光纤的光波吸收特性。利用此原理可制成光纤辐射传感器，主要用于核电站的大范围监测等。

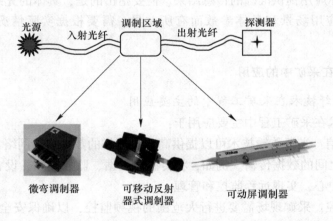

图 8-6　强度调制光纤传感器结构示意图

B　相位调制型光纤传感器

这一类型的传感器基本原理是利用被测量参量对光敏元件的作用，使光敏元件的折射率、光强或传感常数发生变化，从而改变光的相位，然后利用干涉仪器进行解调，进而获得被测参量信息，结构如图8-7所示。此原理制成的光纤干涉仪器可用来测量水压（包括水声）、温度、地震波、加速度、磁场、电流等，还可对液体及气体的成分进行检测。

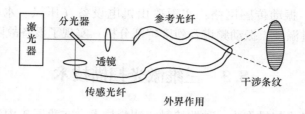

图 8-7 相位调制型光纤传感器结构示意图

C 频率调制型光纤传感器

高强度石英光纤在应力作用下发生长度变化，可用于应力测量。若使光在光纤内振荡，则可建立振荡周期（频率）与光纤应变关系。其工作原理如下：先用手动启动开关提供一个单脉冲使之起振，脉冲通过鉴别器，驱动脉冲形成器使激光器 LD 发生光脉冲，激光通过光纤由硅光电二极管 PD 接收，产生的电信号经放大器进入鉴别器，产生触发脉冲到激光器，激光器发射下一个光脉冲，这样整个回路形成一个传输时间振荡器，结构如图 8-8 所示。若光纤长度变化，振荡周期（频率）将发生变化，由此可建立光纤应变（$\Delta L/L$）与振荡周期（频率）关系曲线。该方法由于使用多模光纤，具有非常好的抗电磁干扰能力，光路弯曲和扭曲变形不会影响测量结果。但该方法由于采用时间振荡法，对电子学系统延迟时间的稳定性要求很高。

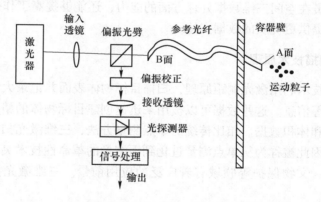

图 8-8 频率调制型光纤传感器结构示意图

根据光纤传感元件的以上特点，主要可以在以下矿山安全监控中加以应用：

（1）矿用光纤振动传感器：采用窄带半导体激光器频率跟踪技术进行解调，在实现高检测灵敏度的同时，成功地消除了温度、应变等环境因素影响。

（2）矿用光纤顶板离层仪：矿用光纤顶板离层仪通过内部精密的机械结构将位移转化为光纤光栅传感敏感元件波长的变化，从而进行位移的监测。其特点是漂移小、长期稳定、可用于实时在线监测。

（3）矿用光纤水压传感器：矿用光纤水压传感器是一种光纤光栅型传感器，当水位变化时，传感器底部的弹性膜片受压力变化，该形变转化为光纤光栅波长的变化。

（4）多种气体传感器：根据多个被测气体的吸收光谱，优化光源组合。采用同一个传输光纤和探头结构，实现对 CO、CO_2、O_2、乙烯、乙烷、乙炔等多种气体检测。

（5）光纤温度、振动传感网络：实现矿山机电设备（压风、水泵、运输、供电等）状态监测系统；通过温度、振动频谱及烈度特征分析，实现了设备故障预警。

8.3   三维激光扫描技术

近年来，三维激光扫描作为一种非接触式测量技术，在我国矿山测量领域得到了广泛应用。它通过使用激光束扫描物体表面，获取丰富的点云数据，从而实现对矿山环境的精确测量和监测。目前，国产三维激光扫描设备已经和从国外进口的三维激光扫描设备精度、扫描视角和扫描速率等参数差别不大。然而，在目前的应用中仍存在一些问题。首先，数据采集阶段的质量不稳定，可能受到环境光线、杂乱背景以及复杂地形的影响。此外，点云数据的匹配精度有待提高，以实现更准确的物体重建和变形监测。同时，现有的点云数据滤波算法精度有限，需要进一步优化和研发。针对上述问题，研究者提出了一些关键的研究方向。首先，他们提倡发展高精度的数据采集方案，如结合 InSAR（合成孔径雷达干涉测量）、LiDAR（激光雷达）、倾斜摄影测量和地面三维激光扫描技术，以获得更全面、准确的数据。其次，研究者还重视三维激光扫描数据的后期应用，特别是在面状地物变形监测理论和方法方面的研究，以及结合大数据技术和人工智能技术进行实时动态监测。综上所述，进一步推进三维激光扫描技术在我国矿山测量领域的应用，不仅有助于提升相关工程技术人员在空间三维数据处理方面的能力，还能够提高工作效率，并为矿山环境管理和安全监测提供更优质的数据支持。

8.3.1   三维激光扫描技术原理

三维激光扫描技术利用激光测距原理，扫描目标物体表面并记录大量数据点的三维坐标、反射率和纹理等信息。这些数据可以被用来迅速创建目标物体的精确三维模型，同时生成各种线条、面和体积数据。相比传统的单点测量方法，三维激光扫描技术能够高效地获取大量数据点，因此被称为从单点测量进化到面测量的革命性技术突破。这项技术在工业设计、建筑测量、文物保护等领域有着广泛的应用前景。三维激光扫描测量原理如图8-9所示。

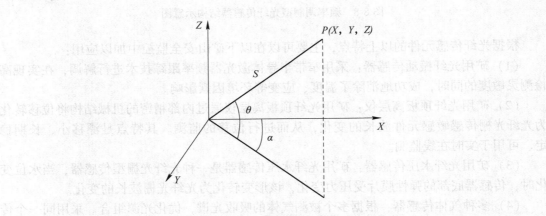

图 8-9   三维激光点坐标计算原理

三维激光扫描测量通常使用仪器自身的坐标系统，通过对物体三维信息数据的采集获得距离观测值 s，精密时钟控制编码同步测量每个激光脉冲横向扫描角度 α 和纵向角度 θ，其中 X 轴在横向扫描面内，Y 轴在横向扫描面内与 X 轴垂直，Z 轴与横向扫描面垂直。由以上数据可得三维激光点 P 的坐标 (X, Y, Z)，计算式如下：

$$\begin{cases} X = s\cos\theta\cos\alpha \\ Y = s\cos\theta\sin\alpha \\ Z = s\sin\theta \end{cases} \tag{8-2}$$

自 21 世纪以来，中国科学技术的快速发展对矿山测绘技术产生了深远影响。矿山测绘工作内容变得更加丰富多样化，现场实际测绘工作对测绘技术应用提出了更高要求，传统测绘技术难以满足这些需求。因此，三维激光扫描技术在这样的背景下得到了广泛的发展和应用。三维激光扫描技术，也被称为"实景复制技术"，利用非接触式高速激光测量方法，能够快速扫描复杂现场和空间内的物体，直接捕获物体表面的水平方向、天顶距、斜距以及反射强度等指标。通过智能存储和处理数据，可以获取相对完整的点云信息。计算机处理这些点云数据后，可以在较短时间内重构出被测物体的三维模型，并生成各种线、面、体、空间等图件数据。三维激光扫描仪主要由软件和硬件组成。软件部分包括数据处理系统，硬件部分包括三维激光扫描仪、电源和支架等设备。结构如图 8-10 所示。在实际应用中，根据矿山测绘技术方案，严格执行设计好的工作流程并规范处理数据，就能够产生理想的测绘工作成果。通常需要使用厂家提供的专门软件来读取和处理点云数据，例如 ILRIS-3D、Cyclone、3D-RiSCAN、LFM 软件等，这些软件具备强大的点云数据处理功能，包括点云数据编辑、拼接与合并、三维空间测量、建模和转换等功能。

(a)

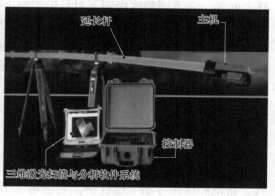
延长杆　　　　　主机

控制器

三维激光扫描与分析软件系统
(b)

图 8-10　矿用三维激光扫描测量系统

扫码看彩图

8.3.2　三维激光扫描技术优势和特点

（1）提升目标数据采集过程的精准度。三维激光扫描技术在矿山测量中的应用带来了明显的优势。即使扫描仪和被测物体之间的距离较远，也能大大减少误差。当前的中远距离激光扫描仪，在获取点云数据时，单点精度通常能够达到毫米级到厘米级，这为后续建立三维模型提供了高质量的数据基础。在使用过程中，工作人员无需处理测量物体表面，也无需多次检测和校验测量信息，因此确保了测绘数据的质量与精确度，为后续工作提供了便利条件。总体来说，三维激光扫描技术为矿山测量工作带来了极大的便利和提升。

（2）提升测绘工作效率。三维激光扫描技术在现代矿山测量中的应用，对提升操作水平和工作效率有着显著的作用。该技术能够快速获得被测对象信息，获取大面积空间信息，适用于大面积细节测量。目前，扫描点采集速率已经达到数千点/秒到数十万点/秒。与传统方法相比，使用三维激光扫描技术不需要对环境进行严格要求，前期准备工作相对简单，同时现场测绘时可以实现自动化测量，从而更高效、高质量地完成测量任务。因此，现代矿山测量实践中合理运用三维激光扫描技术能够成为一种非常有效的测绘手段，为矿山测量工作提供便利条件。

（3）更加便捷地获得相关信息。现代测绘行业内，越来越多的三维激光扫描设备产品被广泛采用。这些设备通常具备自动化数据传输功能，可通过网络将数据信息完整、安全地传输到接收设备中，从而显著减少了传统人工操作和数据收集过程中的工作量。这一技术的应用使得获取被测物体相关信息变得更加快捷、便利，极大地提高了矿山测绘工作的质量和效率。

（4）非接触性。三维激光扫描技术具有独特的优势，能够在无需直接接触被测目标的情况下快速、精准地获取相关的三维信息。这解决了传统测量方法难以接触目标的实际问题，提供了传统方法无法达到的测量能力。通过激光扫描，可以非常便捷地获取目标的几何形状、尺寸和表面特征等详细信息，而无需接触目标或进行复杂的物理测量操作。这一技术的优势在矿山测量等领域中能够更加高效地进行测量和数据处理。

（5）数据采集密度偏高。三维激光扫描仪在数据采集过程中，可以根据用户设定的采样点间隔，在不同精度级别下对目标实物进行扫描。与传统的单点测量方法相比，这种扫描方式能够显著提升物体测量的精确度和完整性。传统的单点测量方法需要逐个测量目标的各个点，而三维激光扫描仪可以在较短的时间内同时获取大量点的数据，从而更全面地捕捉目标物体的几何形状和表面特征。这种扫描技术的应用使得物体测量更加准确、全面，为矿山测绘等领域提供了更高水平的数据处理能力。

（6）亮度较高。激光作为一种高亮度光源，其输出比太阳光亮度高出数个数量级。这种高能量密度的特点使得激光在各个领域中有广泛应用。激光能够集中能量到非常小的区域，因此可以在微小的位置产生高压和高温，甚至达到几万摄氏度甚至几百万摄氏度。这种特性使得激光在许多应用中具有独特优势。例如，在工业领域中，激光被广泛应用于打孔、切割和焊接等加工过程中，它能够实现高精度和高效率的加工。同时，在医疗领域中，激光外科手术已成为常用的治疗方式，因为它具有无创、精确和快速恢复等优点，对患者的伤害和康复都有很大帮助。

（7）全数字化、可视化。三维激光扫描仪可以获取目标物体的"点云"数据，其中包含了采集点的三维坐标以及 RGB 等多种信息。这些数据能够相对轻松地转换成 CAD 或其他软件平台支持的数据格式。通过这些点云数据，可以从不同角度观察目标物体的三维模型。使用三维激光扫描仪进行扫描时，激光束会扫描目标物体，并记录下每个点的坐标信息和其他属性，例如颜色。这些点的集合形成了点云。通过对点云进行处理和重建，可以生成具有几何结构和外观特征的三维模型。点云数据可以被导入到 CAD 软件中，以帮助进行设计、分析和制造等工作。此外，还可以将点云数据转换为其他软件平台支持的格式，以满足不同需求。通过对点云数据进行三维可视化和分析，可以从各个角度观察目标物体的几何形状、细节和表面质量等信息。这对于产品设计、文化遗产保护、建筑测量和虚拟现实等领域都具有重要意义。绘制三维激光扫描优势与特点图，如图 8-11 所示。

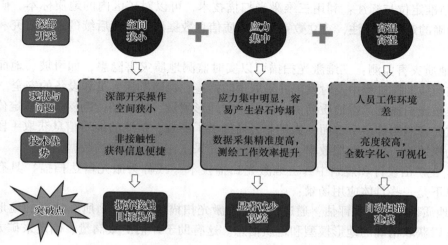

图 8-11　三维激光扫描技术优势与特点

8.4　三维激光扫描技术在智能采矿中的应用

三维激光扫描在智能采矿中发挥着重要作用，它可以用于以下几个方面：在地质勘探中，三维激光扫描可以通过精确的地形数据和地下结构信息，帮助矿业公司找到更加精准的矿藏位置和储量分布情况；在矿山设计与规划中，利用三维激光扫描技术可以快速获取矿山的三维模型，对矿山进行精确测量和规划，优化开采路线和方案，提高矿山开采效率；在安全监测中，三维激光扫描可以实时监测矿山工作面、坍塌隐患以及矿山设施的变化，及时预警并采取措施，保障矿工和设备的安全；在设备管理与维护中，通过三维激光扫描，可以对采矿设备进行精准定位、监测和维护，提高设备利用率和延长设备使用寿命；在精准定位与导航中，三维激光扫描技术可以在地下矿区提供精准的定位和导航服务，帮助矿工避开危险区域，提高工作效率，降低事故风险。

综上所述，三维激光扫描技术在智能采矿中的应用涵盖了地质勘探、矿山设计规划、安全监测、设备管理与维护以及精准定位导航等多个领域，为矿业生产提供了高效、安全、智能的解决方案。

8.4.1　三维激光扫描技术在智能采矿中的应用简介

（1）在地质勘探中，三维激光扫描技术发挥着重要作用，主要体现在以下几个方面：

1）地形测量：三维激光扫描可以通过激光雷达快速获取地表的高程数据，生成精确的数字高程模型（DEM），帮助矿业公司全面了解矿区地形特征、地势起伏等信息，为后续地质勘探提供基础数据。

2）地下结构勘探：三维激光扫描还可以结合地下雷达等技术，对地下岩层结构进行扫描和成像，获取地下结构的三维模型和分布情况，帮助矿业公司准确评估矿藏分布和储量情况。

3）精准定位与标注：利用三维激光扫描技术，可以对矿区内的地质标本、矿石样品等进行精确的定位和标注，建立数字化的地质信息数据库，方便后续的地质研究和资源评估工作。

4）地质灾害监测：三维激光扫描可以实时监测地质灾害隐患，如滑坡、地面沉降等情况，在地质勘探过程中及时发现并采取预防措施，保障勘探人员和设备的安全。

三维激光扫描技术在地质勘探中可以用于地形测量、地下结构勘探、精准定位与标注以及地质灾害监测等多个方面，为矿业公司提供了高效、精准的地质信息获取手段，有助于降低勘探风险、提高勘探效率，并为后续的开采工作提供可靠的数据支持。

（2）在矿山设计和规划中，三维激光扫描技术（或称为激光雷达扫描）具有广泛的应用。以下是一些具体应用场景：

1）地质勘探和资源评估：通过使用三维激光扫描仪扫描矿山所在地区的地形和地质构造，可以获取精确的地形模型和地质信息。这有助于评估矿藏储量、确定采矿方案，并优化资源开采策略。

2）矿山测量和体积计算：通过对矿山现场进行三维激光扫描，可以获取矿山各个部分的精确三维模型。这些数据可用于计算矿山体积、挖掘量，以及精确测量矿山内部设施和道路等重要参数，从而进行资源管理和计划。

3）设备安装和布局规划：在矿山建设和运营过程中，三维激光扫描技术可用于获取现有设施和设备的准确位置和尺寸信息。这有助于进行设备安装、布局规划和优化工作流程，提高生产效率和安全性。

4）地下巷道和隧道设计：对于地下矿山，三维激光扫描技术可用于获取地下巷道和隧道的精确三维模型。这些数据可以帮助工程师进行巷道设计、优化通风系统、评估风险和规划安全逃生通道等。

5）环境监测和安全管理：通过定期使用三维激光扫描技术对矿山进行扫描，可以实时监测矿山的变化和稳定性。这有助于提前发现地质灾害风险、进行地表沉降监测、评估矿山周边环境影响等，并采取相应的安全管理措施。

三维激光扫描技术在矿山设计和规划中发挥着重要作用，它可以提供精确的地形、地质和设施数据，帮助优化资源开采、设计矿山结构、提高生产效率和安全性，并进行环境监测和管理。

（3）三维激光扫描技术在安全监测中的作用很大，可以为安全监测提供更加精准和全面的数据支持。以下是它在安全监测中的具体作用：

1）精确的三维数据：通过使用三维激光扫描技术，可以获得非常精确的三维数据，包括建筑、桥梁、道路等结构物的尺寸、形状、位置和空间关系等，以及地表的高程和地形等。这些数据可以用于确定结构物的状态和变化情况，从而对安全隐患进行精确的评估。

2）可视化分析：三维激光扫描技术可以生成高清晰度的三维模型，使得安全监测人员可以在虚拟环境中进行可视化分析，以检测变形情况、裂缝、渗漏等结构问题，发现潜在的安全隐患。

3）预警系统支持：三维激光扫描技术可以提供实时或定期的三维数据更新，从而为安全预警系统提供更加全面和精准的数据支持，有助于提高预警及响应能力，并及时采取措施避免安全事故。例如，在隧道或地铁建设中，三维激光扫描技术可以监测地质变化、地表沉降等情况，及时发现异常信号，及时预警。

4）安全评估：三维激光扫描技术可以生成非常精确的三维模型，这些模型可以被用于进行结构计算和模拟分析，以评估结构物的安全性和稳定性，为安全监测提供更加科学的依据。

三维激光扫描技术在安全监测中具有广泛的应用前景，可以提供更加精准和全面的数据支持，帮助监测人员实时了解结构物的安全情况，及时发现和处理安全隐患。

（4）在矿山测绘实践中，设备安装和维护对于三维激光扫描技术的应用至关重要。设备的正确安装和定期维护可以确保扫描数据的准确性和可靠性，从而为矿山管理和规划提供可靠的基础信息。

1）设备安装方面，首先需要选择合适的位置安装激光扫描设备，通常需要考虑到其对矿山地质环境的适应性以及对测量范围的覆盖情况。合理的设备安装位置能够最大限度地满足矿山测绘的需求，确保所获得的数据具有全面性和代表性。同时，对于一些特殊地质环境，如矿井内部或者复杂地形下的测量，可能需要进行定制化的设备安装方案，确保数据的准确性和完整性。

2）设备维护方面，定期的设备检查和维护是确保激光扫描设备正常运行的关键步骤。维护工作包括对设备的机械结构、光学系统、电子设备以及数据传输系统等各个方面进行全面检查，确保设备各部件的正常工作状态。此外，针对设备的精度和稳定性，还需要进行定期的校准和调试工作，以保证测量数据的准确性和可靠性。通过定期的维护工作，可以最大限度地延长设备的使用寿命，降低故障率，保证矿山测绘工作的顺利进行。

三维激光扫描指导设备安装和维护在矿山测绘实践中起着至关重要的作用。通过科学合理的安装和定期的维护工作，可以保证激光扫描设备稳定可靠地运行，为矿山提供准确、全面的地质信息和测量数据，为矿山规划和管理提供可靠的支持。

（5）在矿山测绘实践中，三维激光扫描技术在精准定位与导航方面具有重要作用，主要体现在以下几个方面：

1）精准的地质特征定位：通过三维激光扫描技术获取的点云数据可以帮助实现矿山内部地质特征的精准定位。这些数据可以被用来确定矿藏分布、岩层变化、断裂构造等地质信息，为矿山勘探和开采提供精准的地质定位。

2）室内定位与导航：在矿井内部或者地下空间，常规的 GPS 定位技术可能无法准确定位，而三维激光扫描技术可以提供更精准的室内定位与导航能力。通过建立矿井内部的三维模型，并结合其他定位技术，可以实现矿工、设备或车辆在地下空间的精准定位与导航，提高了矿山作业的安全性和效率。

3）设备运行轨迹监测：利用三维激光扫描技术获取的数据，可以实现矿山设备运行轨迹的监测与记录。通过对设备在矿山内部的运动轨迹进行监测分析，可以帮助优化设备调度、提高运输效率，并且有助于事故预防与安全管理。

4）实时避障导航：基于三维激光扫描技术获取的地下空间数据，可以实现设备在矿井内部的实时避障导航。通过对扫描数据进行实时处理和分析，可以为矿山设备提供避障导航的功能，降低设备碰撞风险，确保矿山作业的安全性。

三维激光扫描技术在精准定位与导航方面发挥着重要作用，为矿山管理与生产提供了可靠的技术支持。通过结合其他定位和导航技术，三维激光扫描技术可以帮助实现矿山内部地质特征的精准定位，提高室内定位与导航的精准度，监测设备运行轨迹，以及实现实时避障导航，从而为矿山的安全生产和高效管理提供有力支持。

（6）在采空区的探测实践中，三维激光扫描技术在精准测量建模方面发挥了重要作用：

为了更好地满足社会经济发展的需求，我国各地矿山开采活动不断加大，带来了良好的经济效益，但也导致了大量的采空区，对生产作业人员的安全构成了一定威胁。运用三维激光扫描技术可以精准、全面地了解采空区的实际状况，为相关治理方案提供参考。该技术无需直接接触被测量目标物体就能高效率地进行测量查找，避免了常规测量方法下的不足，提高了测量工作的安全性。同时，利用这项技术可以建立采空区的模型，使相关人员能更全面地了解其真实状况，更客观地分析其变化规律，实现了可视化监测，显著提升了矿山治理的数字化、现代化水平。绘制三维激光扫描在矿山测绘中应用步骤图如图 8-12 所示。

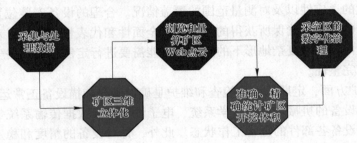

图 8-12　三维激光扫描技术在矿山测绘中应用步骤

8.4.2　三维激光扫描技术在巷道变形监测中的应用

某镍矿是中国最大、世界第三大硫化镍矿。矿区处于构造单元的结合部位，经历了多次地质构造运动，以及地质演化和岩浆侵入作用。随着时间的推移，这些复杂地质条件下的强烈构造运动，造就了该矿的高构造应力和岩石裂隙高度发育。在该矿 600 m 深处测得的岩石应力超过 40 MPa。随着开采深度的增加，深部巷道的大变形造成了严重的工程灾害，如巷道断面缩颈、喷射混凝土及衬砌结构破坏等，如图 8-13 所示。

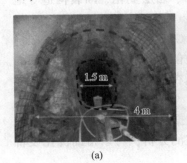
(a)

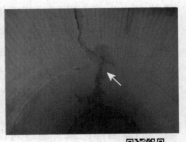
(c)

(b)

图 8-13　某镍矿巷道典型变形破坏特征

扫码看彩图

三维激光扫描捕捉点云信息：3D 激光扫描仪可以从物体表面反射的光中捕获物体的几何信息，如图 8-14 所示。在该研究中，使用了基于脉冲的扫描仪，即 Leica P30 3D。该扫描装置通过机身水平旋转和激光发射器垂直翻转获得全范围的扫描结果，利用激光测量物体沿着光路的距离，其核心部件是激光时间测距仪。测距仪通过计算从发射器开始的激光脉冲与被物体反射的激光之间的时间来计算两点之间的距离。基于点云数据计算巷道变形的主要技术过程如图 8-15 所示。

(a)

(b)

图 8-14 Leica P30 激光扫描仪和巷道的点云数据

（a）巷道的现场扫描；（b）获得巷道 3D 表面的点云

扫码看彩图

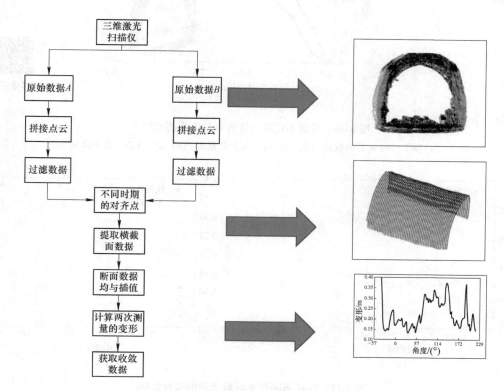

图 8-15 基于点云数据计算巷道变形的主要技术过程

　　三维激光扫描监测巷道变形结果：对这三个断面，分别测量两侧墙和两侧肩之间的收敛变形，得到巷道围岩的一维收敛规律。这些实测数据表明，K0+105 m、K0+115 m 和 K0+125 m 三个断面的收敛趋势基本相同，如爆破开挖时收敛变形发展迅速，开挖结束后收敛变形趋于缓和，如图 8-16 所示。分别将这三个巷道断面的拱肩与侧壁随时间的变形量以散点图的形式绘出，并拟合曲线，结果如图 8-17 所示。结果表明拱肩与侧壁的变形随时间的发展趋势基本上都符合"S"型曲线，该曲线包括初始阶段、快速发展阶段及稳定阶段。

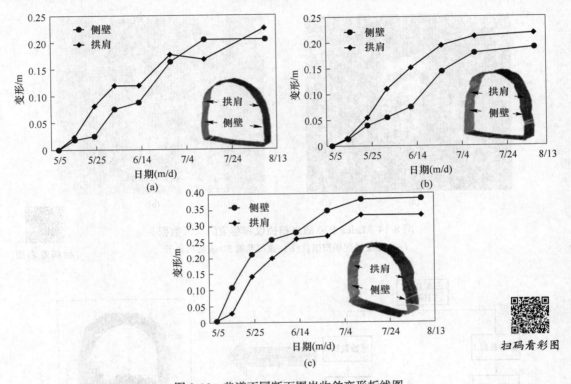

扫码看彩图

图 8-16　巷道不同断面围岩收敛变形折线图

(a) K0 +105 m 处的截面；(b) K0 +115 m 处的截面；(c) K0 +125 m 处的截面

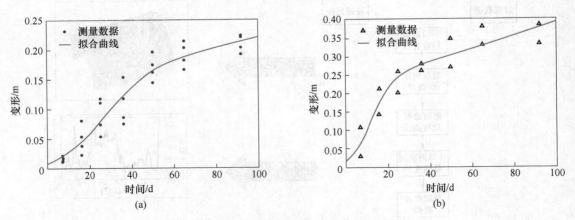

图 8-17　巷道不同位置时效变形的拟合曲线

(a) 拱肩变形；(b) 侧壁变形

预测巷道位移变化：图 8-18 为巷道围岩最大变形随开挖面演变的变化预测图，根据图 8-18，总结了试验巷道变化规律，探讨得到了某镍矿试验巷道的合理支护区间。

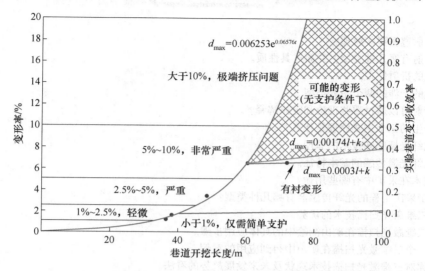

图 8-18　巷道围岩最大变形随开挖面演变的变化预测图

在某镍矿试验巷道中，围岩收敛变形随二次衬砌支护滞后距离的增大而增大，且在开挖过程中变形速率不断加快。因此，二次支护的时机既要保证巷道变形不会过大导致围岩过度松动，又要防止围岩对衬砌施加较高的地层压力。需要注意的是，即使开挖终止，围岩也会继续发生收敛变形。这种与时间相关的变形将小于收敛变形速率，但不能忽略。因此，建议对变形率（即巷道收敛/巷道等效直径）设置一个可接受的限值，介于 1%～2.5%。因此，对于这里研究的实验情况，基于 3D 扫描的观察结果，主支撑和次支撑之间的滞后距离将约为 40 m。在这段距离内，围岩释放了一部分变形，但保持了结构安全，二次支护衬砌可以承受由此产生的地层压力。

8.5　本章小结

本章总结了光的五种特性即光的反射、折射、干涉、衍射及激光以及光纤光栅感知技术（包括光纤光栅感知原理、光纤光栅传感基本特征及光纤光栅感知传递模型），指出了其在采矿等地球物理学领域存在巨大的作用。在科学技术日新月异的背景下，矿山测绘技术在发展中也取得了很大进步，三维激光扫描技术有效弥补了传统测绘手段的不足，有便捷、高效及高精准度等诸多优势，在高危地区测绘工作中表现出良好的效能，不仅确保测绘过程的安全性、可靠性，还实现了连续化作业。三维激光扫描技术非常契合如今智能采矿发展的趋势，在地质勘探、矿山设计与规划、安全监测、设备管理与维护、精准定位与导航等智能化阶段都有着举足轻重的作用。分析介绍了某矿实验巷道利用三维激光扫描技术对巷道变形情况进行的分析预测以及对后续支护工作提出的建议。后续工作中，应加强三维激光扫描技术应用中点云数据处理等方法的完善，以进一步提升激光扫描工作质量和效率，进而在矿山测绘领域内创造出更大的效益。

习题与思考题

8-1   光的反射遵循哪些原理？

8-2   光的反射有哪几种类型？并简述其性质。

8-3   简述光的折射原理。

8-4   简述光的干涉的两个主要类型。

8-5   光的衍射可以通过哪些理论和定律解释？

8-6   激光产生的三个主要原理是什么？

8-7   简述光纤光栅感知技术的原理。

8-8   简述光纤光栅传感的基本特征。

8-9   光纤技术在采矿中有哪些用途？

8-10   适用于采矿工程的光纤传感器有哪几种类型？

8-11   简述三维激光扫描技术的优势。

8-12   简述三维激光扫描在矿山测绘中的具体应用步骤。

8-13   简述一个三维激光扫描在矿山中得到应用的案例。

8-14   谈谈你对三维激光扫描技术现状及未来发展趋势的看法。

参 考 文 献

[1]   Schenato L, Galtarossa A, Pasuto A, et al. Distributed optical fiber pressure sensors [J]. Optical Fiber Technology, 2020, 58: 102239.

[2]   倪家升，李艳芳，刘统玉，等. 光纤气体传感器在采矿安全中的应用：全国第十三次光纤通信暨第十四届集成光学学术会议论文集 [C]. 北京：电子工业出版社，2007.

[3]   杨沛豪，傅庄澍，王琛. 光纤温度传感器的工作原理和应用实证分析 [J]. 中阿科技论坛（中英文），2023（6）：112-117.

[4]   李世丽. 微震监测用光纤加速度传感器研究 [D]. 合肥：安徽大学，2020.

[5]   乔学光，邵志华，包维佳，等. 光纤超声传感器及应用研究进展 [J]. 物理学报，2017, 66（7）：128-147.

[6]   丁小平，王薇，付连春. 光纤传感器的分类及其应用原理 [J]. 光谱学与光谱分析，2006（6）：1176-1178.

[7]   赵锋，郭戈，李东，等. 基于频率调制连续波的干涉型光纤声传感器信号检测技术 [J]. 激光与光电子学进展，2014, 51（8）：39-45.

[8]   Singh S K, Banerjee B P, Raval S. A review of laser scanning for geological and geotechnical applications in underground mining [J]. International Journal of Mining Science and Technology, 2023, 33（2）：133-154.

[9]   Sun G, Xia Y, Kang Q, et al. Application of BLSS-PE Mine 3D Laser Scanning Measurement System in Stability Analysis of a Uranium Mine Goaf [J]. Archives of Mining Sciences, 2023：443-456.

[10]   Vanneschi C, Salvini R, Massa G, et al. Geological 3D modeling for excavation activity in an underground marble quarry in the Apuan Alps (Italy) [J]. Computers & Geosciences, 2014, 69：41-54.

[11]   Jiang Q, Zhong S, Pan P Z, et al. Observe the temporal evolution of deep tunnel's 3D deformation by 3D laser scanning in the Jinchuan No. 2 Mine [J]. Tunnelling and Underground Space Technology, 2020, 97：103237.

[12]   陈国忠. 矿山地质测绘中三维激光扫描技术的应用解析 [J]. 世界有色金属，2023（15）：37-39.

[13]   李江涛. 基于三维激光扫描技术的矿山高位边坡变形监测方法 [J]. 价值工程，2023, 42（27）：113-115.

[14]   王贺，张驰. 基于三维激光扫描空区精细化稳定性分析 [J]. 有色金属（矿山部分），2023, 75（5）：70-75.

[15]   刘建军，赵晋睿. 三维激光扫描测量技术在智慧矿山中应用 [J]. 世界有色金属，2023（17）：16-18.

[16]   穆泉寒，吴彩燕，易柏成，等. 基于三维激光扫描的尾矿库变化监测及稳定性分析 [J]. 中国矿山工程，2023, 52（4）：67-75.

9　地电法在智能采矿中的应用

地质电学是经典地球物理学方法之一，通过测量自然产生或人工引入的电压电位和电流来研究地下电特性。地质电学方法通过测量地下的体积电阻率来确定地质材料的地质结构和物理特性。土壤及岩石的电阻率通常取决于含水量（孔隙率）、水的电阻率、黏土含量和金属矿物含量。因此，通过对电学测量的解释，可以了解地下成分（地质）和不同地下层的深度。应用该方法的科学工作可追溯到 19 世纪。1912 年，斯伦贝谢公司（Schlumberger）率先提出了使用电阻率测量法研究地下岩体的想法。多年来，研究人员测量了各种土壤和岩石样本在各种条件下的电阻率。然而，随着科学界对该方法关注的增加，特别是 2000 年以后，该方法的仪器、数据采集和反演技术都取得了创新性的技术进步。因此，采矿中使用的地电法取得了显著的进步，彻底改变了该行业进行地下勘探的方式。

9.1　地电测量的物理基础

地质电学测量所依据的原理是，载流电极周围地下电势的分布取决于周围地下物质的电阻率和分布，如图 9-1 所示。岩石、土壤和液体等地表下材料具有不同的电阻率，例如，干燥岩石等高电阻率材料会阻碍电流的流动，而水等导电材料则更容易通过电流。材料的特性决定了电流密度与电势梯度之间的关系。因此，当电流通过电极注入地下时，在穿过不同地质层时，会遇到不同程度的阻力。放置在地表不同位置的电极之间的电位差反映了地下电阻率的变化。这些纵向或横向的变化会产生外加电流与电位分布之间关系的变化，从而揭示地下材料的成分、范围和物理特性。通过测量这些电位差，可以构建电阻率剖面图，揭示地下物质的成分、含水量和其他地质特性。此外，了解了这些变化背后的原理，就可以推断出地下的各种应用信息，如地下水勘探、矿产资源评估和环境研究。

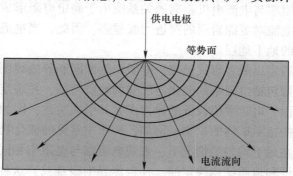

图 9-1　点电流源的电流流向及由此产生的电势分布

9.1.1 测量仪器

　　基本的电阻率测量系统通常由电流源、电压测量系统以及与电极建立连接所需的电缆等设备组成。在早期阶段，电阻率测量使用的是相对基本的仪器，需要手动测量和计算。早期的工程电阻率系统非常简陋，由一个简单的电池盒、一个电流计和一个机械平衡的惠斯通电桥组成。这种方法提供的数据覆盖范围有限，深度也很浅。

　　多年来，在技术进步和应用范围不断扩大的推动下，这些设备的发展发生了显著的变化。到20世纪末，数字电阻率仪器（如直流电阻率仪系统：RESECS-DMT GROUP）的推出使数据采集更加精确和自动化，从而使这种方法更加适用。这些仪器可以数字方式记录和存储电阻率数据，使数据处理和解释更加高效。多电极系统（如 Wenner-Schlumberger 和偶极-偶极阵列）的开发，进一步提高了测量密度，并能够更详细地研究地下结构。虽然在这一领域的早期阶段，主要采用的是手动切换的多电极系统，但随后的发展导致了计算机控制的多电极/多通道系统的开发，从而实现了自动测量并加强了数据质量控制。自动多电极系统由一台电阻率仪器、一个继电器装置（电极选择器）、一台便携式电脑、电极电缆、各种连接器和电极组成。有些多电极系统在每个电极取出处采用内置放大器的智能开关，而不是中央开关装置。多电极系统的其他设备还包括模数转换器和数字传输线，它们可提高生产率和数据采集质量。这一转变对数据质量和数据采集效率都产生了深远的影响。此外，电阻率设备现在还配备了实时数据采集和可视化功能，这意味着在采集数据的同时就能看到电阻率图像，便于现场决策和优化勘测设计。此外，现在的设备能够整合多种地球物理方法，如电阻率、诱导极化和电磁勘测，从而提供更全面的地下特征描述。

9.1.2 数据的采集

　　基本测量方法是将电极插入地下，根据所使用的配置，电极之间保持一定的距离。然后通过 A 和 B 两点向地下注入强度为 I 的直流电流，如图 9-2 所示。这两点之间的电流在地下产生电位差 (V)。然后使用万用表测量另外两点 M 和 N 之间产生的电势 ($\Delta V = V_N - V_M$)。然后使用测量值 I 和 V 以及根据四个电极 A、B、M 和 N 之间的距离计算出的系数 k 来计算视电阻率 (ρ)，即导电率的倒数。在地下均匀的情况下，视电阻率与电阻率相同。然而，在自然界中很难找到这种理想条件，因为地球的电阻率是由均匀的岩性和地质结构决定的。因此，表观电阻率与电流电极距离的关系图用于确定电阻形成的垂直变化。电流电极之间的距离越长，电流对更深岩层的穿透力就越强。因此，当电流电极之间的距离增加时，可以勘探到更深的地下地层。

　　获取的原始数据通常以图表形式呈现，电阻率剖面图和等值线图可以直观地显示地下特征。处理的数据通常包括电阻率的变化与已知的地质特征，并确定可能存在有价值矿藏的异常点。在采矿方面，电阻率值较低的异常点尤其引人关注，因为这些异常点通常与导电矿物有关，包括那些指示矿体的矿物。例如，矿床中常见的硫化物矿物往往比周围岩石具有更高的导电性。在地下均匀的情况下，表观电阻率与电阻率相同。然而，由于地球的电阻率是由均匀的岩性和地质结构决定的，在自然界中很难找到这种理想条件。因此，视电阻率图通常称为探测曲线，是地质电学数据解释的基本工具，用于确定地下电阻率的垂直变化。这些探测曲线反映了电阻率随深度变化的情况，有助于深入了解地下地层的地质

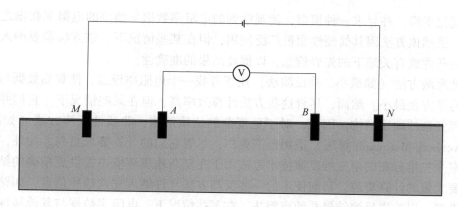

图 9-2 地电测量中使用的电极排列方式

结构和组成。曲线中的明显模式或异常现象可表明岩性的变化、含水层的存在或矿藏的潜在存在。分析表观电阻率-深度关系有助于了解电阻率的垂直分布，为整个地下特征描述提供重要信息，并有助于识别与采矿勘探相关的地下特征。电流电极之间的距离越长，电流对深层岩层的穿透力就越强。因此，电流电极之间的距离越长，就能勘探到更深的地下构造。

为了全面了解地下情况，数据采集过程包括在采矿场的多个地点进行测量，并通过绘制电阻率图，说明电阻率值的空间变化情况。在整个数据采集过程中，都会采取质量控制措施，以确保采集数据的准确性和可靠性。其中，对温度和土壤含水量等环境因素的监测至关重要，因为这些因素会影响地下材料的电特性。利用多通道发射器和接收器系统可以同时进行一系列测量，从而优化了该方法。使用的多电极系统可以是单通道或多通道，通常由多通道发射器和接收器组成，能够同时进行一系列测量。使用这些多通道系统可以同时进行测量。这意味着，对于任何 X 个通道的多电极系统，现在可以同时记录 X 个数据，从而将数据采集速度提高 X 倍。这不仅优化了所获数据的质量，还大大降低了误差幅度。

9.1.3 数据反演

地电测量通常采用反演技术来解释所收集的数据并创建地下模型。这涉及一个关键步骤，即反演建模，反演算法利用数学方法对视电阻率数据进行反演，根据测得的电响应重建地下属性。考虑到固有的测量误差，这项复杂的技术旨在确定一个与测量数据最匹配的地下电阻率模型。反演的概念源于这样一种认识，即多种地下构造可以产生相同或相似的地电测量结果，从而导致解释中固有的模糊性。在一维地球模型的背景下，广泛采用的 ER 数据反演方法是阻尼最小二乘法。这种方法从一个初始模型（通常被描述为一个均质地球模型）开始，系统地对模型进行迭代改进，以逐步减小模型预测数据与观测数据之间的差异，最终达到预定的减小数据不匹配程度的目的。这种特殊方法的主要制约因素在于其本身无法考虑地下电阻率的横向变化。地下的这种横向异质性会给电阻率值和地层厚度的推导解释带来误差。为了提高结果的精确度，必须向二维勘测和解释模型过渡。二维框架可以更全面地考虑空间变化的电阻率特征，从而促进对地下属性进行更准确、更稳健的分析。奥卡姆反演法是二维和三维电阻率反演中相对简单和广泛使用的方法之一。它假定电阻率变化平滑，并寻求一种模型，使观察到的电阻率数据与预测的电阻率数据之间的差异最小。虽然该方法因其简便性而被广泛使用，但在某些情况下，该方法需要纳入额外的地质约束条件或有关地下的先验信息，以提高结果的准确性。

线性反演方法（如最小二乘反演法）用于寻找一个电阻率模型，使观测数据与预测数据之间的平方差最小。然而，尽管这些方法计算效率高，但在某些情况下，它们并不能很好地处理复杂的地质结构。因此，对于更复杂的地质结构，非线性反演方法（如高斯-牛顿或 Levenberg-Marquardt 算法）适用范围更广，尽管它们的计算要求更高。此外，考虑地下电阻率全三维分布的全三维反演技术也被用于在复杂地质环境中提供更精确的结果，但它们需要大量的计算资源。目前使用的一些反演方法允许纳入先验地质信息，如钻孔数据或地质模型，以改进反演结果并约束解法。在某些情况下，电阻率数据与其他地球物理数据类型（如地震或重力数据）同时反演可获得更全面的地下模型。使用无网格反演技术，如有限元法（FEM）和有限差分法（FDM），将地下离散成单元或元素，而不需要预定义的网格，也已成为一种常用技术，尤其是在处理形状不规则的勘测布局时。

延时 ERT 反演（time lapsed-ERT）的转变大大增加了对基于空间和时间正则化的 4D 算法进行改进和修改的研究。延时 ERT 反演包括比较不同时间采集的电阻率数据，以监测随时间变化的地下活动，如水的渗透或与采矿有关的沉降。其中一种著名的反演方法包括引入同步反演概念。这一概念提供了两种不同的方法，第一种方法基于 ERT 数据集的连续反演，它具有共同的优化和约束条件，旨在捕捉平滑的时间变化；第二种方法将同步反演与额外的约束条件整合在一起，以进一步提高时间成像精度。用于延时 ERT（TL-ERT）反演的自适应方法和最小梯度技术的最新发展也引起了越来越多的关注。

为了应对与不规则地表地形和不同钻孔电极配置相关的挑战，研究者探索了多种方法，包括利用卡尔曼滤波器、贝叶斯马尔科夫链、蒙特卡罗模拟和聚类程序。最近，开发了一些软件包，为电阻率数据反演提供了更直观、更方便的方法，并提高了地球物理模拟和反演的可重复性。目前，并行计算的使用正在加快电阻率数据反演的速度，从而可以更快地处理大型数据集。

在实际应用中，通常使用线性或三维电极阵列，即沿剖面或在确定区域将许多电极锤入地下，这些电极既可用作电流测量电极，也可用作电压测量电极。因此，可以在不改变电极位置的情况下测量各种电极配置。通常情况下，要进行探测，即主要研究电阻率随深度的变化。不过，也有一些电极布置可以提供有关横向电阻率变化的详细信息。

地电测量通常采用反演技术来解释收集到的数据并创建地下模型。这涉及一个关键步骤，即反演建模，反演算法利用数学方法对视电阻率数据进行反演，根据测得的电响应重建地下属性。考虑到固有的测量误差，这项复杂的技术旨在确定一个与测量数据最为吻合的地下电阻率模型。反演的概念源于这样一种认识，即多种地下构造可以产生相同或相似的地电测量结果，从而导致解释中固有的模糊性。挑战在于确定与观测数据相一致的最合理的地下模型。反演算法的工作原理是反复调整地下模型的参数，使计算值与测量值之间的表观电阻率差最小。然而，这一过程的性质带来了固有的非唯一性，即许多模型都能很好地拟合数据。因此，通过钻探、可信度假设或经验，从众多模型中选择一个最合适的模型（有关地下的额外信息）非常重要。

9.2 地电测量方法

采矿中的地质电量测量涉及各种评估地球地下电特性的方法。两种常用的方法是电阻法和电阻率法。电阻法通常用于直接探测金属矿石等导电材料，而电阻率法则提供有关地下结构的更详细信息，有助于识别不同的地质构造和潜在矿藏。此外，有些方法可能同时结合了电阻率和电阻测量的要素，进一步突出了这些技术在地球物理勘测中的相互关联性。

9.2.1 电阻法

电阻法的基础是测量地质构造的电阻。不同的岩石或矿物成分具有不同的固有电阻，通过测量这种电阻，可以推断地下材料的性质。在这种方法中，通过放置在地球表面的一对电极将直流电引入地下。这些电极既是电流注入器，又是电位电压检测器。注入的电流沿着地下路径前进，会遇到电阻率不同的材料。当电流遇到不同层时，电极之间的电压电位就会被测量出来。在处理均质和各向同性的材料时，欧姆定律可用于计算电阻，电阻是测量电压和已知电流的函数。为进行详细分析，可将电阻转换为电阻率，这是一种用于预测底层材料的成分、结构以及强度的属性。

导电材料（如金属矿石）的电阻值较低，而电阻材料（如花岗岩）的电阻值较高。地下的异常情况或不均匀性（如导电性较好或较差的导电层）会使电流偏转并扭曲法向电位，从而推断出地下的异常情况或不均匀性。电阻测量中的这些异常现象可能表明存在有价值的矿藏。这些电极之间的距离对测量的准确性至关重要，因此，通过改变电极间距和配置，可以获得不同深度和横向距离的一系列电阻数据点。这些数据对于构建地下电阻率剖面图至关重要，有助于确定基岩、含水层和潜在污染物等地质特征。

电阻法通常通过温纳阵列或偶极-偶极阵列等技术用于采矿勘探，每种技术在不同的地质环境中都具有特定的优势。温纳阵列是电阻勘测中的一种常见配置，包括部署四个等间距的电极，以线性方式排列。外部电极作为电流电极，向地下注入电流，内部电极作为电位电极，测量产生的电压。通过改变电极间距，可以获得不同深度的数据，从而全面了解地下地质结构。这些电极之间的距离对于测量的准确性至关重要，只有这样才能获得不同深度和横向距离的一系列电阻数据点。这些数据对于构建地下电阻率剖面图至关重要，有助于识别基岩、含水层和潜在污染物等地质特征。与温纳阵列相比，偶极-偶极阵列采用两个电流电极和两个电位电极，设置更加灵活，适应性更强。这种配置在需要高分辨率的情况下特别有用，可以详细绘制地下电阻率变化图。偶极-偶极阵列能够更仔细地勘测感兴趣的特定区域，提高勘探过程的精确度。

由于地质构造的变化，如矿体或不同类型岩石的存在，会对电阻测量产生重大影响。识别这些变化对于划定潜在利益区域和评估开采资源的经济可行性至关重要。例如，电阻的增加可能表明存在与矿体相关的电阻性矿物，从而引发进一步的调查。一般来说，金属矿石等导电材料的电阻值较低，而花岗岩等电阻材料的电阻值较高。地表下的异常情况或不均匀性，如导电性较好或较差的地层，会使电流偏转并扭曲法向电位，从而被推断出来。电阻测量中的这些异常可能表明存在有价值的矿藏。

9.2.2 电阻率法

电阻率定义了材料被电流穿过的倾向性。电阻率法所依据的原理是，不同的地下材料表现出不同的电阻率，它们阻碍电流流动的能力也不同。因此，该方法可根据不同材料的电阻率提供有关其分布情况的信息。长久以来，该方法一直被用于采矿业，以确定矿藏位置、绘制地质结构图和监测地下水位波动。它对识别岩石类型、含水量和矿藏的变化十分有效。在采矿业中，直流电阻率法是主要使用的方法，因为它不具破坏性，而且相对易于实验设置并且在实际生产中也使用简便。这种方法的测量过程包括精确评估两个不同电极（称为"电位电极"）之间的电压差异，这两个电极被战略性地放置在靠近电流的位置。当直流电流通过相距一定距离的两个电位电极之间的地面时，电流和由此产生的电压差异将作为实验数据。为确定表观电阻率（ER 勘测中的一个关键参数）而进行的分析以电压差测量值为基础。在实际测量中（见图 9-3），向地下注入电流分别对其电流与电压进行检测，调整电流输入与电压测量位置得到不同位置及深度的电阻率，对不同位置的电阻率进行数据处理，其核心公式为：

$$\rho_a = k\Delta V/I \qquad\qquad (9\text{-}1)$$

式中，k 为几何系数，根据电流和电位电极的具体布置而变化。该式是反演问题的基本表示法，假定每组电流和电位测量的地球表面都是一致的。在不同位置重复这一过程，可生成电阻率剖面图，代表不同深度的电阻率分布，从而深入了解地下结构。通过测量这些电阻率变化，可生成地下的一维、二维和三维电阻率图像，显示各种岩石特征。通过该式计算电阻率，并根据其位置关系得到电阻率阵列图（见图 9-4），随后进行地质解释。

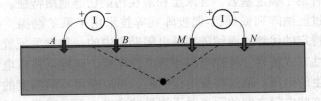

图 9-3 电流注入与电压检测

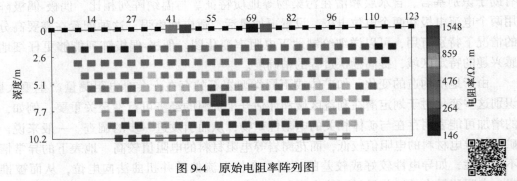

图 9-4 原始电阻率阵列图

扫码看彩图

采矿中使用的电阻率测量技术包括垂直电探测、电剖面测量和电阻率层析成像。技术的选择在很大程度上取决于所需的数据，但在大多数情况下，电阻率层析成像测量技术更受青睐，因为它能提供更精确的地下细节。尽管这些技术使用不同的阵列（温纳阵列、斯伦贝谢阵列、偶极-偶极阵列等），电极间距和电流或电位电极的移动方式也各不相同，但基本原理是相同的。所有这些电阻率勘测的前提都是，电势在载流电极周围地层中的分布方式受附近土壤和岩石电阻率的影响。选择使用何种阵列取决于几个关键因素，包括其对所需目标进行探测的能力、信噪比、可探测的深度、横向数据覆盖范围，以及最近集成到多通道系统中的效率。电阻率探测常见的流程如图9-5所示。

图 9-5　电阻率探测常见使用流程图

9.2.2.1　垂直电探测

传统的电阻率测量分为剖面测量和探测测量。垂直电探测（VES）是一种基于电阻率的技术，用于识别和区分深层的不同地质构造。在 VES 中，数据采集是通过在设定的探头间距处施加恒定电场并测量由此产生的电阻率值来实现的。然后计算视电阻率，视电阻率是电流电极之间距离的函数。获得的原始数据表示在不同深度测量到的电阻率的变化。然后利用各种软件和算法对数据进行处理和反演，以创建一维分层电阻率模型，从而获得电阻率值，并对其进行解释和分析，以深入了解不同深度地下的特征。值得注意的是，对于较小的电流电极间距，信号可能相对较弱，因此可能需要高灵敏度的仪器。此外，该方法相当耗费人力，而且由于勘测时电极位于不同位置，因此 VES 测量结果的解释可能相当困难，尤其是涉及复杂的地质介质三维结构时。此外，勘测深度取决于电流电极之间的距离，因此，为了获得良好的结果，每个位置的测量都需要在多个不同的电流电极之间进行。不过，随着计算机系统的发展，一维电阻率探测现在也可以在一定条件下被模拟为二维电阻率剖面，从而获得更好的结果。

9.2.2.2　电剖面测量

电剖面测量是另一种经典的地球资源勘探方法，主要用于测量岩石的不同电阻率特性。该技术包括沿地形中的勘测线进行电剖面测量，为每条勘测线绘制二维（2D）剖面图。电剖面测量法中使用的电极间距配置与 VES 中使用的相同，但在电剖面测量法中，电极间距不需要调整，因为这会影响测量的深度。相反，通过保持电极间距不变并沿一条称为"剖面"的线移动勘测，可以探测到电阻率的水平变化。因此，电剖面测量的目的是识别水平尺度上的电阻率差异，而 VES 则不同，它侧重于发现垂直尺度上的电阻率变化。

使用专业软件处理勘测记录的数据后，就可以创建所研究区域的二维模型。测量结果通常以剖面图或等值线图的形式呈现，可以对其进行定性分析。这种地表电阻率勘测背后的理念是，可以利用电流周围地层的电势分布方式来确定地下质量，因此连续电阻率剖面勘测也可用于收集成像信息。

9.2.2.3　电阻率层析成像

虽然 VES 和 EP 都能深入了解地下的特征，但可以注意到，在许多情况下，电阻率并不只随深度或水平距离而变化，而是随两者的变化而变化。因此，电阻率层析成像（ERT，有时也称为电阻率成像）结合了 VES 和 EP，可评估电阻率的垂直和水平变化，已成为最常用的技术。与传统方法不同，由于 ERT 能够提供横向和纵向信息，因此被证明对复杂地质区域非常有效。它可以定性地勾勒出地下目标的构造和深度。该技术包括使用放置在地表或钻孔内的一系列电极测量岩石和土壤的电阻率。测量线沿着剖面移动，同时增加电极间距，以评估垂直和水平电阻率。电极对之间的发射器和接收器计算机切换用于测量两个源电极之间产生电位差后的电位。利用这些信息（电阻率值）制作的伪剖面图可用于生成地下的二维图像。多年来的研究表明，通过使用多电极和多通道系统，使用 ERT 技术可以轻松地进行广泛的二维、三维甚至四维勘测，以解析复杂的地质构造，而这是传统的一维勘测所无法实现的。

先进的数据反演和建模技术通常用于创建详细的地下电阻率模型，从而提高该方法在各种地球科学研究中的精度和实用性。反演和建模技术可完善和提高电阻率勘测的精度，提供详细的地下电阻率模型。收集到的数据通常包括在地球表面不同位置测量到的视电阻率值。反演和建模的主要目的是利用这些数据推断真实地下电阻率的空间分布。反演过程包括使用数学算法迭代调整地下电阻率模型，直到计算出的视电阻率值与测量数据密切吻合。这通常被表述为一个优化问题，目标是最小化观测值与预测电阻率值之间的不匹配度。现有各种反演技术，包括平滑度约束或约束优化方法，以纳入地质预期并防止不切实际的模型特征。

此外，还采用二维和三维建模技术来创建地下结构的综合表征。在二维建模中，对沿剖面的地质特征进行假设，从而获得地下的详细横截面图。另外，三维建模考虑了电阻率在三维空间的变化，从而扩展了这一方法，更真实地再现了复杂的地质结构。为了启动这些建模和反演过程，需要输入从地质知识、钻孔数据或其他补充地球物理方法中获得的额外信息或约束条件。正则化技术通常用于稳定反演过程，防止生成不切实际或振荡的地下模型。

通过这些先进的技术，可以创建详细的地下电阻率模型，并对其进行三维可视化分析。由此产生的模型可以让人们深入了解地质构造、含水层和潜在异常点的空间分布。这种精确度在环境研究和矿产勘探中尤为重要，因为详细了解地下条件对于确定基岩、沉积层和含水层等地质特征至关重要。

例如，冯锐等人利用电阻率层析成像在天津市宝坻台和河北省昌黎台进行了地震监测试验。研究了电阻率图像的异常变化与地震活动的关系，如图 9-6 所示。

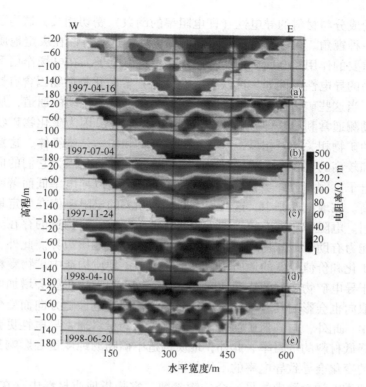

扫码看彩图

图 9-6 在昌黎台观测到的地震前、后的 EW 向电阻率图像

9.2.2.4 诱导极化法（IP）

诱导极化法主要用于测量岩石与土壤的电极化特性，但也常常与电阻率测量结合使用，尤其是用于探测导电矿床。

9.3 地电测量参数

在地质材料中，电阻率既取决于矿物成分、孔隙度和黏土含量等内在参数，也取决于水饱和度和间隙流体性质等状态变量。了解这些内在参数如何影响地质电参数对于解释地球物理勘测至关重要。

9.3.1 内在参数

地电测量涉及对固有参数的评估，这些参数是确定地下材料电特性的基本特征。在地电测量中，固有参数是指影响电流流动的地下材料的自然特征，是地质材料本身的固有属性，不会因外部条件而改变。了解固有参数如何影响地质电参数对于准确解释地球物理勘测至关重要，在确定电流如何与地下材料相互作用方面也起着关键作用。不同的地质构造会表现出不同的内在参数值，而这些参数值的变化会极大地影响勘测过程中观测到的地质电学响应。

地下材料电阻率的一个重要内在参数是其成分，特别是地下材料中矿物的类型和丰度。不同材料的成分与材料的导电性（即电阻率的倒数）密切相关，这为了解材料的导电能力提供了另一种视角。矿物具有不同程度的导电性，这一特性在决定地质构造的电阻率方面起着至关重要的作用。金属矿物的特点是存在自由电子，在电场作用下容易移动，因此往往具有较高的导电性。例如，黄铁矿（硫化铁）等硫化物矿物因含有铁等金属元素而具有高导电性。当这些矿物存在于地下时，它们会提供电流流动的通道，从而降低电阻率值。地球物理勘测通常利用这种导电性来识别潜在的矿体，因为硫化物矿物通常与金、铜和锌等有价值的矿物相关联。相反，某些类型的岩石和矿物是绝缘体，这意味着它们具有较低的导电性和较高的电阻率。绝缘材料阻碍电流的流动，是因为它们的成分中缺乏可促进导电的自由电子。例如，许多岩石中常见的矿物石英就以导电率低而著称，从而导致地下电阻率值较高。在地电勘测中，这些与不同矿物相关的电阻率值在确定地下结构特征方面起着关键作用。电阻率数据中的异常可表明特定矿化或地质构造的存在。区分导电材料和电阻材料的能力有助于地球物理学家识别潜在的矿藏或地质边界。此外，了解矿物成分对于区分经济矿化和价值较低的地质构造也至关重要。地质构造中矿物颗粒的大小也会影响电阻率。由于导电矿物之间的连通性降低，粒度较小的矿物可能会增加电阻率。材料中矿物的排列和取向也会影响其电气特性。各向异性，即导电性随方向而变化，可能存在于某些地质材料中。此外，与其他矿物相比，含有黏土的材料通常导电性更强。因此，黏土含量的增加会降低材料的电阻率。此外，地质构造中矿物的纯度也会影响其电气特性。杂质和矿物成分的变化会导致导电率的不均匀性。

孔隙度是地质电学勘测中的另一个关键参数。它是指地质材料中存在的孔隙或空地，这一特征对地下地层的电阻率有很大影响。孔隙度与电阻率之间的关系可以表明地下是否存在水等流体。高孔隙度材料的特点是有许多相互连接的空隙或孔隙，允许流体和离子移动。在水饱和沉积物或含水层中，孔隙中的水会增强材料的导电性。因此，高孔隙率和水饱和度的地质构造在地电勘测中往往表现出较低的电阻率值。充满水的孔隙增加了导电性，使电流更容易通过，从而降低了电流流动的总体阻力。相反，孔隙较少或干燥的地质材料往往具有较高的电阻率值。在这些材料中，由于没有充满水的孔隙，离子的移动受到限制，导致导电率降低，电流流动阻力增大。区分不同孔隙率材料的能力至关重要，因为它有助于识别地下结构、评估地下水资源和划定潜在的矿产勘探区。

孔隙率也很重要，它代表了材料在电场中储存电能的能力，与影响地下地层电阻特性的孔隙率密切相关。该参数有助于建立更全面的地下模型，从而了解地下材料的电阻特性。在电阻率成像技术中，如电阻率层析成像（ERT），电阻率和介电常数信息的结合提高了地下成像的分辨率和精度。此外，在处理异质和各向异性材料时，介电常数变得尤为重要。异质材料的成分各不相同，各向异性材料沿不同方向表现出不同的电特性。了解这类材料的介电常数对于准确解释其复杂的地电数据至关重要。

9.3.2　外在参数（状态变量）

就地质电参数而言，外在参数是指可影响地质材料电特性的外部条件或变量。这些参数不是材料本身所固有的，而是代表可随时间和空间变化的外部因素。这些变量的状态会改变材料在电特性方面的行为。外在参数包含一系列因素，包括温度、压力、饱和度和孔隙流体的盐度。

（1）温度。在这些因素中，温度是一个关键变量。地质材料的电阻率本质上与温度有关，了解这种关系对于准确解释地下数据至关重要。温度通过影响材料内电荷载流子的流动性来影响电阻率，从而影响电流流动的难易程度。因此，材料的电阻率通常会随着温度的波动而变化。一般来说，随着温度的升高，材料内原子和分子的动能也会增加。在金属和半导体矿物中，热能的增加使更多的电子可以自由移动，从而增加了导电性，降低了电阻率。相反，在岩石等绝缘材料中，温度升高会导致电阻率增大。这一现象体现了阿伦尼斯方程所描述的基本关系，该方程量化了电阻率对温度指数的依赖关系。这种现象被称为电阻率温度系数，是一种特定材料的属性，可量化电阻率随温度变化的速率。因此，在不同季节或具有不同温度剖面的环境中进行的地电勘测必须考虑与温度有关的变化，以确保可靠的数据解释。为减轻温度对电阻率测量的影响，必须考虑这些温度引起的变化，并应用温度校正以确保地下电阻率值的可靠性。温度校正方法包括在测量电阻率的同时测量和记录温度数据。通过这种方法，可以对电阻率数据进行修正，以考虑温度引起的变化，确保结果能够代表材料的内在电阻率。在野外，配备温度传感器的先进地球物理仪器用于监测和记录数据采集过程中的温度变化。此外，还进行了实验室实验，以确定特定地质材料的温度与电阻率之间的关系。这些实验得出的温度修正系数可应用于野外数据，以考虑热效应对电阻率的影响。

（2）压力。压力是另一个会对电阻率测量产生重大影响的外在参数，尤其是在含有流体的地层中。地质材料中的矿物排列及其接触点并非一成不变，会因压力变化而改变。随着压力的增减，矿物结构可能会发生压缩或膨胀，从而影响材料的整体电阻特性。地质构造对压力变化的反映与采矿情况尤其相关，在采矿情况下，动态的地下条件（如矿石开采过程或为储层管理注入流体）会引起压力变化。多孔地层中的流体也会受到压力的影响。在不同的压力条件下，孔隙空间中流体的可压缩性会导致其电阻率的变化。这在与采矿有关的水文地质研究中尤为重要，通过监测地下水压力的变化，可以深入了解地下条件以及与采矿活动的潜在相互作用。此外，在矿化区，压力变化会影响矿物颗粒之间的接触点，改变地层内的电通路。这反过来又会影响材料的整体电阻率。压力校正方法通常用于考虑压力变化对电阻率测量的影响。这些校正方法包括将压力传感器集成到地球物理仪器中，并建立数学模型，以确定压力变化与电阻率变化之间的关系。在受控条件下进行的实验室实验为构建这些关系提供了宝贵的数据。实际上，在采矿中进行地质电力勘测时，必须考虑地下压力的自然变化。在数据采集过程中，压力传感器与电极一起部署，以监测压力变化。然后对采集到的数据使用算法进行修正，同时根据读取的压力读数调整电阻率的测量值。

（3）外加电场的频率。外加电场的频率是第三个起重要作用的外在参数，尤其是在电阻率测量中使用交流电时。材料可能表现出与频率相关的行为，即频率色散，其电阻率随外加电场的频率而变化。在低频情况下（通常与直流电法有关），电阻率测量会受到地下材料对外加电场相对较慢的响应的影响。这种响应的特点是材料中电荷载流子的迁移和再分布。低频勘测可有效探索深层结构，并探测与矿床或基岩等地质特征相关的电阻率变化。相反，在较高频率下，例如在感应极化（IP）和频域电磁（FDEM）勘测中遇到的频率，地下的电响应会受到材料电容特性的影响。电容是指电能在电场变化时的储存和释放，它成为一个主要因素。在存在导电矿物或流体的情况下，这些材料会表现出电容行为，从而形成地下的复杂阻抗。了解这一现象对于准确表征地下材料，尤其是具有复杂电响应的地下材料至关重要。在这种情况下，需要进行多频率测量，以捕捉所研究材料的频率依赖性。此外，电阻率测量的频率依赖性还能提供有关地下材料成分的宝贵信息。例如，低频方法可能是深层勘探的首选，而高频方法则有利于探测与矿体或蚀变带相关的电阻率的细微变化。在矿化带，导电矿物的存在会产生频率响应，有助于识别潜在矿体。诱导极化效应在频率较高时更为明显，通常与硫化矿物质的弥散有关，可作为矿化的标志。然而，对频率相关数据的解释需要复杂的建模和反演技术。数学算法通常用于分析在不同频率和深度收集到的复杂阻抗数据，重建地下电阻率模型。

（4）材料的流体饱和度。材料的流体饱和度，尤其是水饱和度，也会极大地影响其电气特性。流体饱和度是指地质构造中孔隙流体的存在和丰度，它是一个动态参数，可随空间和时间而变化。地下材料的电阻率与其饱和度密切相关，因此这一状态变量是解释地电数据的关键因素。流体饱和度的影响源于不同流体具有不同的导电特性。一般来说，水作为一种良好的导电体，会降低被其饱和的材料的电阻率。这种现象与地质构造尤其相关，因为矿体或有价值矿物的存在往往与流体饱和度的变化有关。当地下材料被流体饱和时，孔隙填充流体的导电性增加，导致电阻率值降低。反之，干燥或饱和度较低的地层则表现出较高的电阻率值。孔隙中不存在或仅有少量存在导电液体会限制电流的通路，从而导致电阻率升高。流体饱和度与电阻率之间的关系受阿奇定律制约，该定律描述了电阻率如何随流体含量的变化而变化。除流体饱和度外，地下材料孔隙中的流体成分对地质构造的电阻率也有重要影响。流体的比电导通常由溶解离子的存在决定，会对材料的整体电导率产生重大影响。形成孔隙流体的关键因素之一是地下水的盐度。地下水盐度与电阻率之间的关系在矿床与热液或咸水入侵相关的地区尤为重要。导电矿物质通常会溶解在这些流体中，导致地下水盐度升高。因此，在地电勘测中，盐度升高地区的电阻率值往往较低。盐度对电阻率的影响不仅限于矿化区。在与采矿活动相关的环境和水文地质研究中，这也是一个重要的考虑因素。了解地下水的盐度分布对于评估对周围生态系统的潜在影响、管理水资源以及实施有效的水处理和弃置策略至关重要。在矿业勘探和环境研究中进行的地质电力勘测通常结合地下水盐度测量，以完善电阻率数据的解释。配备多电极阵列的先进仪器可实现精确的数据采集，从而确定与流体成分变化相关的电阻率变化特征。此外，盐度对电阻率的影响还包括对地层因子的影响，地层因子是一个参数，代表饱和物质的电阻率与孔隙流体的电阻率之比。地层因子的变化会影响对地质电学数据的解释，增加地下属性分析的复杂性。

9.4　地电参数变化与岩体结构变化之间的关系

岩石电阻率和磁化率是两种非常重要的物性参数。在地球物理勘探中，电磁感应法对这两种岩石物性参数都很敏感，并且在勘探区域中是否有高磁性物质的存在将在观测数据中产生一种明显的差别。

9.4.1　岩石结构对地电参数的影响

表9-1中列出了地表浅层环境中的各种常见岩石的电阻率值范围；从表中可以看出，

干燥岩石的电阻率要比天然潮湿岩石的电阻率高得多，前者一般在 $10^5 \sim 10^6 \ \Omega \cdot m$，天然潮湿的沉积页岩、砂岩的电阻率一般为 $10 \sim 10^3 \ \Omega \cdot m$。花岗岩、玄武岩等火成岩的电阻率一般为 $10^4 \sim 10^5 \ \Omega \cdot m$，角岩、片麻岩等变质岩的电阻率一般为 $10^3 \sim 10^4 \ \Omega \cdot m$。

表9-1　常见岩石的电阻率值

$(\Omega \cdot m)$

分类	岩土名称	天然状态	干燥状态
沉积岩	岩土	$0.5 \sim 30$	
	泥页岩	1.0×10^3	1.0×10^6
	长石砂岩	6.8×10^2	1.0×10^6
	砂岩	3.5×10^4	3.9×10^5
	石灰岩	2.1×10^5	2.3×10^7
变质岩	角岩	8.1×10^3	6.0×10^7
	片麻岩	6.8×10^4	3.2×10^6
	石英岩	4.7×10^6	
火成岩	花岗斑岩	4.5×10^3	1.3×10^6
	花岗岩	1.6×10^6	3×10^{13}
	石英闪长岩	2.0×10^4	1.8×10^5
	玄武岩	2.3×10^4	1.7×10^7
	辉绿岩	2.9×10^2	8.0×10^6
	橄榄岩	3.0×10^3	

岩石的导电特性根据不同的情况可以分为两类。第一类是离子导电的岩石，它们含有离子导体（也就是电解液）和有孔隙（或者裂隙）水极化效应。这种岩石主要是指含有水的孔隙性沉积岩，尤其是碎屑岩、裂隙发育的岩浆岩和变质岩。这些岩石的电阻率大小取决于岩石孔隙中所含液体的性质、溶液的浓度和含量等因素。第二类是电子导电的岩石，它们没有离子导体（电解液）和没有孔隙（或者裂隙）水极化效应。这类岩石通常非常致密，虽然有一些孔隙和裂隙存在，但是不含水。这些岩石的电阻率主要由所含导电矿物的性质和含量决定。

影响岩石电阻率变化的因素主要有：

（1）岩石的饱和度（包括含水饱和度与含油饱和度等）。在饱和参数中，岩性系数、胶结指数和饱和度指数对岩石的饱和度影响较大，同时也会对岩石电阻率产生较大影响。

（2）岩石的孔隙度。一般来说，孔隙度较大的岩石或者完整性较差的岩石，电阻率会偏高。

（3）压力。当岩石受到压力作用时，压力会对电阻率产生影响，主要表现在以下三个方面：1）岩石在承受压力时可能会产生裂隙甚至破碎。压力的作用会使岩石内部的结构发生变化，导致裂隙的形成或者已有裂隙的扩大；2）压力的作用会使岩石中的孔隙闭合。

当岩石受到压力时，孔隙中的空隙会被压缩，导致孔隙的减少或者完全闭合；3）在高压下，岩石的化学成分也会发生变化。高压环境下，岩石中的矿物质可能会发生相变或者发生化学反应，导致岩石的化学成分发生改变。

（4）温度。温度变化会影响岩石电阻率值，主要表现在随温度升高时：1）温度升高初期，岩石孔隙受热闭合；2）正负离子浓度增加；3）内部结构在热应力作用下破坏并产生裂隙；4）内部化学成分改变；5）微观粒子能量增加，载流子浓度增加。

综上所述，岩石的导电特性与其所含的离子导体和孔隙水极化效应有关。而在受到压力作用时，岩石的电阻率会受到裂隙形成、孔隙闭合和化学成分变化等因素的影响。

9.4.2　地电参数的变化与矿山活动的关系

在矿山生产活动中，利用电阻率变化可以对矿山灾害进行监测预警，例如地面沉降、突水预测、矿山滑坡、崩塌、采空区探测等。也可以利用电阻率变化进行矿山勘测，如确定岩石的渗透系数、探测矿山岩溶与矿山地质勘探等。目前矿山一般使用高密度电阻率法对矿山活动进行探测。图 9-7 为一个高密度电阻率法反演探测的示例图。

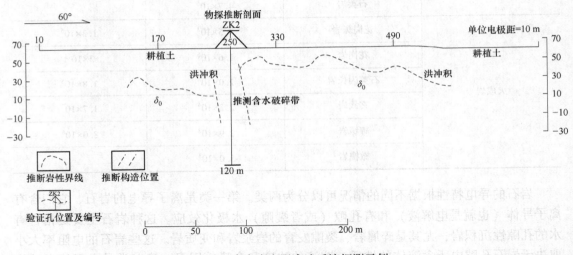

图 9-7　高密度电阻率法反演探测示例

高密度电阻率法的原理是利用岩、土介质之间的导电性差异，在介质中人工布置阵列网络，在网络中形成稳定电流场，通过电流场的分布规律探测地下介质差异，从而达到探测矿山活动。该方法的优点在于：探测密度大、探测效率高、经济成本低、探测效果直观可视等。

（1）在滑坡勘测中，通过高密度电阻率法可有效推断滑动面的深度、滑床起伏形态等滑坡体地质构造情况。所得结论，可以指导矿山滑坡灾害治理设计。

（2）在采空区探测中，通过高密度电阻率法进行反演，可以有效地反映采空区的位置以及范围。

（3）在对矿山地下岩溶的探测中，高密度电阻率法可以有效地探测矿区地下岩溶分布特征及规律。

（4）在矿山开采过程中，一些含水构造会引发具有突发性的突水、透水事故，通过电阻率法可以有效探测矿山隐伏富水断层破碎带，进而有效避免或减少矿山突水、透水事故的发生。

9.5 地电测量方法在智能采矿中的应用

地电测量方法是一种用于探测地下物质分布和结构的地球物理勘探方法。在智能采矿中，地电测量方法可以应用于以下几个方面。

（1）矿体探测：地电测量方法可以用于识别和定位矿体。通过测量地下电阻率或导电性变化，可以发现含有矿物的区域。这对于确定矿体的位置、规模和形状非常重要，可以帮助矿工在采矿过程中进行合理布局和规划。

（2）地下水识别：地电测量方法可以用于识别地下水的存在和分布情况。通过测量地下电阻率的变化，可以确定地下水的含量、流动方向和水层的厚度。这对于智能采矿来说非常重要，因为地下水的存在会对采矿过程中的安全和稳定性产生影响。在实际运用中，例如吴荣新等人通过多点电源高分辨电法探测技术对富水区进行探测，该方法主要利用多点电源电测深成像结果，快速判断掘进工作面是否存在相对富水区，如图9-8所示。吴荣新等人采用异常目标匹配滤波处理方法对原始数据进行处理，增加了数据的可使用性，提高了结果可靠性，同时采用比值法校正比值数据消除巷道空腔及层状等因素的影响。

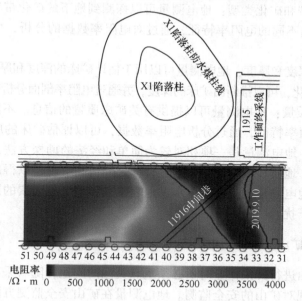

扫码看彩图

图 9-8 地下水勘探电阻率法示意图

（3）岩层识别：地电测量方法可以用于识别不同岩层的存在和边界。通过测量不同岩层的电阻率差异，可以确定不同岩石的类型和分布情况。这对于智能采矿来说非常重要，因为岩层的不同会对采矿工艺和设备的选择产生影响。

（4）地质构造分析：地电测量方法可以用于分析地下的地质构造情况。通过测量地下电阻率的变化，可以确定断层、褶皱和其他地质构造的存在和性质。这对于智能采矿来说非常重要，因为地质构造的复杂性会对采矿过程中的安全和效率产生影响。

在应用地电测量方法进行智能采矿时，还需要注意以下几点：

（1）仪器选择：选择合适的地电测量仪器和探头，以满足采矿任务的要求。不同的采矿环境和目标需要不同类型和精度的地电测量仪器。

（2）数据处理：对采集到的地电测量数据进行处理和分析，以提取出有用的信息。这包括数据滤波、反演和成像等技术，可以帮助矿工更好地理解地下结构。

（3）安全考虑：在进行地电测量时，需要注意安全问题。特别是在矿井或地下工作场所进行测量时，必须遵循相关安全规定，防止发生意外事故。

综上所述，地电测量方法在智能采矿中具有广泛的应用前景。通过准确识别地下物质分布和结构，可以帮助矿工进行合理规划和布局，提高采矿效率和安全性。

9.5.1 地电测量在矿床探测中的应用

地电测量通过测量地下材料的电阻特性来获取地下结构和岩石性质的信息。

在矿床探测中，地电测量可以提供以下方面的应用：

（1）确定矿体边界：地电测量可以检测地下物质的电阻差异，从而帮助确定矿体的边界。例如，在金属矿床勘探中，矿石通常具有较低的电阻率，而围岩具有较高的电阻率，通过测量电阻率的变化可以推断出矿体的位置和形状。

（2）识别矿化带和矿化类型：地电测量可以探测到地下的矿化带和矿化类型。不同类型的矿化通常表现出不同的电阻率特征，通过对电阻率数据的分析，可以判断矿化带的存在和类型。

（3）确定矿床深度和厚度：地电测量可以用于估计矿床的深度和厚度。通过测量地下不同深度处的电阻率变化，可以推断出矿床的深度，并通过电阻率剖面分析来估计矿床的厚度。

（4）评估矿床质量：地电测量可以提供有关矿床质量的信息。不同类型的矿石和围岩通常具有不同的电阻率特征，通过分析电阻率数据，可以评估矿床的质量和开采潜力。

需要注意的是，地电测量是一项相对较为简单和经济的勘探方法，但其解释结果需要结合其他地球物理、地质和地球化学数据进行综合分析和解释，以得出准确的矿床模型和评估结果。此外，地电测量也受到地下水、地表覆盖和地形等因素的影响，需要进行数据处理和解释来消除干扰。

9.5.2 地电测量在矿山安全监测中的应用

安全问题是矿山进行开采作业时所必须重点关注的问题，随着采矿智能化的进程，通过地电法，可以实现对矿山的安全监测。地电测量在矿山安全监测方面的应用主要如下：

（1）地下水位监测：地电测量可以用于监测矿山地下水的变化情况。通过定期进行地电测量，可以确定地下水位的变动，及时掌握地下水对矿山工作面的影响，以保证矿山的安全生产。

（2）水文地质监测：地电测量可以提供有关地下水文地质情况的信息。通过测量地下材料的电阻特性，可以判断地下水流动情况、地下水层分布和地下水与岩体之间的关系，为矿山安全监测提供依据。

（3）岩体稳定性监测：地电测量可以用于评估岩体的稳定性。通过测量地下岩体的电阻率变化，可以推断出岩体的含水性、裂隙带情况以及地下岩体的连通性，进而评估岩体的稳定性和可能存在的滑动体。

（4）瓦斯抽放效果监测：地电测量可以用于监测瓦斯抽放效果。矿山中常常需要进行瓦斯抽放以降低瓦斯浓度，地电测量可以通过测量地下材料的电阻变化来评估瓦斯抽放效果，及时发现瓦斯积聚和泄漏的情况。

（5）地表沉陷监测：地电测量可以用于监测地表沉陷情况。在矿山开采过程中，地下空洞的形成可能导致地表的下沉，通过定期进行地电测量，可以检测到地表沉陷的变化趋势，及时采取措施避免地质灾害的发生。

在矿山安全监测中，地电测量一般作为辅助手段使用，结合其他监测技术和方法（如地震监测、应力监测、渗流监测等）进行综合分析，可以更加全面地评估矿山的安全情况，并采取相应的预防和控制措施。

9.5.3　地电测量在矿山环境监测中的应用

地电测量在矿山环境监测中也有广泛的应用。地电测量在矿山环境监测方面的应用如下：

（1）地下水污染监测：地电测量可以用于监测地下水污染情况。通过测量地下材料的电阻特性和电阻率分布，可以判断地下水的流动路径、污染物扩散范围以及污染程度，为矿山环境保护提供依据。

（2）地表水污染监测：地电测量可以用于监测地表水污染情况。通过测量地表水体周围土壤和岩石的电阻特性，可以推断出地表水污染物的扩散情况和影响范围，帮助评估矿山对周边水环境的影响。

（3）土壤污染监测：地电测量可以提供有关土壤污染情况的信息。通过测量土壤的电阻特性和电阻率分布，可以识别土壤污染区域和程度，为矿山土壤修复和污染防治提供参考。

（4）矿山废弃物堆场监测：地电测量可以用于监测矿山废弃物堆场的稳定性和环境影响。通过测量废弃物堆场周围土壤和岩石的电阻特性，可以评估堆场的变形情况、渗流路径以及废弃物对地下水的影响，从而及时发现潜在的环境风险。

（5）矿山生态系统监测：地电测量可以用于监测矿山周边生态系统的变化。通过测量土壤和植被区域的电阻特性，可以评估生态系统的健康状况、土壤质量和植被覆盖情况，为矿山环境保护和生态恢复提供指导。

在矿山环境监测中，地电测量一般作为辅助手段使用，结合其他环境监测技术和方法（如水质监测、大气监测、生物监测等）进行综合分析，可以全面评估矿山对环境的影响，并采取相应的治理和保护措施。

9.5.4　应用案例

该部分将结合实例对电阻率法在地下水勘探中的应用进行介绍，主要通过对随州市长岗镇地质灾害调查来展开介绍。在随州市长岗镇地质调查中，首先确定本次使用电阻率法主要探测的对象为地下岩溶、滑坡等不良地质体，其次对其地质条件进行初步勘察，发现其地质构造复杂，断裂发育，岩性复杂，岩体总体较破碎，易发生地质灾害，因此根据探测目标及环境（见图 9-9），布置测线及工作量，根据地形条件，布置形式如图 9-10 所示，布设相关参数见表 9-2。

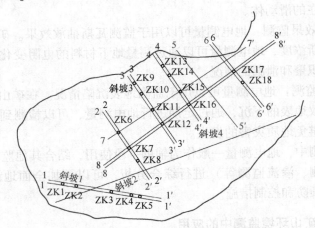

扫码看彩图

图 9-9　长岗镇已塌陷岩溶分布及斜坡分布图

扫码看彩图

图 9-10　电阻率法探测测线布置平面图（高密度电阻率法）

表 9-2　测线装置、长度、电极距及测量层数表

测线号	装置类型	测线长度/m	电极距/m	测量层数
1	温纳	1484	6	30
2	温纳	936	6	30
3	温纳	770	6	30
4	温纳	840	6	30
5	温纳	1183	6	30
6	温纳	1120	6	30
7	温纳	2152	6	30
8	温纳	2720	6	30

进行测量工作后得到对应数据即可绘制电阻率图并进行分析，由于篇幅原因，本章仅对物探剖面 3 线进行分析，测量结果如图 9-11 所示。最后综合所有的剖面对该地区进行分析，得出如图 9-12 所示结果，即对该地区岩溶发育地区、不稳定斜坡、断层破裂带、岩溶发育地区进行范围圈定。

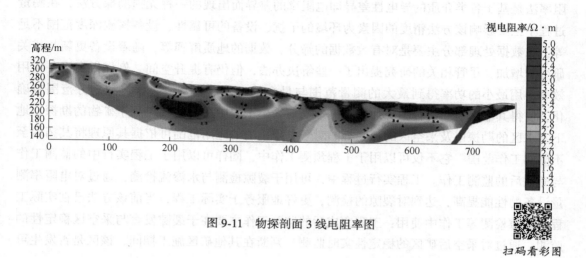

图 9-11　物探剖面 3 线电阻率图

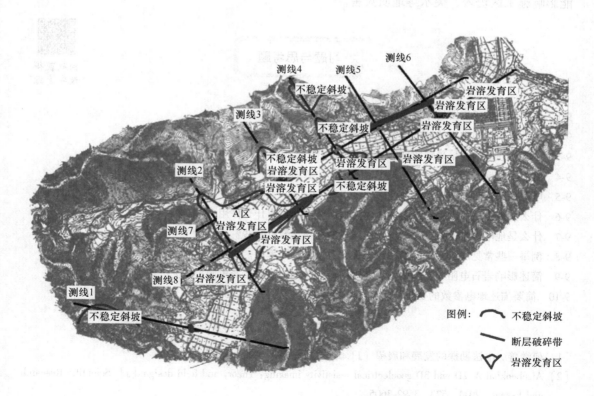

图 9-12　综合该地区电阻率结果分析最终成图

9.6　本章小结

　　本章主要介绍电阻率法的基本原理、常见使用方法及其在采矿工程中的应用范围。电阻率法是基于各类介质的导电性差异即电阻率的差异而出现的一种无损勘探方法，在测量过程中主要影响该方法精度的因素为环境的干扰、设备的可靠性、设备探测深度范围不足等，在数据处理部分主要是对有效数据的筛分、数据的地质解释等，随着设备更新与相关研究的增加，尽管相关的研究提出了一些解决办法，但仍有提升空间，例如提高设备使用效率，用最小的功率得到最大的测量范围与最多的有效数据，将数据类型划分范围精确化，使得其输出地质解释图更加精确等；当前采矿工程中主要将其应用于矿物的勘探、地下富水区的勘探以及采空区的探测等。对于电阻率法的应用范围可依据其原理将其拓展至不同的工作范围，它不仅可以用于工程预测工作中，同样可以用于工程实行中的监测工作与完成后的监测工作。工程实行过程中，可用于裂隙检测与水渗流检测，通过对电阻率测量设备的性能提高，达到对裂隙的检测，更好地服务于实际工程，当前该方法已在实际工程的裂隙检测等工作中使用；工程完成后的监测工作主要在于裂隙发育与采空区稳定性的监测，通过对采空后矿区的稳定性实时监测，判断在其他矿区施工期间，该区是否发生可能影响施工区坍塌、突水等地质灾害。

习题与思考题

扫码获得
数字资源

9-1　地电法测量所依据的原理是什么？

9-2　列举至少三种常用的地电阻仪，并简要描述它们的特点。

9-3　简要描述电法测量采集数据的基本方法。

9-4　简要说明地电法数据采集的过程以及需要注意的因素。

9-5　电阻率法探测都包含哪些方法？

9-6　什么是地电测量的内在参数，地电测量的内在参数有什么作用？

9-7　什么是地电测量的外在参数，地电测量的外在参数有哪些？

9-8　例举一些常见岩石在天然状态与干燥状态下的电阻率值。

9-9　简述影响岩石电阻率变化的因素并说明他们是如何影响岩石电阻率的。

9-10　简要描述地电参数的变化与矿山活动之间的关系。

参 考 文 献

[1] 何继善. 电法勘探的发展和展望 [J]. 地球物理学报, 1997 (S1)：308-316.

[2] Aizebeokhai A. 2D and 3D geoelectrical resistivity imaging：Theory and field design [J]. Scientific Research and Essays, 2011, 523：3592-3605.

[3] 冯雷. 基于遗传神经网络的高密度电阻率法反演研究 [D]. 重庆：重庆大学, 2023.

[4] Miller C, Routh P, Brosten T, et al. Application of time-lapse ERT imaging to watershed characterization

[J]. James P. McNamara, 2008, 73：G7-G17.

[5] Sophocleous M. Electrical resistivity sensing methods and implications [J]. Electrical Resistivity and Conductivity. IntechOpen, 2017, 10：67748.

[6] 朱涛. 地震电阻率实验研究新进展及展望 [J]. 地球与行星物理论评, 2021, 52 (1)：61-75.

[7] Itoh M, Matsubara T, Shiodera S, et al. Application of electrical resistivity to assess subsurface geological and hydrological conditions at post-tin mining sites in Indonesia [J]. Land Degradation & Development, 2019, 31：1217-1224.

[8] Kotyrba B, Schmidt V. Combination of seismic and resistivity tomography for the detection of abandoned mine workings in Münster/Westfalen, Germany：Improved data interpretation by cluster analysis [J]. Near Surface Geophysics, 2014, 12 (3)：415-426.

[9] 冯锐, 郝锦绮, 周建国. 地震监测中的电阻率层析技术 [J]. 地球物理学报, 2001 (6)：833-842, 889.

[10] 许宏发, 钱七虎, 王发军, 等. 电阻率法在深部巷道分区破裂探测中的应用 [J]. 岩石力学与工程学报, 2009, 28 (1)：111-119.

[11] 李美梅. 高密度电阻率法正反演研究及应用 [D]. 北京：中国地质大学 (北京), 2010.

[12] 吴荣新, 徐辉. 矿井掘进工作面富水区多点电源高分辨电法探测 [J]. 煤田地质与勘探, 2023, 51 (12)：123-130.

[13] 耿德祥, 李楠鑫, 宗威. 高密度电阻率法在随州市长岗镇地质灾害调查中的应用 [J]. 中国水运, 2023, 23 (1)：107-109.

[14] 宋文杰, 吴子泉, 姜早峰, 等. 岩石裂隙电阻率特征研究 [J]. 华北地震科学, 2010, 28 (4)：24-26.

参 考 文 献

[5] James P. McNamara, 2005, 79, (7-C7).

[ ] Euphrosoon L. Electron-industry sensing coatings and imaginations [J]. Electrical Resistivity and Conductivity IntechOpen, 2015, 10, 67148.

[6] 郑州市 ... [J]. 煤田地质与勘探, 2021, SE (1), 61-75.

[7] Iton M, Machmud T, Shihlatu S, et al. Application of electrical resistivity to assess subsurface geological and hydrological conditions at post-tin mining sites in Indonesia. [J]. Land Degradation & Development, 2019, 31, 1210-1221.

[8] Kowalsa U, Schmidt J. Combination of seismic and resistivity tomography for the detection of abandoned mine workings in Hhinster, Wounham, Germany: Improved data interpretation by cluster analysis [J]. Near Surface Geophysics, 2014, 12, (3), 415-426.

[9] 刘传, 李天斌, 周志刚, 等. 基于高密度电阻率法的 ... [J]. 水文地质工程地质, 2001, (C), 835-880.

[10] 李学军, 韦立德, 王卫东, 等. 高密度电阻率法在煤矿采空区探测中的应用研究 [J]. 物探与化探, 2009, 28, (3), 111-118.

[11] 李大洛. 地表沉陷与采空区 ... 研究与应用 [D]. 阜新: 中国矿业大学(北京), 2010.

[12] 张光辉, 李伟. 多层结构 含水层水文地质与水资源 ... [J]. 地球科学进展, 2002, 31, (1), 123-130.

[13] 张永波, 李瑜辉, 苏阳, 等 . 采空 ... 与水位波动 区的划分及水资源生态效应 [J]. 中国岩溶, 2025, 23, (1), 107-103.

[14] 张永波, 卫宝文, 刘卫红, 等. 采空区 ... 对地下水 ... 研究 [J]. 煤炭学报, 2010, 25, (1), 79-80.